香石竹遗传育种理论与实践

主　编　周旭红

副主编　刘小莉　王均亮　曹冠华　杨晓密

上海科学技术出版社

内 容 提 要

花卉经济已成为推动乡村振兴的新引擎，品种和技术是花卉行业的核心驱动力，加强新品种培育、提高自主创新能力，是我国花卉产业亟待加强的重要方面。

本书主要介绍香石竹栽培和育种相关的理论和技术，包含环境的影响、2n配子的形成、小孢子败育、杂交不亲和性、多倍体选育、花粉活力、植物生长调节剂的影响、肥料的影响、转基因抗性芽分化、基因克隆和表达等，涉及组织培养、细胞学研究、分子生物学研究等内容。

本书系统阐述了香石竹2n配子形成的分子机制，为香石竹多倍体育种奠定基础，可为从事香石竹栽培种植、育种研究工作的相关人员提供理论基础和实验数据参考。

图书在版编目（CIP）数据

香石竹遗传育种理论与实践 / 周旭红主编. -- 上海：上海科学技术出版社，2023.1
ISBN 978-7-5478-5942-1

Ⅰ. ①香… Ⅱ. ①周… Ⅲ. ①石竹科—遗传育种—研究 Ⅳ. ①Q949.745.803

中国版本图书馆CIP数据核字(2022)第207255号

香石竹遗传育种理论与实践

主　编　周旭红

副主编　刘小莉　王均亮　曹冠华　杨晓密

上海世纪出版(集团)有限公司
上 海 科 学 技 术 出 版 社　出版、发行
(上海市闵行区号景路159弄A座9F-10F)
邮政编码 201101　www.sstp.cn
上海当纳利印刷有限公司印刷
开本 787×1092　1/16　印张 11
字数 200千字
2023年1月第1版　2023年1月第1次印刷
ISBN 978-7-5478-5942-1/R·2638
定价：98.00元

编 委 会

主 编

周旭红

副主编

刘小莉　王均亮　曹冠华　杨晓密

编 委

孙瑞芬　石少卿　张洪磊　李　莉

毛　羽　郑永仁　陈文慧　阮志国

李姝影　熊啟蕊　陈俊驃　沈秋雨

王苗苗　赵丹丹

前言
PREFACE

花卉经济已成为推动乡村振兴的新引擎，更是扮靓城市、美化家园必不可少的元素。2022年3月，文化和旅游部等六部门联合印发了《关于推动文化产业赋能乡村振兴的意见》，《意见》提出“到2025年，文化产业赋能乡村振兴的有效机制基本建立”。这预示着我国的花卉产业将迎来新的发展机遇，在广阔乡村大展身手的同时，也将为乡村振兴提供更多渠道与支撑。

2020年云南花卉种植面积12.67万公顷，综合总产值830.1亿元，亩产值4.4万元。长期以来，鲜切花在云南众多花卉产业类型中占据优势地位，种类以康乃馨、玫瑰、百合、洋桔梗、非洲菊等为主。2019年云南鲜切花种植以玫瑰和康乃馨为主，其中玫瑰产量占比50%，康乃馨产量占比30%。2020年云南鲜切花产量占全国总产量的50%以上，其中玫瑰产量占全国的70%，康乃馨产量占全国的90%。与此同时，云南花卉品种及原种长期被国外垄断，约85%的品种依赖进口。品种和技术是花卉行业的核心驱动力，加强新品种培育、提高自主创新能力，亟待得以重视。

2n配子也称为未减数配子，其染色体数目与体细胞染色体数目等同。2n配子的形成是有性多倍化的主要途径，是进行植物多倍体育种的有效方法。2n配子能克服种间及不同倍性水平间的杂交不亲和性，具有很高的适应性和杂合性。在香石竹中，环境因素对2n配子产生频率的影响及2n配子形成的细胞学、遗传学机制尚不清楚，这阻碍了利用2n配子进行香石竹多倍体育种的进程。

近十年来，我们一直致力于香石竹倍性遗传育种研究，从组织培养、细胞学研究到分子生物学研究，全方位地探讨香石竹2n配子的形成机制，致力于香石竹新品种的培育，现整理多年学术成果，编纂成本书。全书共分为16章，内容主要包括：香石竹2n配子形成的细胞学机制，香石竹2n配子形成的分子生物学机制，环境因素对香石竹2n配子形成的影响，香石竹 4x－2x 杂交不亲和性研究，香石竹多倍体选育，石竹种间杂交，香石竹栽培管理，等等。

在编写过程中，尽管我们已尽最大努力，但限于学术水平及写作水平，不足之处在所难免，敬请读者批评指正并提出宝贵意见，以便今后修正、完善和提高。

编　者

2022 年 6 月

目录

CONTENTS

第一章

绪 论

植物育种即对原有植物种质资源的性状进行改良及创新，使其具有高产量、稳性状、优质化、抗病虫、抗逆等特点，是植物育种最终要实现的目标。要获得优良的植物品质及品种，就需要将合理、先进的育种方法引入到植物的培育过程中，从而使植物种质繁育更加趋于种质资源丰富化、植物品种多样化、植物品质优良化（于凤霞，2021）。近年来，随着我国社会经济的快速发展，人们对于生态环境的保护及生活品质的提高也更加重视。花卉的生长品质、丰富度等均已成为人们较关注的方面，因为这直接关系着人们日常生活的环境质量。由于花卉育种周期相对较长，所以应合理规划，采用最有效的育种方式，简化育种手续及过程，在较短育种时间获得较高的育种效果。因此，选择适宜的花卉育种方法对于园林植物的培育具有重要意义。

一直以来，杂交育种就是进行新型植物品种培育的主要方法，也是应用最为广泛的一种植物培育方式。其原理为：选择具有优良生长性状的不同植株品种作为培育亲本，通过杂交培养获取杂交种，再经过反复鉴定和筛选，最终选择出具有综合性优良性状的植物品种。经杂交育种方法得到的植物品种，往往能继承双亲特有的优良性状，甚至能够得到较母本或父本更加优良的性状，包括抗逆性、更高的生产力及更好的生长状态等。较单纯的选种方法而言，杂交育种的可预测性及创造性更高，且通常可以与引种、芽变育种及倍性育种等其他育种方法进行结合应用，能够达到更好的育种效果。在中国，杂交育种的植物培养方法已经在花卉培养中广泛使用，大大提升了园林花卉的观赏性（张超，等，2022）。

多倍体育种主要是通过人工诱变或自然变异等方式对植物的染色体组进行多倍化干预，进而获得多倍体育种材料完成植株育种。此方式可使人们能够获得符合实际需要的优良植株品种（高璇，2019）。多倍体产生的途径有自然发生和人工诱变。自然发生包括合子的染色体加倍、配子形成时染色体未减数等方式，人工诱导包括物理诱导、化学诱导、体细胞融合等方式（彭静，等，2010）。物理诱导方法有温度激变、电离辐射、机械创伤、离心处理等。化学诱导即通过化学试剂，包括各种植物碱、麻醉剂、生长素等，使植物染色体加倍。目前，秋水仙碱是诱变多倍体效果最好的药剂之一。体细胞融合是指原生质体融合，可以克服远缘杂交的生殖障碍，获得有价值的多倍体植株。通过电融合和 PEG 融合等方法将原生质体融合，经培养产生愈伤组织，再诱导分化为杂种植株，可获得异源多倍体和同源多倍体。

传统的育种方式由于周期较长、成本较高、效率较低，不符合当前时代的发展需要。在农业育种中运用生物技术能够提升工作效率，在短期时间内培育高质量的农业新品种。分子标记技术可辅助育种，可以选择有着深切联系的分子标记，方便选出目标性状。转基因育种技术具备精确度高、形状改良的优势，除了能够有效地节省时间外，还可以不受物种界限影响地转变遗传特点。当前，在农业领域的发展过程中，生物技术的应用较为广泛，传统农业正在转变为分子农业，而在转变的过程中，最重要的一点便是育种领域（张国华，2022）。

香石竹（*Dianthus caryophyllus*）别名康乃馨、麝香石竹，为石竹科（Caryophyllaceae）石竹属（*Dianthus*）的为多年生宿根草本植物。香石竹是著名的“母亲节”之花，代表慈祥、温馨、真挚、不求代价的母爱。香石竹产花量大，栽培的经济效益较高，在我国当前农业结构调整中，因地制宜，根据市场经济的发展规律，发展香石竹种苗业和切花业，是一个农业持续高效、致富农民的好途径。石竹属植物为一、二年生或多年生草本，全球有600余种，广布于北温带，主要分布于欧亚大陆，尤其是地中海地区，少数产北美和北非（Onozaki T，2018）。据《中国植物志》记载，我国石竹属有16种10变种，多分布于北方草原和山区草地，大多生于干燥向阳处。有些种生于林缘或林下、荒漠及半荒漠，新疆是我国石竹属植物的分布和分化中心（董连新，等，1993）。前人研究多集中在香石竹（*Dianthus caryophyllus*）、须孢石竹（*Dianthus barbatus*）和常夏石竹（*Dianthus plumarius*）等的种间杂交育种上，对我国的野生资源中国石竹（*Dianthus chinensis*）和瞿麦（*Dianthus superbus*）的种间杂交研究较少（Onozaki T，2018）。石竹新品种大多由国外的育种公司培育，国内育种公司如采用国外的品种为父母本进行杂交，后代选育的品种在花型和花色与国外公司的品种相比变化不大，缺乏强有力的市场竞争能力。利用我国现有的石竹属野生种质资源，开展石竹属植物染色体倍性、花粉活力及对杂交组合的亲和性研究，对石竹新品种培育和推进产业持续健康发展具有积极的重要意义。本书主要介绍香石竹多倍体育种和杂交育种的相关研究。

一、多倍体育种

（一）多倍体育种的研究进展

多倍体（Polyploid）是指含有2套以上完整染色体组的生物个体。100多年前，在植物界就已发现多倍化的现象（Winkier H，1916）。多倍体是自然界中普遍存在的现象，47%～70%的被子植物是多倍体（Masterson J，1994）。多倍体是推动植物物种形成和多样化的主要途径（Otto S P，2000；Soltis D E，et al.，2009）。多倍体分为两种，同源多倍体和异源多倍体。由同一物种经过染色体加倍而形成的多倍体为同源多倍体，由不同物种杂交产生的杂种后代经过染色体加倍而形成的多倍体为异源多倍体。

多倍体由于染色体加倍，细胞和细胞核体积增大，可表现出抗逆性，如耐紫外光、耐辐射、耐旱、耐寒等。多倍体组织器官也变大，具有茎杆粗壮、叶片增厚、花朵大、花瓣厚、重瓣性强、花色鲜艳、花期延长、耐储运等特征，增加了花卉的观赏价值和商业价值。同时，多倍体还可以克服远缘杂交障碍，起到基因转移的载体和基因渐渗的媒介作用，可以把野生种的优良基因，如抗病、抗旱、抗逆基因，转移到栽培种中，所以多倍体在园艺学中的应用范围很广，非常受育种家青睐。

目前，花卉多倍体育种已取得了巨大的进展，在郁金香（Zeilinga A，1968）、彩色马蹄莲（杨辉，等，2014）、百合（罗思宝，等，2007）、红掌（张志胜，等，2007）、香石竹（Zhou X，et al.，2013）等花卉中，已成功培育出多倍体植株，显著提高了花卉观赏性状。在石竹多倍体研究中，常夏石竹（*Dianthus plumarius*）（$2n=6x=90$）和克那贝石竹（*Dianthus knappii*）（$2n=2x=30$）杂交产生了五倍体后代，观察克那贝石竹花粉减数分裂，发现其产生了 2n 花粉（Gatt M K，et al.，1998）。瞿素萍等（2004）通过秋水仙碱浸泡无菌茎段法，使香石竹植株染色体加倍，得到四倍体材料，该四倍体植株高度和茎节变矮，叶片缩短并加宽，叶色变深，叶片的气孔增大。Nimura M 等（2008）研究二倍体香石竹（*Dianthus caryophyllus*）和异源双二倍体（*Dianthus caryophyllus* × *Dianthus japonicus*）相互杂交，杂交后代不仅出现二倍体、三倍体，还出现四倍体植株，该四倍体的产生是因为二倍体香石竹母本产生了 2n 雌配子。周旭红等（2012）通过四倍体和二倍体杂交，研究花粉在柱头上的萌发情况和花粉管伸长及受精情况，并通过胚挽救技术获得三倍体和四倍体香石竹新品种，该四倍体植株的诞生可能是因为父本产生了 2n 花粉。综上所述，要获得石竹多倍体，可通过秋水仙碱加倍来获得同源多倍体，以及通过不同倍性石竹种间杂交，自然产生 2n 配子（雌配子或雄配子）来获得异源多倍体。

（二）多倍体育种的方法

基因组的加倍是通过体细胞染色体的加倍（无性多倍化）和未减数配子（有性多倍化）加倍这两种途径产生的（De Storme N，et al.，2013）。无性多倍化通过核内有丝分裂、核融合和秋水仙碱加倍而形成多倍体。有性多倍化通过形成或融合成 2n 配子（雌配子或雄配子，具有和体细胞一样的染色体数目），受精而产生染色体组加倍的多倍体。

多倍体育种的途径有 3 种：资源调查和选种、有性杂交、人工诱导。通过资源调查，可以在自然界的花卉中发现并获得多倍体。如醉鱼草属（*Buddleja*）及杜鹃属（*Rhododendron*）植物的多倍体种产于我国西南紫外线辐射较强、温度变化剧烈的高山地区（程金水，2000）；报春花属植物的同源四倍体多分布在我国西部和西南部，异源四倍体 *Primula yupvrinnsis* 和 *Primula lorgiflorahe* 分布于高山上，六倍体和八倍体多分布在更北和更南的地区（张晓曼，2004）。但是自然界自发产生的多倍体类型、数目较少，而且不能完全满足人类的需求。

通过有性杂交可以获得更多不同类型和种类的多倍体。在大小孢子时期减数分裂异常可产生2n花粉或2n卵，通过单向多倍化（双亲之一产生2n配子）或双向多倍化（双亲均能产生2n配子）能提高杂交后代的倍性水平，但双向多倍化比单向多倍化发生的频率低（Bretagnolle F, et al., 1995）。有性杂交获得的四倍体比用秋水仙碱处理获得的四倍体更稳定，杂合性更高（Bretagnolle F, et al., 1995）。获得多倍体的有性杂交方式有：四倍体与二倍体杂交出现三倍体或四倍体后代（Nimura M, et al., 2008），三倍体与四倍体杂交育成五倍体后代（Hayashi M, et al., 2009），六倍体和二倍体杂交产生五倍体后代（Gatt M K, et al., 1998），等等。

自然界自发突变产生多倍体的频率低，园艺上主要通过人工诱导染色体加倍的方法产生多倍体，人工诱导的方法主要有物理、化学和生物学方法。物理方法有高低温处理、机械损伤、离心处理、高压处理、辐射处理等，物理方法诱导产生多倍体的频率低，且容易产生嵌合体。

化学方法有各种植物碱、生长激素、除草剂如甲基胺草磷（Amiprophos-methyl）、二甲戊灵（Pendimethalin）、安磺灵（Oryzalin）及氟乐灵（Trifluralin）等。秋水仙碱被认为是诱导染色体加倍最常用的化学药剂，它是从百合科植物秋水仙的球茎和种子里提取出来的一种植物碱，有剧毒，作用是能够抑制细胞有丝分裂，破坏纺锤体并使细胞分裂停滞在中期，使染色体的数目加倍。由于秋水仙碱对植物微管的亲和性比较低，会对被处理的植物材料产生较大的毒害，且价格昂贵；而除草剂对植物的毒害作用小，价格低廉，对微管蛋白有很高的亲和力，具有良好的诱导效果；因此，除草剂现已逐渐成为替代秋水仙碱的更安全、高效的诱导剂。如用秋水仙碱和二甲戊灵诱导白花虎眼万年青（*Ornithogalum arabicum*）产生多倍体，结果发现二甲戊灵比秋水仙碱处理时间短、变异率较高、材料死亡率低，因此可将二甲戊灵作为秋水仙碱的替代品（刘欢，等，2014）。在安祖花（*Anthurium andraeanum*）多倍体诱导中，氟乐灵、氨磺灵及秋水仙碱的最高诱导率分别达到71.79%、48.72%和62.96%，植株死亡率分别达16.67%、14.58%和31.11%，综合诱导率和死亡率两者考虑，氨磺灵、氟乐灵对安祖花多倍体诱导效果比秋水仙碱更好（储丽红，等，2014）。

生物学方法主要包括体细胞杂交、胚乳培养、体细胞无性系变异。体细胞杂交又称原生质体融合，主要采用电融合法或PEG融合法，融合后经培养产生愈伤组织，再诱导分化为杂种植株。采用原生质体融合的方法可以克服植物远缘杂交障碍，获得有应用价值的异源多倍体或同源多倍体植株。如用高山红景天（*Rhodiola sachalinensis*）愈伤组织原生质体为材料，通过PEG6000介导的原生质体融合，获得同源四倍体材料（刘剑锋，等，2010）。Rambaud C等（1992）诱导二倍体菊苣（*Cichorium intybus*）叶肉细胞原生质体融合，97个愈伤组织中有24个产生了四倍体植株。

二、杂交障碍

种间杂交和不同倍性水平间杂交通常存在杂交障碍，杂交障碍分为受精前和受精后障碍两种，分别表现为杂交不亲和性和胚胎败育（Alonso J，2004；Deng Y，et al.，2010；Ram S G，et al.，2008；Sun C Q，et al.，2010）。

（一）受精前障碍

受精前障碍是指在受精之前产生的各种交配障碍，又称为杂交不亲和性。其主要表现在花粉在柱头上不能萌发或萌发很少；花粉管出现异常如花粉管缠绕、弯曲、向外延伸或萌发出多条花粉管；花粉管、柱头或花柱组织出现胼胝质沉淀；花粉管不能进入子房内；花粉管能到达子房，进入胚囊，但不能完成受精或只有卵核或极核能完成单受精（Martin F，et al.，1966；Ram S G，et al.，2008；Vervaeke I，et al.，2001；Zhou X，et al.，2013）。

（二）受精后障碍

受精后障碍是指杂交后能够完成受精过程，但胚胎在发育过程中由于种种原因导致发育停止或者完全坏死，从而导致杂交不结实。表现为受精后的幼胚发育不正常，中途停止发育或不发育；胚乳发育不正常，不能为胚的发育提供营养，导致杂种胚部分或全部死亡（Datson P M，et al.，2006）；种子不能发芽，或虽能发芽，但在苗期夭折（Mallikarjuna N，et al.，2002）。

三、2n 配子的形成

2n 配子指染色体数目为体细胞的染色体数目的配子，包括 2n 雌配子和 2n 雄配子。在自然界中，绝大多数的植物都产生 2n 配子，2n 配子能引起植物的多倍化（Harlan J R，1975）。在异源多倍体的育种中，2n 配子能增加植物的育性、产量、对病菌的抵抗力和其他的园艺学方面的性状。此外，2n 配子能克服 F_1 种间及不同倍性水平间杂交不亲和性，有利于不同倍性及物种基因之间的流动，是目的基因渐渗非常有效的手段，可将野生种的有利基因渗入到栽培种中（Ramanna M，et al.，2003；Jaap M van Tuyl，et al.，2003；Jaap M van Tuyl，et al.，2002）。因此，2n 配子是培育优良新品种有效的途径。近年来，不论在育种和理论研究方面，2n 配子的研究越来越广泛和深入，涉及的花卉种类也逐渐增多。

（一）2n 配子的自然发生

据不完全统计，有 24 个花卉科、属或种中可产生 2n 花粉和 2n 卵（表 1－1），包括龙舌兰、六出花、秋海棠、鸭茅、蒲公英、香石竹、倒挂金钟、绣球花、百合、苜蓿、兰花、蝴蝶兰、报春、月季、三叶草和时钟花等。

表 1－1　花卉 2n 配子自然发生的科、属、种

科、属、种	2n 花粉	2n 卵	参 考 文 献
Achillea borealis		+	Ramsey J(2007)
Agave	+		Gómez-Rodríguez V M, et al.(2012)
Alstroemeria interspecific hybrids	+	+	Ramanna M, et al.(2003)
Achillea wilhelmsii	+		Sheidai M, et al.(2009)
Begonia	+		Dewitte A, et al.(2010)
Brachiaria	+		Gallo P H, et al.(2007)
Centaurea	+	+	Koutecký P, et al.(2011)
Dactylis glomerata	+	+	De Haan A, et al.(1992)
Dandelions		+	van Dijk P J, et al.(2004)
Dianthus knappii	+		Gatt M K, et al.(1998)
Erigeron	+	+	Noyes R D(2006)
Fuchsia	+		Talluri R(2011)
Hydrangea macrophylla	+		Jones K D, et al.(2007)
Lilium	+		Gonzalez R, et al.(2004)
Lindelofia longiflora	+		Singhal V K, et al.(2011)
Medicago sativa	+	+	Mariani A, et al.(2000)
Orchidaceae	+		Storey W(1956); Teoh S(1984)
Phalaenopsis	+		周建金, 等(2009)
Primula denticulata		+	Hayashi M, et al.(2009)
Primula sieboldii	+		Yamaguchi S(1980)
Rosa	+		Crespel L, et al.(2006)
	+	+	Crespel L, et al.(2002)
Trifolium pratense	+	+	Parrott W, et al.(1985)
	+		Simioni C, et al.(2004)
Turnera grandiflora	+		Fernández A, et al.(2010)
Turnera sidoides	+		Kovalsky I E, et al.(2012)

不同的物种 2n 配子的发生频率有所不同，遗传因素是影响 2n 配子产生的主要因素，同时，2n 配子的形成也受环境的影响。杂交品种 2n 配子形成的频率高于非杂交品种

（表1-2）。Lim K B等（2001）发现百合种间杂交后代的2n配子形成的频率为3%～30%（表1-2），且出现了单价体染色体。Tavoletti S（1994）发现苜蓿种间杂交后代2n卵的形成频率为55%～70%。苜蓿种间杂交后代2n花粉发生频率为14%～83%，平均为43%（Barcaccia G，et al.，1998；Barcaccia G，et al.，1997；Barcaccia G，et al.，1995）。种间杂交染色体配对少，配对的染色体不分离，进而导致减数分裂紊乱，可能是杂交后代2n配子形成频率高的原因之一。

表1-2　花卉2n配子的发生频率

科、属、种	2n花粉	2n卵	参考文献
Asteraceae	1%～3.3%		Sheidai M，et al.（2009）
Agave	0～5.8%		Gómez-Rodríguez V M，et al.（2012）
Dactylis glomerata	0.98%		De Haan A，et al.（1992）
Fuchsia	1.1%～13%		Talluri R（2011）
Lilium	3%～30%		Lim K B，et al.（2001）
Lindelofia longiflora	1.21%		Singhal V K，et al.（2011）
Medicago sativa-coerulea-falcata Complex	14%～83%		Barcaccia G，et al.（1998）；Barcaccia G，et al.（1997）；Barcaccia G，et al.（1995）
Primula sieboldii	0～10.8%		Yamaguchi S（1980）
Trifolium pratense	1%～51%		Simioni C，et al.（2004）
Turnera grandiflora	0.03%		Fernández A，et al.（2010）
Turnera sidoides	0.93%～2.75%		Kovalsky I E，et al.（2012）
Dactylis glomerata		0.49%	De Haan A，et al.（1992）
Medicago sativa-coerulea-falcata Complex		55%～70%	Tavoletti S（1994）
Trifolium pratense		0.06%	Parrott W，et al.（1985）

Yamaguchi S（1980）观察二倍体、三倍体和四倍体藏报春（*Primula sinensis*）栽培种的花粉发现，大部分二倍体品种产生2n花粉的比例为0，只有少数品种有少量2n花粉，而多倍体产生2n花粉的频率在1.3%～10.8%之间。Simioni C等（2004）发现轮回选择可增加红三叶草中2n花粉的含量，经过第一次、第二次和第三次轮回选择，2n花粉的含量分别大于1%、2%和3%。Sheidai M等（2009）研究了8个科14个种，发现2n花粉的发生频率在1%～3.3%范围内，几乎所有的种都可以产生2n花粉。Gómez-Rodríguez V M等（2012）发现龙舌兰能产生2n花粉，频率为0～5.8%。Talluri R（2011）发现倒挂金钟的2n花粉发生频率为1.1%～13%。花卉中一些物种在大孢子母细胞减数分裂时也能产生

2n卵，如De Haan A等(1992)发现鸭茅中2n卵的发生频率平均为0.49%，红三叶草中2n卵的发生频率平均为0.06%等。

(二) 2n配子的鉴定

鉴别2n配子的产生有几种方法：一为观察花粉粒形态特征和直径，二为通过流式细胞仪测定花粉DNA含量，三为杂交后代出现异常倍性的个体，四是观察大小孢子母细胞减数分裂形成过程的细胞学特征。

1. 2n花粉直径和形态特征　鉴别2n花粉最直接的方法是通过观察花粉粒的大小。DNA含量增加会导致细胞体积的增大，从而增加了花粉的直径(Jansen R C, et al., 1993)，大花粉的出现意味着2n花粉的产生(Crespel L, et al., 2006)。一般认为，2n花粉的直径是n花粉的1.3倍，可根据花粉的直径大小来分辨2n花粉。

2. 流式细胞仪测定花粉DNA含量　流式细胞仪通过定量分析核DNA含量来揭示花粉的倍性水平，流式细胞仪测定大花粉的核DNA含量是正常花粉的两倍，则可判定大花粉为染色体加倍的2n花粉。流式细胞仪主要的优势是快速、准确、批量地鉴定DNA含量，由此可发现2n花粉。通过流式细胞仪分析，发现多个物种都可以产生2n花粉(Bino R J, et al., 1990; Maceira N O, et al., 1992)。Jaap M. van Tuyl等(1989)利用流式细胞仪检测百合中2n花粉的产生。

3. 杂交后代倍性分析　2x-4x相互杂交是最常使用的得到4x植株的方法，由此可发现亲本产生了2n花粉或2n卵，以及估算出2n配子产生的频率(Bretagnolle F, et al., 1995)。不同倍性水平的种内或种间杂交，后代出现非期望倍性的个体，由此可推算出亲本产生了2n配子。Barba-Gonzalez R等(2005)报道百合BC1杂交组合中，A(2x)×OA(4x)杂交后代出现四倍体植株，OA(4x)×OA(4x)杂交后代出现六倍体植株，通过荧光原位杂交技术(FISH)和基因组原位杂交(GISH)技术发现母本大孢子在减数分裂时产生了异常的2n卵。研究香石竹(*Dianthus caryophyllus*)(2x)和异源双二倍体(*Dianthus caryophyllus*×*Dianthus japonicus*)(4x)杂交，杂交后代出现四倍体植株，该四倍体的产生是由于母本产生了2n雌配子(Nimura M, et al., 2008)。在不同倍性香石竹种间杂交*Dianthus plumarius*(6x)×*Dianthus knappii*(2x)中，杂交后代出现五倍体植株，说明父本产生了2n花粉(Gatt M K, et al., 1998)。

4. 2n配子形成的细胞学观察　观察大小孢子母细胞减数分裂过程是发现2n配子形成的有效方法(Crespel L, et al., 2006; d'Erfurth I, et al., 2008; Ravi M, et al., 2008)。植物第二次减数分裂过程中出现异常的纺锤体，如八字形纺锤体、融合纺锤体或平行纺锤体，中期Ⅰ存在较多的单价体(Dewitte A, et al., 2010)，以及四分体时期出现二分体、三分体和多分体(Gallo P H, et al., 2007)等异常减数分裂现象，可以作为判断2n配子产生的依据。在小孢子四分体阶段，二分体或三分体的出现是2n配子形成的最直接证据之一。二分体形成 2 个 2n 配子，三分体形成 1 个 2n 配子和 2 个 n 配子，通过各种分体比例来推算 2n 配子的发生频率是最为准确的计算方法（林超，等，2011）。

（三）2n 配子形成的细胞学机制

1. 减数分裂核重组 花卉 2n 配子的形成途径很多，因此在传递亲本杂合性及遗传组成方面也存在着较大差异。一般将 2n 配子按其杂合性分为 SDR 型（Second division restitution）、FDR 型（First division restitution）和 IMR 型（Indeterminate meiotic restitution）。

FDR 型配子，在遗传上等同于缺失第一次减数分裂形成的配子。在这个过程中染色体对等地分离，减数分裂完全转变成有丝分裂，产生的 2n 配子基因型和亲本一致（De Storme N, et al., 2013）（图 1－1）。从严格意义上来说，FDR 型配子具有 2 组非姐妹染

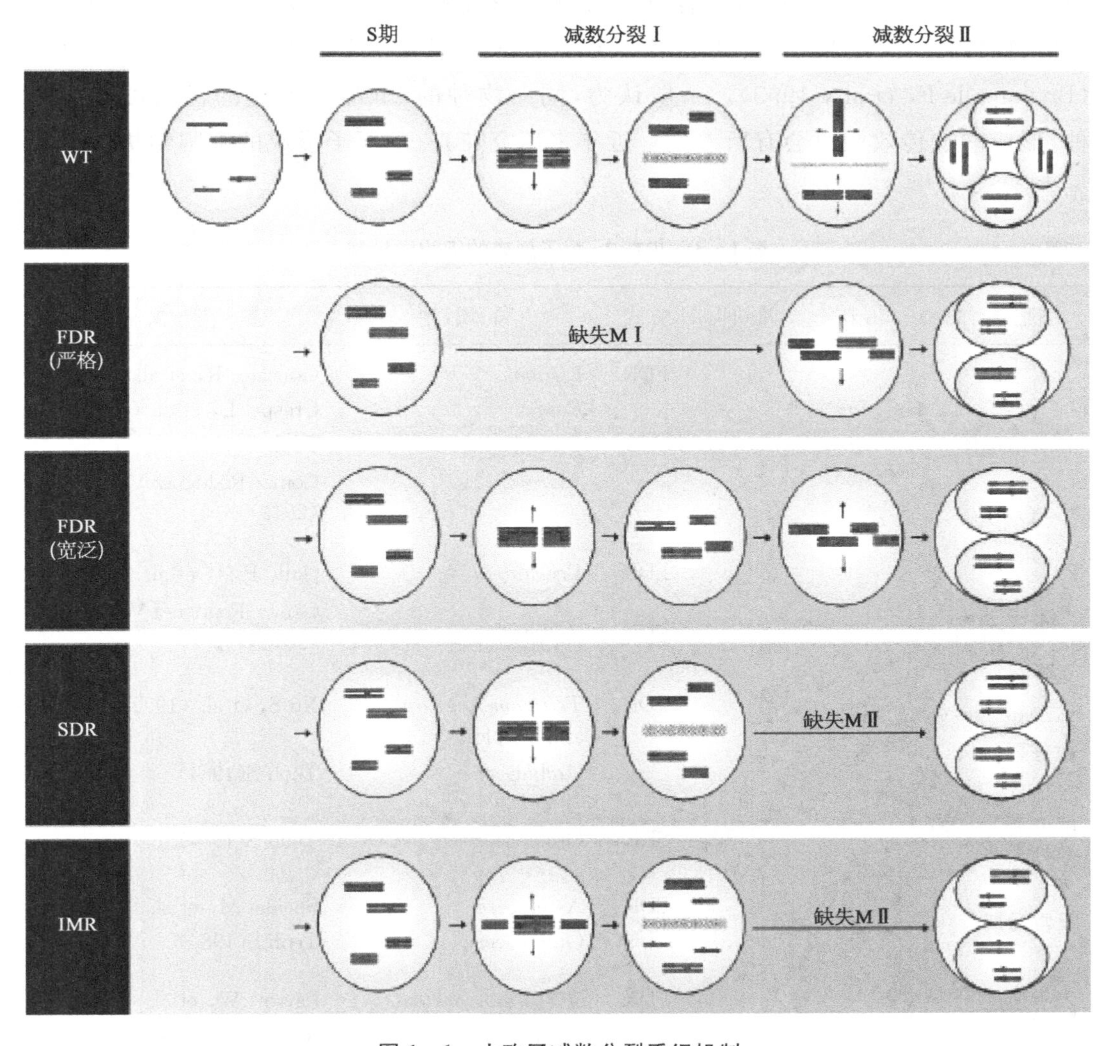

图 1－1 小孢子减数分裂重组机制

色单体，保留父本、母本完整的杂合性和上位效应(Werner J, et al., 1991)。而另一类型的FDR型配子，并没有缺失第一次减数分裂(如平行纺锤体)，2n配子出现重组，因此部分地保留了亲本的杂合性(Ramanna M, et al., 2003)(图1-1)。

SDR型配子，在遗传上等同于缺失第二次减数分裂形成的配子，第一次减数分裂能正常地配对和重组。SDR型2n配子杂合水平下降和过多地丧失亲本的上位效应(Peloquin S J, et al., 2008)(图1-1)。

IMR型配子，是在利用基因组原位杂交技术在百合种间杂种中发现的由减数分裂复原产生的完全杂合的2n配子(Lim K B, et al., 2001)(图1-1)。高度杂合性的FDR型配子能高效地传递亲本的上位性和杂合性，因此在育种上具有较高的利用价值。

2. *减数分裂异常*　配子形成需经过二次减数分裂，其中任何过程出现异常，可能会导致2n配子的形成。目前研究表明2n配子的形成机制大致有以下5种：前减数分裂加倍、缺失第一次减数分裂、缺失第二次减数分裂、减数分裂后加倍和异常胞质分裂(Bretagnolle F, et al., 1995)。一般认为，同一物种的2n配子形成的机制可能有多种，形成的遗传效应也会有所差别。近年来研究花卉2n配子形成的细胞学机制总结见表1-3。

表1-3　花卉2n配子形成的细胞学机制

细胞学异常	2n花粉	2n卵	方式	科、属、种	参考文献
异常纺锤体	+		FDR	*Lilium*	Gonzalez R, et al. (2004)
	+			*Rosa*	Crespel L, et al. (2006)
	+			Orchidaceae	Teoh S(1984)
	+			*Agave*	Gómez-Rodríguez V M, et al. (2012)
异常胞质分裂	+		FDR	*Brachiaria*	Gallo P H, et al. (2007)
	+		SDR	*Agave*	Gómez-Rodríguez V M, et al. (2012)
缺失第一次减数分裂	+		FDR	*Triticum-Aegilops* amphidiploids	Xu S, et al. (1992)
	+			Orchidaceae	Teoh S(1984)
缺失第二次减数分裂	+		SDR	Orchidaceae	Teoh S(1984)
反常后期	+		SDR	Asteraceae	Sheidai M, et al. (2009)
	+			Orchidaceae	Teoh S(1984)
联会突变	+	+	FDR	*Trifolium pratense*	Parrott W, et al. (1984)
	+			*Adiantum pedatum*	Rabe E W, et al. (1992)

续 表

细胞学异常	2n 花粉	2n 卵	方式	科、属、种	参 考 文 献
前减数分裂加倍	+			Orchidaceae	Teoh S(1984)
	+			*Lindelofia longiflora*	Singhal V K, et al. (2011)
	+			*Turnera* hybrids	Fernández A, et al. (2004)
二价染色体分离减少	+		IMR	*Lilium longiflorum* × Asiatic hybrid	Lim K B, et al. (2001)

花卉在小孢子减数分裂过程中存在分裂异常的现象，Gómez-Rodríguez V M 等(2012)在龙舌兰的小孢子减数分裂过程中发现异常的纺锤体和胞质分裂现象，结果导致 2n 配子的发生。Teoh S(1984)在兰花的小孢子减数分裂过程中发现异常的纺锤体、缺失第一次或第二次减数分裂和前减数分裂加倍的现象产生的 2n 配子。而大孢子减数分裂异常的现象很难被观察到，现在通过石蜡切片技术、整体透明技术结合微分干涉差显微镜或是激光扫描共聚焦显微镜，能较好地观察到大孢子母细胞减数分裂异常的现象(郝建华，等，2007)。细胞分裂异常导致 2n 配子的发生的机制如图 1－2(Bretagnolle F, et al., 1995)。

在双子叶植物进行胞质分裂时存在减数分裂纺锤体异常，主要表现为平行纺锤体(图 1－2 类型 2、3)、融合纺锤体(图 1－2 类型 3)和八字纺锤体(图 1－2 类型 4)。纺锤体异常形成的 2n 配子遗传上等同于 FDR 型配子，具较高的育种价值。在百合、兰花、月季和龙舌兰小孢子减数分裂过程中出现纺锤体方向异常，从而导致了二分体及三分体的产生(表 1－3)。

减数分裂后期染色体分离后，胞质分裂异常也会形成 2n 配子或多倍性配子(图 1－2 类型 5、6、10、11)，形成的 2n 配子遗传上等同于 FDR 型或 SDR 型配子(表 1－3)。在大孢子形成过程和单子叶植物小孢子发生过程中要经过两次细胞分裂，分别在第一次减数分裂和第二次减数分裂末期(图 1－2)；在双子叶植物小孢子发生过程中，胞质分裂只发生在第二次减数分裂末期，而第一次减数分裂不进行细胞分裂(图 1－2)。胞质分裂提前，发生在第一次减数分裂姐妹染色体分离之前，能产生 2n 花粉。第二次减数分裂后期，缺少或不完整的胞质分裂以及纺锤体异常能致使 2n 花粉或 2n 卵的形成(图 1－2)。如臂形草属和龙舌兰胞质分裂异常导致 2n 花粉的形成(表 1－3)。

减数分裂前期异常的染色体联会导致异常的细胞分裂(图 1－2 类型 1、2、7、8)。如红三叶草和铁线蕨染色体联会出现异常产生了 2n 配子(表 1－3)。染色体联会异常致使减数分裂Ⅰ中期单价体的个数增加，导致异常的染色体配对。一些物种染色体不平衡分离致使配子不可育(图 1－2 类型 1、7)，而在有些物种中可形成可育的配子(图 1－2 类型 2、8)，产生非整倍体和整倍体的后代。异常的联会导致植物产生 2n 花粉或 2n 卵，遗传上形成的 2n 配子等同于 FDR 型配子或 SDR 型配子。

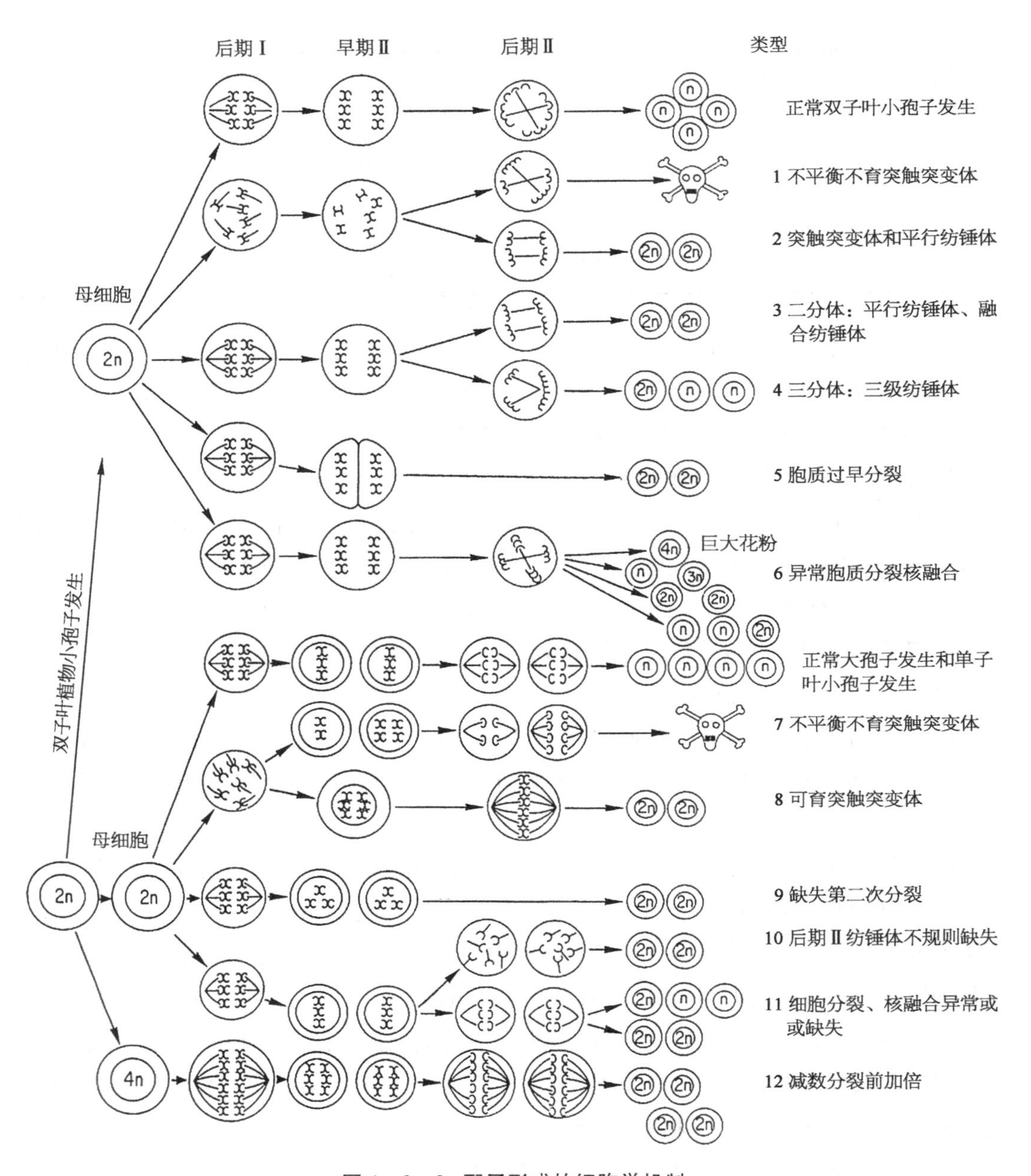

图 1-2 2n 配子形成的细胞学机制

缺失第一次和第二次减数分裂(图 1-2 类型 9)形成的 2n 配子(表 1-3)在遗传上分别等同于 FDR 型配子和 SDR 型配子。减数分裂Ⅱ后期异常(图 1-2 类型 10)也能导致 2n 配子的形成，在遗传上等同于 SDR 型配子(表 1-3)。如小麦和山羊草杂种缺失减数分裂Ⅰ而发生 2n 配子；在兰花中可观察到缺失第一次或第二次减数分裂产生 2n 配子；在菊科蓍属植物中，不规则的减数分裂Ⅱ后期分离导致 2n 配子的形成(表 1-3)。

前减数分裂加倍(图1-2类型12)是另一种形成2n配子的方式,在兰花中发现前减数分裂加倍导致4n花粉母细胞产生;时钟花杂种2n花粉的形成是小孢子母细胞染色体加倍引起的(表1-3)。

IMR型2n配子在百合种间杂交(*Lilium longiflorum*×Asiatic lily hybrid)中被发现(表1-3)。第一次减数分裂时一些单价体分离,二价体在减数分裂末期分离(图1-1),这种机制被称为不定向减数分裂重组(IMR),它既不属于FDR型配子也不属于SDR型配子,而是两种机制都存在,不定向减数分裂重组仅在单子叶植物百合中被发现。

同一物种有多种机制调控2n配子的形成,所形成的2n配子是SDR型配子和FDR型配子的混合体。目前,绝大多数花卉都产生2n配子,随着2n配子的发生及其细胞学和遗传学机制的深入探索,其在多倍体育种中将发挥重要的作用。

(四) 2n配子形成的遗传学机制

2n配子的形成主要受遗传因素的调控。例如,在苜蓿中,经过两轮轮回选择,2n花粉和2n卵产生的频率分别增加到39%和60%(Tavoletti S, et al., 1991);在四倍体红三叶草中,经过三轮轮回选择,2n花粉的发生频率从0.04%增加到47.38%(Parrott W, et al., 1984)。这些发现强烈地暗示了2n花粉的产生受遗传因素的调控,且细胞学的异常受单等位基因的控制(Bretagnolle F, et al., 1995; Ortiz R, 1997)。近来科学家对模式双子叶植物拟南芥减数分裂过程的分子学机制进行了研究(De Storme N, et al., 2013),发现了首批与可育2n配子形成相关的基因(d'Erfurth I, et al., 2010; d'Erfurth I, et al., 2009; d'Erfurth I, et al., 2008; Erilova A, et al., 2009; Ravi M, et al., 2008; Wang Y, et al., 2010)(图1-3)。

1. *减数分裂Ⅱ纺锤体方向的分子调控* 植物2n配子形成的最普遍机制是纺锤体方向异常,在小孢子减数分裂Ⅱ正常的垂直纺锤体能形成单倍体孢子。首个被发现与纺锤体方向形成有关的基因是*AtPS1*基因(*Arabidopsis thaliana* PARALLEL SPINDLES 1)(d'Erfurth I, et al., 2008),细胞学分析表明,*atps1*花粉母细胞的减数分裂Ⅱ纺锤体方向出现异常,形成了平行纺锤体和八字形纺锤体,而不是正常的垂直纺锤体(Andreuzza S, et al., 2008)。结果表明,*AtPS1*基因突变诱导了小孢子减数分裂和重组产生二分体及三分体,形成2n配子(频率高达65%)。雌配子的减数分裂并没有受*AtPS1*基因突变的影响。*atps1* 2n配子绝大部分保留了父母本的杂合度,是FDR减数分裂重组型配子(d'Erfurth I, et al., 2008)。AtPS1编码1 477个氨基酸序列,包含两个高度保守的结构域,N端FHA结构域(N-terminal Forkhead Associated)和C端PINc结构域(d'Erfurth I, et al., 2008)。FHA结构域是磷酸肽的识别基序,能介导蛋白和蛋白的相互作用,细胞间的信号传导,细胞周期调控,DNA的修复和蛋白质的降解(Li J, et al., 2000)。PINc结构域参与RNA加工和无义介导的mRNA衰变(nonsensemediated mRNA decay, NMD)。

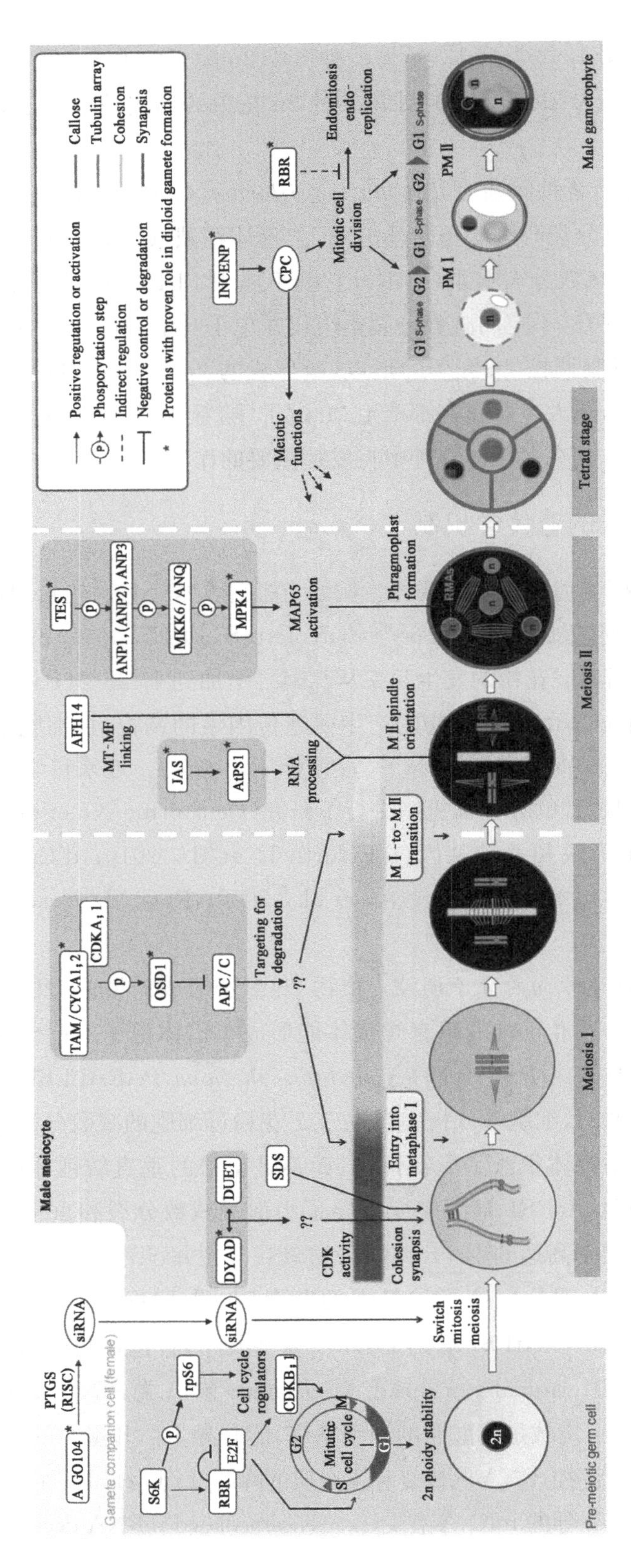

图 1－3　2n 配子或多倍体配子形成的分子机制

JASON(*JAS*)基因也参与调控 2n 配子的形成,*jason* 突变产生 25%的 2n 花粉,与此同时形成三倍体的后代。*JASON* 基因突变导致第二次减数分裂形成平行及融合纺锤体,结果形成 FDR 型 2n 配子。虽然 *JASON* 基因编码的蛋白是未知的,但 *jason* 的减数分裂 *ps* 基因缺陷是由 *AtPS1* 翻译水平的降低引起的,暗示 *JASON* 积极地调控 *AtPS1* 的表达(De Storme N, et al., 2011)(图 1-3)。

虽然植物调控第二次减数分裂纺锤体方向的分子机制尚未完全明确,但相似的细胞周期调控机制也在拟南芥中被发现。细胞学研究发现拟南芥Ⅱ型形成素 FORMIN14(AFH14)在微管和微丝之间起连接作用,因此,其可在调节细胞骨架动力学方面起重要作用(Li Y, et al., 2010)。

2. *减数分裂Ⅱ进程的分子调控* OSD1(Omission of Second Division 1)是进入减数分裂Ⅱ必要的蛋白。*OSD1* 基因产生突变,性母细胞能完成第一次减数分裂而不能进入第二次减数分裂,从而产生二分体而不是正常的四分体,获得 SDR 型 2n 配子。在 *osd1* 植株中产生高比例的未减数配子(100%未减数小孢子和 85%未减数大孢子),这些配子都是可育的,能产生多倍体后代(d'Erfurth I, et al., 2009)。OSD1 又称 GIGAS CELL1(GIG1)或 UV14-Like(UV14-L),和它的同源蛋白 UV14(UV-B-insensitive 4)是植物界中高度保守的蛋白,不包含任何已知功能的结构域。OSD1 与 UV14 功能相似,均通过抑制 APC/C(Anaphase-promoting complex/cyclosome)的活性来调节核内有丝分裂和核内复制,但两者抑制 APC/C 活性的方式不一样,OSD1 优先抑制 APC/C^{CDC20} 的活性,而 UV14 偏好抑制 APC/C^{FZR} 的活性。*OSD1* 突变可诱导体细胞有丝分裂,暗示 OSD1 不仅能控制减数分裂的进程,而且能调控有丝分裂的进程。因此,OSD1 编码的植物界特有的 APC/C 抑制因子,在植物有丝分裂和减数分裂细胞周期中扮演一个重要角色。

在拟南芥 *cyca1;2/tam* 和 *osd1* 双突变植物中,小孢子母细胞失败地进入第一次减数分裂,而大孢子母细胞与单突变一样失败地进入第二次有丝分裂,OSD1 通过抑制 APC 的活性,来提高 CDK(cyclindependent kinase)的活性(d'Erfurth I, et al., 2010; d'Erfurth I, et al., 2009),而 CYCA1;2/TAM 直接调节 CDK 的活性(d'Erfurth I, et al., 2010; Wang Y, et al., 2004)。*cyca1;2/tam* 或 *osd1* 基因单突变能阻止进入减数分裂Ⅱ,而不影响前期向减数分裂Ⅰ的转变,双突变大大地降低了 CDK 的活性,从而阻止前期进入到减数分裂Ⅰ(d'Erfurth I, et al., 2010)。*tdm* 突变在完成减数分裂Ⅰ和减数分裂Ⅱ之后还进行第三次减数分裂,体外研究表明,CYCA1;2/TAM 和 CDKA;1 形成复合物,磷酸化 OSD1。因此,OSD1、CYCA1;2/TAM 和 TDM 能形成一个网络,共同调控前期到减数分裂Ⅰ、减数分裂Ⅰ到减数分裂Ⅱ的转变和脱离减数分裂Ⅱ三个关键环节(图 1-3)。

OSD1 和 UVI4 是植物特有的蛋白,是没有任何已知功能的保守结构域,但拟南芥 OSD1(At3g57860)有三个假定与细胞周期相关的结构域,这三个结构域在 OSD1 同源序列中非常保守(d'Erfurth I, et al., 2009),其中两个结构域与 APC/C 的降解有关,分别是

D-box(氨基酸残基第104—110位,RxxLxx)和GxEN/KEN-box(氨基酸残基第80—83位,双子叶植物中为GxEN,单子叶植物中为KEN)。另一个结构域为C-端的MR-tail(蛋白质最后两个氨基酸为蛋氨酸和精氨酸)。*Nek2a*基因的MR-tail可能是Nek2a与APC/C相结合的结构域,通过抑制APC/C的活性来调节有丝分裂(Hayes M J, et al., 2006),*Emi2*基因的MR-tail通过抑制APC/C的活性来调节减数分裂(Ohe M, et al., 2010)。因此,*OSD1*基因可能通过这三个结构域来调节APC/C的活性,从而推动减数分裂的进程。

3. 胞质分裂异常的分子调控　减数分裂后期的胞质分裂异常也是形成2n配子的重要途径,多个蛋白与这一过程有关。在拟南芥中,一个最主要的调节蛋白是TES(TETRASPORE),失去TES的功能体细胞胞质分裂并不受影响,但是花粉减数分裂完全不形成细胞板(Hülskamp M, et al., 1997; Spielman M, et al., 1997)。细胞学观察表明,*tes*突变花粉母细胞减数分裂过程中RMA(Radial Microtubule Arrays)产生失调和缺陷,不能进行胞质分裂(Yang C Y, et al., 2003),导致产生大的小孢子,即同一个细胞质中包含四个小孢子核(Spielman M, et al., 1997; Tanaka H, et al., 2004)。在花粉有丝分裂Ⅰ之前,四分孢子有时会发生局部的核融合,产生三细胞花粉粒,包含多个单倍及二倍精子或2个四倍体精子(Spielman M, et al., 1997)。*Tes*产生多倍体后代和少量二倍体后代(Scott R J, et al., 1998)。

在拟南芥中,通过TES调节胞质分裂的过程涉及MAPK(mitogenactivated protein kinase)信号级联反应,包括3个MAPKKKSs(ANP1、ANP2和ANP3)(Krysan P J, et al., 2002)、MAPKK MKK6/ANQ1和MAPK MPK4(Takahashi Y, et al., 2010)。MPK4磷酸化MAP65蛋白,TES调节减数分裂细胞板的形成被认为是通过MAPK调节激活MAP蛋白来实现的(Sasabe M, et al., 2011)(图1-3)。蛋白质的相互作用揭示了TES、ANP3、MKK6和MPK4的确组成了MAPK信号级联反应,细胞学分析表明,失去MPK4和MKK6/ANQ1也诱导了减数分裂细胞板异常(Kosetsu K, et al., 2010; Soyano T, et al., 2003),产生多核孢子,最终发育成二倍体或多倍体花粉(Zeng Q, et al., 2011)。

(五) 环境因素对2n配子形成的影响

减数分裂,作为配子发育的关键步骤,也对环境的变化较为敏感(Erickson A, et al., 2002; Zhang X Z, et al., 2003)。虽然细胞学和分子遗传学机制研究2n配子的形成已有一些进展,但环境因素对2n配子形成的影响却少有报道。通过生物的和非生物胁迫可以导致2n配子形成,比如,营养缺乏、伤口、病害、温度压力等(Ramsey J, et al., 1998)。

在百脉根中,温度的压力,尤其是高温,使第二次减数分裂的平行纺锤体增多,导致2n配子的形成(Negri V, et al., 1998)。在月季中,短期高温(30～36℃处理48 h)能诱导胞质融合,形成平行和三级纺锤体,在小孢子形成期产生二分体和三分体(Pécrix Y, et al., 2011)。

低温环境能刺激2n配子的形成，比如，生长在寒冷环境中的马铃薯比生长在正常环境中的马铃薯能产生更多的重组配子(McHale N, 1983)。相似的，曼陀罗和西洋蓍草在低温下能产生未减数的配子(Ramsey J, 2007; Ramsey J, et al., 1998)。近年来，研究发现，在甘蓝的一些种间杂交中，低温环境能刺激2n配子的形成(Mason A S, et al., 2011)。在拟南芥中，短期的低温环境能诱导产生二倍和多倍花粉，细胞学和遗传学分析表明，低温环境能改变末期Ⅱ微管的排列方向，导致减数分裂后期胞质分裂和细胞壁形成异常，形成二分体、三分体和一分体，产生二倍和多倍花粉，形成同源性高的SDR型重组配子(De Storme N, et al., 2012)。而且，生态学研究表明，多倍体植物和动物在高纬度和接近极地的地区发生得更频繁(Barata C, et al., 1996; Beaton M J, et al., 1988; Dufresne F, et al., 1998)，这暗示寒冷的气候能诱导多倍体的产生。

高温也能诱导2n雌配子的形成，在杨树中，通过高温处理大孢子母细胞减数分裂时期的花序能诱导66.7%的2n雌配子(Wang J, et al., 2012)。高温处理减数分裂粗线期到终变期的花蕾能诱导雌配子的加倍；高温处理授粉后6～72 h的花序能诱导胚囊染色体加倍，产生83.33%的三倍体的后代(Lu M, et al., 2013)。

高温诱导更改了花粉减数分裂Ⅱ纺锤体的方向。在拟南芥中，发现3个调节雄配子减数分裂Ⅱ纺锤体方向的蛋白，即FORMIN14(AFH14)、JASON(JAS)和*Arabidopsis thaliana* PARALLEL SPINDLES1(AtPS1)。这3个蛋白的突变都使减数分裂Ⅱ形成平行及三角形纺锤体，从而形成2n配子(d'Erfurth I, et al., 2008; De Storme N, et al., 2011; Li Y, et al., 2010)。因此，高温改变月季减数分裂Ⅱ纺锤体的方向，被认为是AtPS1、JASON、AFH14蛋白发挥了作用(De Storme N, et al., 2014)(图1-4)。可是，很少有研究报道，在温度和其他环境压力下，这些基因对转录水平和转录后加工水平的调控，需要更进一步的研究来验证。

与此相似，在高温条件下，短期的低温对减数分裂细胞周期循环也有影响，但与高温条件下改变减数分裂Ⅱ纺锤体方向有所不同。对拟南芥的近来研究表明，短期的低温并不影响减数分裂染色体的分离，但是影响了减数分裂后期细胞板的形成和细胞壁的建立(De Storme N, et al., 2012)。在寒冷条件下，形成素(Formins)在减数分裂细胞板形成方面起显著作用，AFH14突变引起减数分裂后期RMAs缺陷(De Storme N, et al., 2014)。可是，Formins和在寒冷条件下的减数分裂缺陷无直接的联系，更多的细节需要被发现。在拟南芥中，减数分裂后期RMAs的形成需要MAPK信号通路调节，失去信号通路蛋白，将导致完全及部分胞质分裂失效，发生减数分裂核重组，形成双核及多核的小孢子(Kosetsu K, et al., 2010; Spielman M, et al., 1997)。基于寒冷诱导雄配子减数分裂缺陷的相似性，TES或下游MAPK信号元件被假定认为在寒冷条件下与RMA的形成相关，但还需要进一步证实。

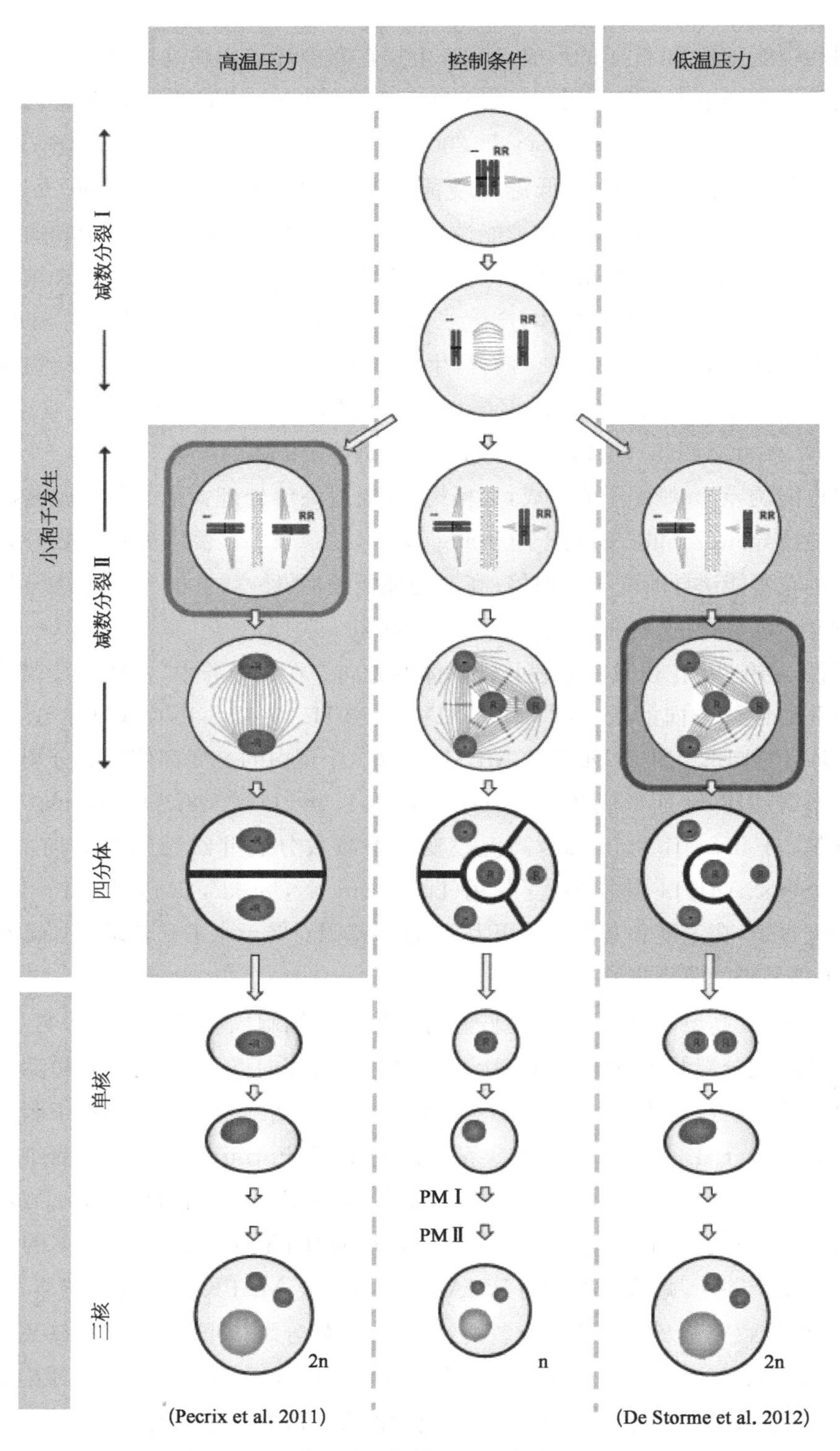

图 1-4　温度压力引起花粉母细胞减数分裂异常

第二章

香石竹 2n 配子的形成及环境影响

近年，虽然有文献报道香石竹能产生 2n 雄配子，可是并没有更深入地阐明其 2n 配子产生的细胞学机制，香石竹不同品种 2n 配子产生的频率及环境因素如温度对 2n 配子发生频率的影响未见报道。本章通过显微观察香石竹花粉母细胞减数分裂异常现象，揭示香石竹 2n 配子形成的细胞学机制，并研究环境因素对香石竹 2n 配子发生频率的影响，以便能更有效地利用 2n 配子来培育多倍体新品种。

一、香石竹减数分裂 2n 配子的形成

香石竹'Nogalte'栽培种减数分裂过程显微镜观察结果见图 2－1 和图 2－2。在正常的减数分裂过程中（图 2－1a～i），首先，香石竹的 30 条染色体在细线期时呈细长、线状；在偶线期发生联会，细胞内的同源染色体两侧面紧密相进行配对；在粗线期，染色体连续缩短变粗，四分体中的非姐妹染色单体之间发生了 DNA 片断交换，从而产生了基因重组（图 2－1a）。二价的染色体在中期Ⅰ排列在赤道板上（图 2－1b），后期Ⅰ成对的同源染色体发生分离，并分别移向两极（图 2－1c），末期Ⅰ到达两极的同源染色体又聚集（图 2－1d）。中期Ⅱ有两组染色体，每组包含 15 个同源染色体，排在两个赤道板上（图 2－1e）。第二次染色体分离发生在后期Ⅱ（图 2－1f），在末期Ⅱ染色体重新聚集（图 2－1g），最后导致形成含 15 条染色体的 4 个小孢子（图 2－1h～i）。在正常减数分裂时期，中期Ⅱ纺锤体大致呈垂直方向（图 2－1e），导致四分体时期产生 4 个单倍体核（图 2－1h～i）。

反常的减数分裂纺锤体方向有平行纺锤体（图 2－1j）、融合纺锤体（图 2－1k）和三角形纺锤体（图 2－1l）。两个纺锤体板未能分开，导致中期Ⅱ同源染色体再聚集。纺锤体方向的异常导致出现二分体（图 2－1m、o、q；每组包含 30 条染色体）、三分体（图 2－1n、p、r；二组包含 15 条染色体，一组包含 30 条染色体）、不平衡的三分体（图 2－1s）、四分体（图 2－1t）和多分体（图 2－1u）。

另一种减数分裂异常的现象如图 2－2 所示，会出现正常的四分体（图 2－2a）和异常的二分体（图 2－2b），第一次减数分裂正常但缺乏第二次减数分裂（图 2－2）。第一次减数分裂经过粗线期（图 2－2c）、终变期（图 2－2d）、中期Ⅰ（图 2－2e）、后期Ⅰ（图 2－2f）、

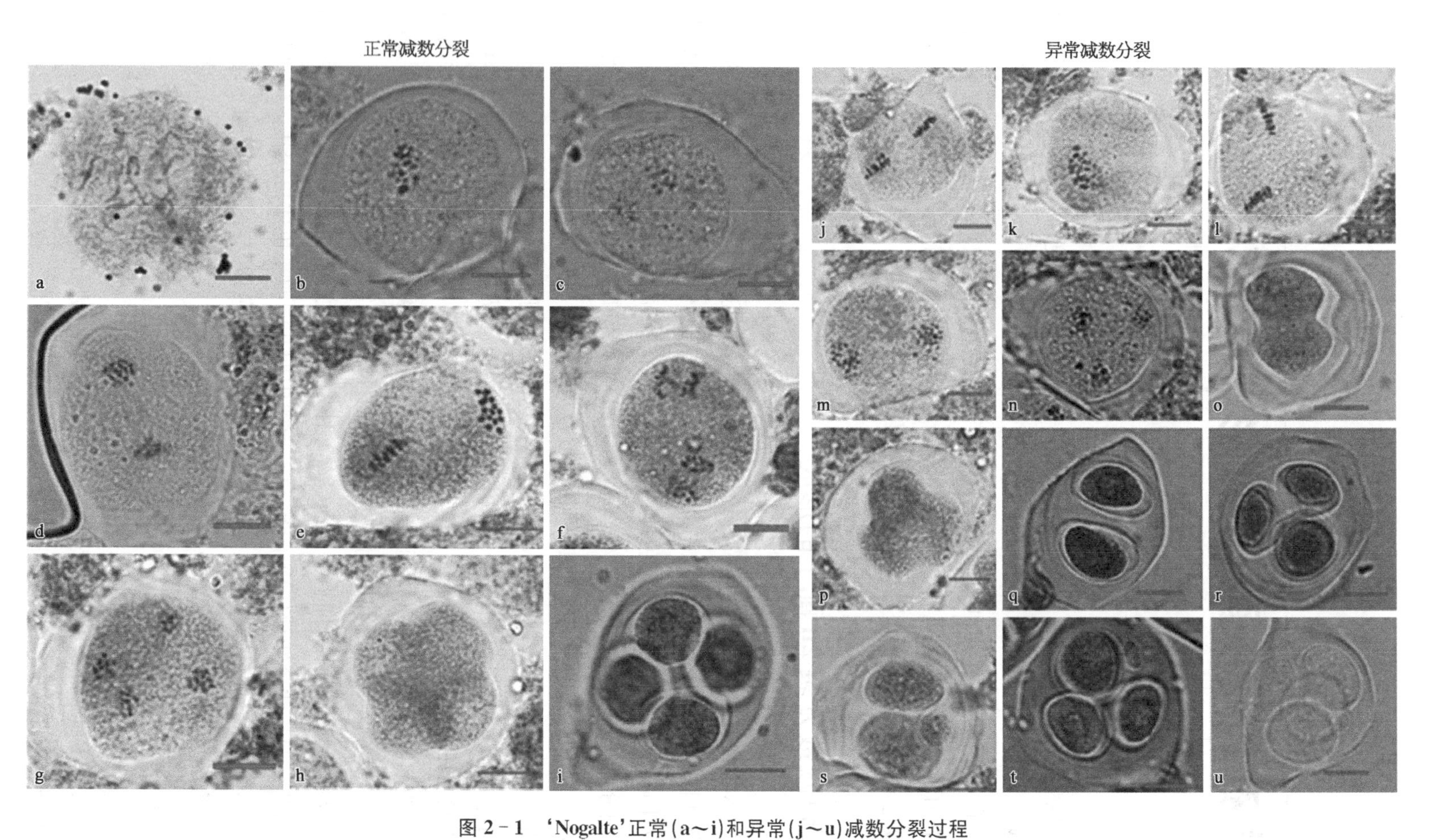

图 2-1　'Nogalte'正常(a~i)和异常(j~u)减数分裂过程

[a：前期Ⅰ；b：中期Ⅰ；c：后期Ⅰ；d：末期Ⅰ；e、j~l：中期Ⅱ；f：后期Ⅱ；g、m~n：末期Ⅱ；h~i、o~u：四分体时期。在正常减数分裂时期，中期Ⅱ纺锤体呈垂直方向(e)，导致产生四分体时期产生四个单倍体核(i)。在异常的减数分裂时期，中期Ⅱ纺锤体的方向呈平行(j)，融合(k)和三角形(l)，导致形成二分体(o，q)和三分体(p，r)，包含二倍体姐妹染色体核。反常的染色体行为结果形成了不平衡三分体(s)、不平衡四分体(t)和多分体(u)。标尺＝10 μm]

末期Ⅰ(图 2－2g),最后直接一分为二形成二分体(图 2－2h),每个二分体孢子的染色体数为 30 条,与体细胞染色体数一致,为未减数 2n 配子。

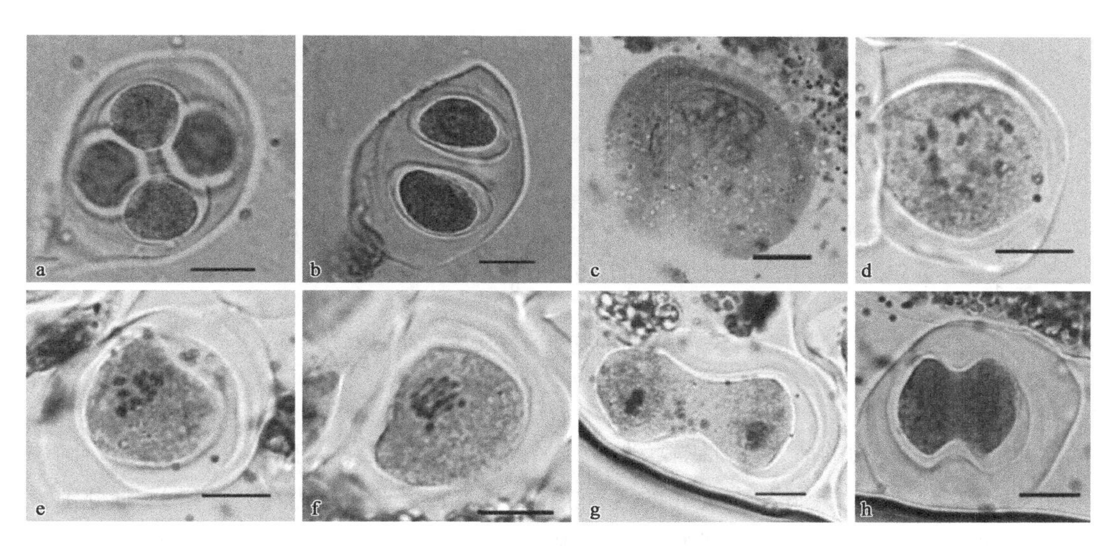

图 2－2　'Nogalte'减数分裂时期

(a：野生型四分体；b：二分体；c：粗线期；d：终变期；e：中期Ⅰ；f：后期Ⅰ；g：末期Ⅰ；h：二分体。标尺＝10 μm)

二、环境对香石竹花粉活力及 2n 配子发生频率的影响

对栽培地 2013 年不同季节的温度测量发现,3 月和 12 月属低温季节,温度分别为 14.12℃和 14.48℃；6 月和 9 月为高温季节,温度分别为 22.84℃和 21.17℃。6 月和 9 月的温度有显著差异,6 月、9 月(高温季节)和 3 月、12 月(低温季节)的温度有显著差异(表 2－1)。

表 2－1　2013 年不同季节的温度

时　间	温度(℃)	时　间	温度(℃)
3 月	14.12±0.13c	9 月	21.17±0.14b
6 月	22.84±0.02a	12 月	14.48±0.20c

注：同列不同字母表示差异显著($p<0.05$)。

观察香石竹花粉的活力(图 2－3a),染色的大花粉为有活力的 2n 花粉,染色的小花粉为有活力的 n 花粉,未染色的为无活力的 n 花粉,2n 花粉的直径要大于 n 花粉。用卡宝品红染色香石竹花粉的细胞核,发现 2n 花粉细胞核的体积要大于 n 花粉(图 2－3b),说明 2n 花粉的 DNA 含量高于 n 花粉。

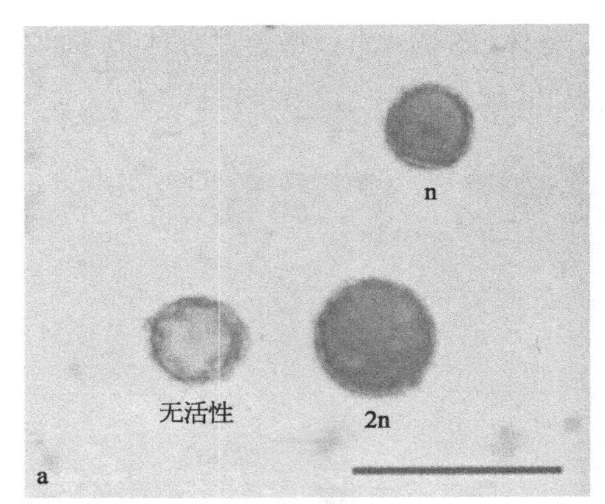

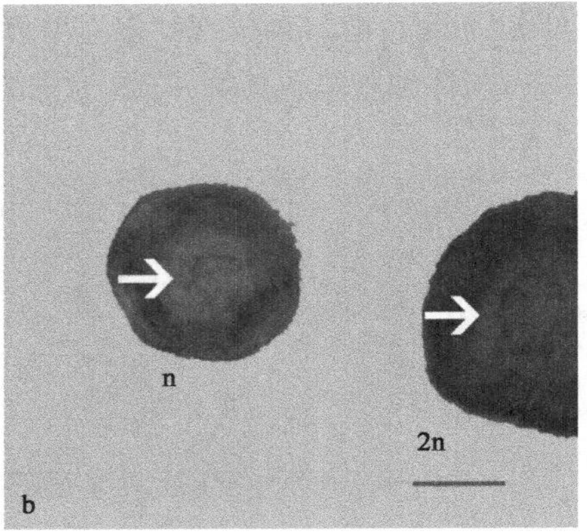

图 2-3 香石竹的花粉活力及花粉的细胞核

（a：标尺＝100 μm。b：箭头所示为细胞核；标尺＝10 μm）

对不同季节花粉的活力进行比较（表 2-2），同一品种花粉活力在不同季节有所不同，3 月和 12 月花粉的活力较低，6 月花粉的活力较高，'Promesa'花粉活力在 3 月和 12 月分别为 22.23%和 21.6%，6 月和 9 月分别为 70.82%和 71.41%；'Guernse Yellow'在 3 月、9 月和 12 月花粉活力分别为 21.2%、18.86%和 43.38%，而 6 月份花粉活力为 50.52%；'YunhongErhao'在 3 月、9 月和 12 月花粉活力分别为 15.71%、35%和 38.28%，在 6 月份为 42.26%。由此可见，6 月香石竹花粉活力高，可在此时进行杂交育种实验。同时，同一季节不同的品种间花粉活力也不同。以 6 月为例，'Promesa'的花粉活力最高，为 70.82%；'Nogalte'次之，为 59.42%；'Guernse Yellow'和'Arevalo'分别为 50.52%和 50.07%；'YunhongErhao'为 42.26%；'Red Barbara'和'L. P. Barbara'最低，分别为 37.02%和 36.15%。由此得出，香石竹花粉活力不仅受遗传因素的影响，还有可能受外界环境如温度的影响。

表 2-2 不同季节和栽培种香石竹 2n 花粉的直径、活力和产生的频率

月份	栽培品种	花粉总数	花粉直径(μm)	花粉活力(%)	2n 花粉发生频率(%)
3 月	Promesa	345	35.48±3.51	22.23±21.53	3.48±0.08
	Guernse Yellow	251	38.43±2.76	21.2±12.27	0.79±0.01
	YunhongErhao	241	40.22±4.96	15.71±13.4	1.24±0.02
6 月	Promesa	6 293	45.55±3.32	70.82±12.5	0.06±0
	Guernse Yellow	1 300	38.33±3.66	50.52±16.39	3.09±0.04
	YunhongErhao	1 108	44.54±5.01	42.26±12.25	1.72±0.01
	Red Barbara	3 261	41.25±4.82	37.02±13.08	3.25±0.01
	L. P. Barbara	2 906	44.6±4.5	36.15±12.12	1.76±0.04
	Nogalte	4 978	44.5±4.21	59.42±11.98	1.63±0.01
	Arevalo	3 459	47.29±4.34	50.07±14.52	2.08±0

续 表

月份	栽培品种	花粉总数	花粉直径(μm)	花粉活力(%)	2n花粉发生频率(%)
9月	Promesa	4 681	47.3±3.28	71.41±14.84	0
	Guernse Yellow	216	40.5±4.69	18.86±20.64	4.17±0.07
	YunhongErhao	1 990	45.66±5.69	35±19.06	0.61±0
12月	Promesa	2 940	41.69±8.23	21.6±10.97	0.61±0
	Guernse Yellow	3 024	43.44±3.89	43.38±14.71	0.79±0
	YunhongErhao	2 791	45.24±3.97	38.28±16.65	0.18±0

香石竹2n花粉的发生频率也与栽培品种及环境有关，从表2-2可见，同一品种香石竹在不同季节的2n花粉发生频率有所不同，如'Guernse Yellow'在3月、6月、9月和12月的2n花粉发生频率分别为0.79%、3.09%、4.17%和0.79%；'Promesa'在3月、6月、9月和12月的2n花粉发生频率分别为3.48%、0.06%、0和0.61%；'YunhongErhao'在3月、6月、9月和12月的2n花粉发生频率分别为1.24%、1.72%、0.61%和0.18%。同一季节不同品种香石竹的2n花粉发生频率也不同，如在6月，'Promesa''Guernse Yellow''YunhongErhao''Red Barbara''L. P. Barbara''Nogalte'和'Arevalo'的2n花粉发生频率分别为0.06%、3.09%、1.72%、3.25%、1.76%、1.63%和2.08%。总体上看，香石竹自发产生2n花粉的频率都较低，均小于5%，而且受基因型及环境因素的影响。

三、关于环境影响香石竹2n配子的讨论

最直接的筛选2n花粉的方法是检测植株花粉的体积，伴随着DNA含量的增加，细胞体积也会增加，从而对花粉的大小产生影响(Bretagnolle F, et al., 1995)。在月季的研究中，花粉大小和花粉的倍性水平有显著的相关性，四倍体栽培种(产生2n花粉)花粉的平均大小是二倍体栽培种(产生n花粉)花粉的1.3倍(Crespel L, et al., 2006)。Darlington CD(1937)认为，2n花粉的染色体数量是n花粉的两倍，2n花粉的直径比n花粉大1.2～1.3倍。因此，可以通过测量花粉直径来计算2n花粉的发生频率。

基因型能调控2n花粉产生的比例(Crespel L, et al., 2002)，并将产生2n花粉的能力传输给后代(Crespel L, et al., 2003; El Mokadem H, et al., 2002)。在土豆(Veilleux R, et al., 1981)、黑麦(Den Nijs A, et al., 1988)和月季(Crespel L, et al., 2006)的研究中，2n花粉的产生频率也受环境因素如温度的影响。在我们的研究中，同一时期，不同的香石竹栽培品种产生2n花粉的频率是不同的，说明2n花粉的产生受基因型的调控；而在同一年份不同的月份间，同一栽培种产生2n花粉的频率也不同，这可能与环境因素如温度有关。

2n配子的形成是一个复杂的过程，同一物种的不同的品种可以通过不同的机制来产生2n配子，同一个体可通过多种机制来产生2n配子(Parrott W，et al.，1984；Werner J，et al.，1991；Xu L Q，et al.，2008；Zhang Z，et al.，2010)。二倍体兰花有4种机制卷入多倍性小孢子的形成，一是前减数分裂失调导致四倍体孢子的形成，二是在二次减数分裂后期反常地分离引起核重组的发生，三是失败地参与第一次和第二次减数分裂过程，四是中期Ⅱ纺锤体排列同方向，4种机制共同导致多倍性小孢子的产生(Teoh S，1984)。在龙舌兰属植物中，2n配子的形成由2种机制调控：第一种机制是第二次减数分裂胞质分裂异常形成二分体和三分体，二分体是由两个2n配子组成，三分体是由1个2n配子和2个n配子组成，即SDR重组机制引起2n配子的产生(Gómez-Rodríguez V M，et al.，2012)；另一种机制是纺锤体的方向异常产生FDR型2n配子。在香石竹中，我们首次揭示了其2n配子产生的细胞学机制，发现有2种机制能控制2n配子的产生，一种是缺失第二次减数分裂，另一种是第二次减数分裂纺锤体方向异常，这两种情况共同导致了二分体和三分体的产生，从而形成2n配子。

细胞学研究还观察到不平衡配子的产生，可能是由于减数分裂后期染色体分离的速度不同，产生落后染色体，或是减数分裂后期染色体分开的数量不均等，从而形成染色体数量不相等的配子，这些配子在发育过程中，可能出现败育的现象。

总之，自然界中香石竹自发形成2n花粉的频率较低，低于5%。而2n花粉的形成受遗传因素和环境因素的影响。因此，可以通过调控环境因素，如在香石竹小孢子减数分裂时期给予低温或高温刺激，来诱导2n花粉的形成。通过对香石竹2n配子形成的细胞学机制的研究，可以寻找不同机制形成的相关基因，通过基因编辑技术及转基因技术等分子生物学手段，沉默目标基因，来筛选出可高频产生2n配子的种质资源。最终，通过2n花粉来克服香石竹不同倍性水平间的杂交障碍，有利于目标基因的渐渗，并创造优良的香石竹多倍体新品种。

第三章

香石竹 4x－2x 杂交不亲和性研究

一、香石竹 4x－2x 杂交育种

多倍体的形成被广泛地认为是植物进化和物种形成的主要机制。多倍体植物因其茎杆粗壮、叶厚、花大、花色浓艳和耐旱(Van Laere K, et al., 2011)等特点而具有重要的育种价值(Takamura T, et al., 1996; Yamaguchi M, 1989)。因此,多倍体培养是培育观赏花卉新品种的一项常规技术,也是克服远缘杂交不孕的一项技术。目前,多倍体形成途径有两种,一种是有性多倍化,一种是无性多倍化。有性多倍化是指通过有性杂交途径,亲本之一或双方产生 2n 配子杂交形成的异源多倍体或同源多倍体。无性多倍化是自然界中自发产生的体细胞染色体加倍的植株或通过物理、化学及生物学手段来产生的多倍体。通常认为通过物理、化学手段形成的多倍体容易形成嵌合体,性状不稳定。而有性多倍化形成的多倍体具有杂合性高、遗传稳定的特点。因此,在多倍性培育中,利用 2n 配子来产生多倍体是首选的育种方法。香石竹(*Dianthus caryophyllus* L.)是世界著名的鲜切花之一,但许多栽培种是二倍体(2n=2x=30),仅有少数栽培种是四倍体(2n=4x=60)和三倍体(2n=3x=45)(瞿素萍,等,2004)。

四倍体母本和二倍体父本杂交产生多倍体后代,是一种有效的多倍体种质资源的培育方法(Peckert T, et al., 2006)。将二倍体香石竹(*Dianthus caryophyllus*)和异源双二倍体(*Dianthus caryophyllus*×*Dianthus japonicus*)相互杂交,后代出现四倍体植株,该四倍体的产生是由于二倍体香石竹母本产生 2n 雌配子(Nimura M, et al., 2008)。四倍体与二倍体杂交时通常出现杂交不亲和现象,很难得到杂交种子,从而影响多倍体育种的进程。到目前为止,很少有研究报道四倍体与二倍体杂交不亲和的原因,影响香石竹 4x－2x 杂交不亲和性的因素尚不清楚。

香石竹重瓣品种'Butterfly'(图 3－1a)为红底白边,中心为黑色,具有独特的花型和花色,但容易感病。本研究以'Butterfly'(2n=4x=60)(图 3－1b)为母本,以二倍体可育单瓣抗病材料'NH10'(2n=2x=30)(图 3－1c、d)和'NH14'(2n=2x=30)(图 3－1e、f)为父本,采用荧光显微镜和石蜡切片法对香石竹四倍体与二倍体杂交花粉管伸长、胚胎发育进行观察,探讨其杂交不亲和的原因;并以四倍体'Butterfly'作为母本,以二倍体

‘NH6’‘NH14’‘D. P. Barbara’‘Barbara’‘Fanelle’‘Promesa’和‘Tomas’多头香石竹品种为父本，进行杂交，收获杂交种子或对未成熟的种子进行胚挽救，获得杂交后代，鉴定杂交后代的倍性，对亲本和杂交后代的生物学性状进行比较分析，以期为获得花型花色独特且抗病性好的育种材料打下基础。

图 3-1 香石竹多倍体育种植物材料

[a. 香石竹品种‘Butterfly’；b. 香石竹品种‘Butterfly’的染色体数目(2n=4x=60)；c. 香石竹中间材料‘NH10’；d. 香石竹中间材料‘NH10’染色体(2n=2x=30)；e. 香石竹中间材料‘NH14’；f. 香石竹中间材料‘NH14’染色体(2n=2x=30)]

二、香石竹 4x-2x 杂交花粉萌发、花粉管伸长和受精情况

‘Butterfly’(4x)×‘NH10’(2x)杂交，授粉后 2 h，70.8%的花粉能在柱头上萌发(表 3-1，图 3-2a)，可观察到典型的不相容反应，出现螺旋状花粉管(图 3-2b、c)，花粉管中部出现胼胝质沉淀(图 3-2d)，少数花粉管到达柱头基部(表 3-1，图 3-2e)。授粉后 4 h，萌发的花粉粒增多(表 3-1，图 3-2f)，在柱头顶部的花粉管出现弥散的胼胝质沉淀(图 3-2g)。授粉后 6 h，反常的花粉粒萌发出 2 条花粉管(图 3-2h)，柱头的顶端出现严重的胼胝质沉淀(图 3-2i)，在柱头基部的花粉管的数量增多(表 3-1，图 3-2j)。授粉后 17 h，反常的花粉萌发出 2 条花粉管，2 条花粉管都停止伸长，在花粉管的顶部出现胼胝质塞(图 3-2k)，同时，到达柱头基部的花粉管继续增多(表 3-1，图 3-2l)。授粉后 24 h，钉子形的花粉管出现在柱头顶部(图 3-2m)，到达柱头基部的花粉管增加到 44.3 条

（表 3－1，图 3－2n）。授粉后 48 h，柱头基部的花粉管达到最大值，为 67.2 条（表 3－1）。花粉管在授粉后 17～48 h 进入到子房内（图 3－2o），且授粉后 17 h 花粉管能伸入珠孔（表 3－1，图 3－2p），授粉后 48 h 花粉管与胚珠结合数很低，为 19 条，花粉管与胚珠结合数与授粉后 17 h（为 4）、24 h（为 4.3）有显著差异。

表 3－1　香石竹 4x－2x 杂交花粉萌发、花粉管伸长和受精情况

杂交组合	授粉时间（h）	花粉萌发率（%）	不同部位柱头花粉管数			每个子房有花粉管伸入的胚珠数
			上　部	中　部	基　部	
‘Butterfly’×‘NH10’	2	70.8±6.3a	6.5±3.4d	3.5±2.3c	2.5±1.6c	0±0b
	4	71.4±2.0a	39.2±14.2cd	5.5±2.2c	2.7±1.9c	0±0b
	6	74.3±3a	68.3±14.6bc	43.2±9.9b	26.7±5.6bc	0±0b
	17	75.9±4.1a	85±18ab	53.6±15.4b	42.7±15.9ab	4±1.2b
	24	78.7±4.9a	96.3±6.1ab	67.4±9.8ab	44.3±9.2ab	4.3±1.1b
	48	79.4±2.8a	116.6±14.7a	85.8±7.2a	67.2±10.8a	19±4.5a
‘Butterfly’×‘NH14’	2	50±5.7b	8.8±3.9b	5.7±3.6c	5.3±3.4d	0±0c
	4	57.8±4.0b	20.5±5.8b	9.5±5.3c	5.5±3.5d	0±0c
	6	60.1±2.7ab	61.2±11.4a	35±9.6b	13.2±6.5cd	0±0c
	17	60.8±8.2ab	72±5.5a	49.3±1.9ab	30.5±3.5bc	2.4±1.1bc
	24	64.5±4.5ab	79.8±2.9a	57.5±8.8a	47.3±10.3ab	5±1.3b
	48	66.1±4.3a	82.6±8.4a	62.8±6.8a	51±6.2a	11±2.4a

注：数值为平均数±标准误。同列数据后不同字母表示在 0.05 水平存在显著性差异。

‘Butterfly’（4x）×‘NH14’（2x）杂交，授粉后 2 h，50%的花粉能在柱头上萌发（表 3－1，图 3－3a），可观察到典型不相容现象，如螺旋状花粉管和花粉粒萌发出数条花粉管（图 3－3b），少数花粉管到达柱头中部和基部（表 3－1，图 3－3c、d）。授粉后 4 h，柱头上萌发的花粉数增多（图 3－3e），反常的花粉萌发出 2 条花粉管（图 3－3f），柱头顶部花粉管的胼胝质增多（图 3－3g）。授粉后 6 h，萌发的花粉继续增多（图 3－3 h），反常的花粉萌发出数条花粉管（图 3－3i），在柱头顶部出现正常和钉字形的花粉管，同时存在胼胝质沉淀（图 3－3j、k）。授粉后 17 h，观察到螺旋状花粉管（图 3－3l），柱头的顶部、中部和基部的花粉管存在胼胝质（图 3－3m、n、o）。授粉后 24 h，柱头基部和子房内的花粉管增多（图 3－3p、q）。授粉后 48 h，柱头基部的花粉管达到最大值，为 51 条（表 3－1，图 3－3r）。此外，在授粉后 17～48 h，花粉管到达子房内（图 3－3s）。授粉后 48 h，平均每个子房内有花粉管伸入的胚珠数为 11，和授粉后 17 h（为 2.4）和 24 h（为 5）有显著的差异（表 3－1，图 3－3t）。

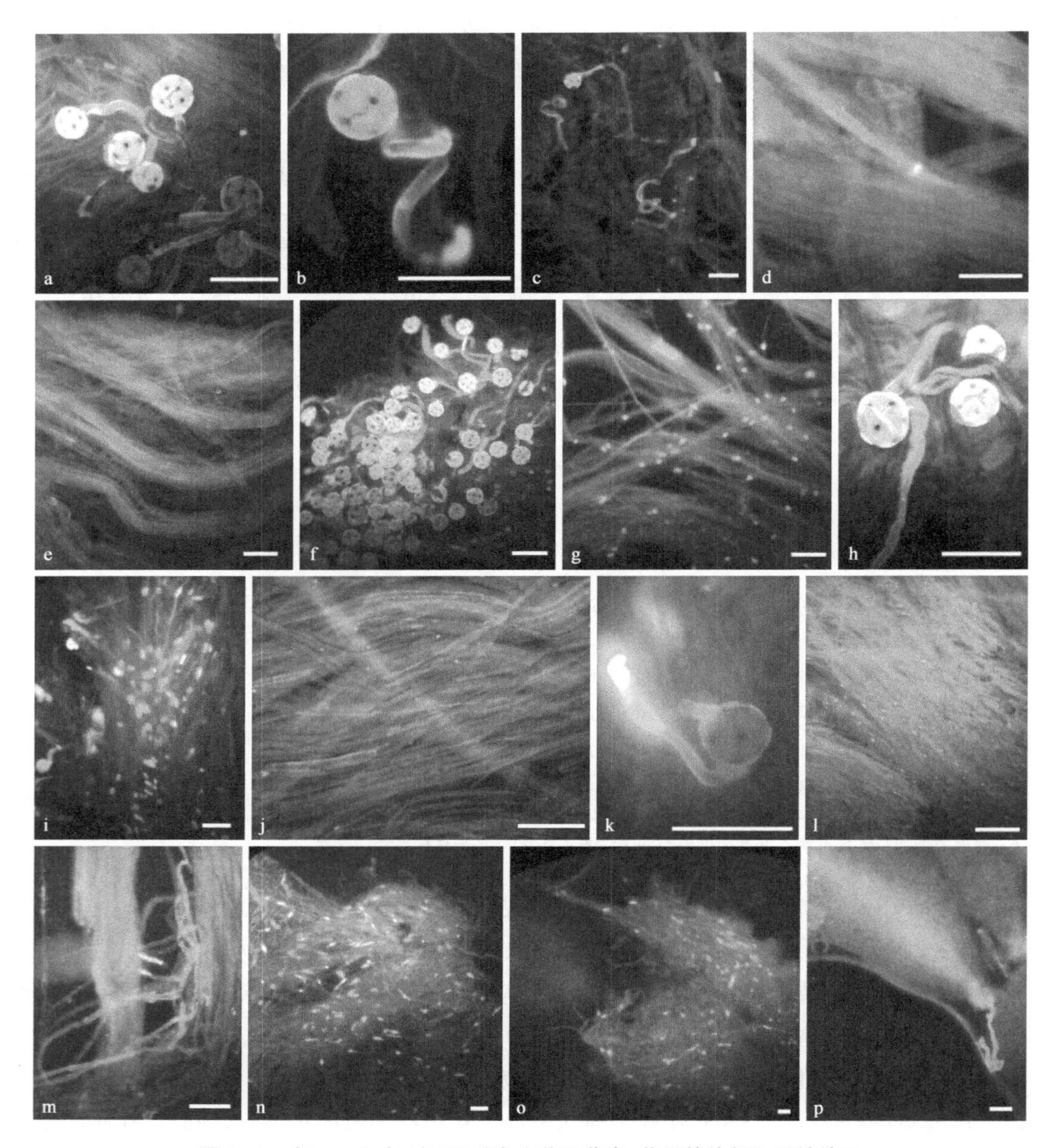

图 3-2 'Butterfly'×'NH10'杂交花粉萌发、花粉管伸长和受精情况

(a. 授粉后 2 h 花粉在柱头上萌发;b. 授粉后 2 h 螺旋状花粉管;c. 授粉后 2 h 花粉管顶部螺旋状伸入柱头组织;d. 授粉后 2 h 在柱头中部的花粉管出现胼胝质塞;e. 授粉后 2 h 花粉管到达柱头的基部;f. 授粉后 4 h 萌发的花粉增多;g. 授粉后 4 h 柱头上部的花粉管出现弥散的胼胝质沉淀;h. 授粉后 6 h 花粉萌发出 2 条花粉管;i. 授粉后 6 h 柱头顶部出现严重的胼胝质沉淀;j. 授粉后 6 h 柱头基部的花粉管增多;k. 授粉后 17 h 花粉萌发出 2 条花粉管,花粉管停止伸长;l. 授粉后 17 h 柱头基部的花粉管增多;m. 授粉后 24 h 柱头的上部出现钉字形花粉管;n. 授粉后 24 h 柱头基部出现大量的花粉管;o. 授粉后 24 h 子房内的花粉管增多;p. 授粉后 24 h 花粉管伸入胚珠。标尺=100 μm)

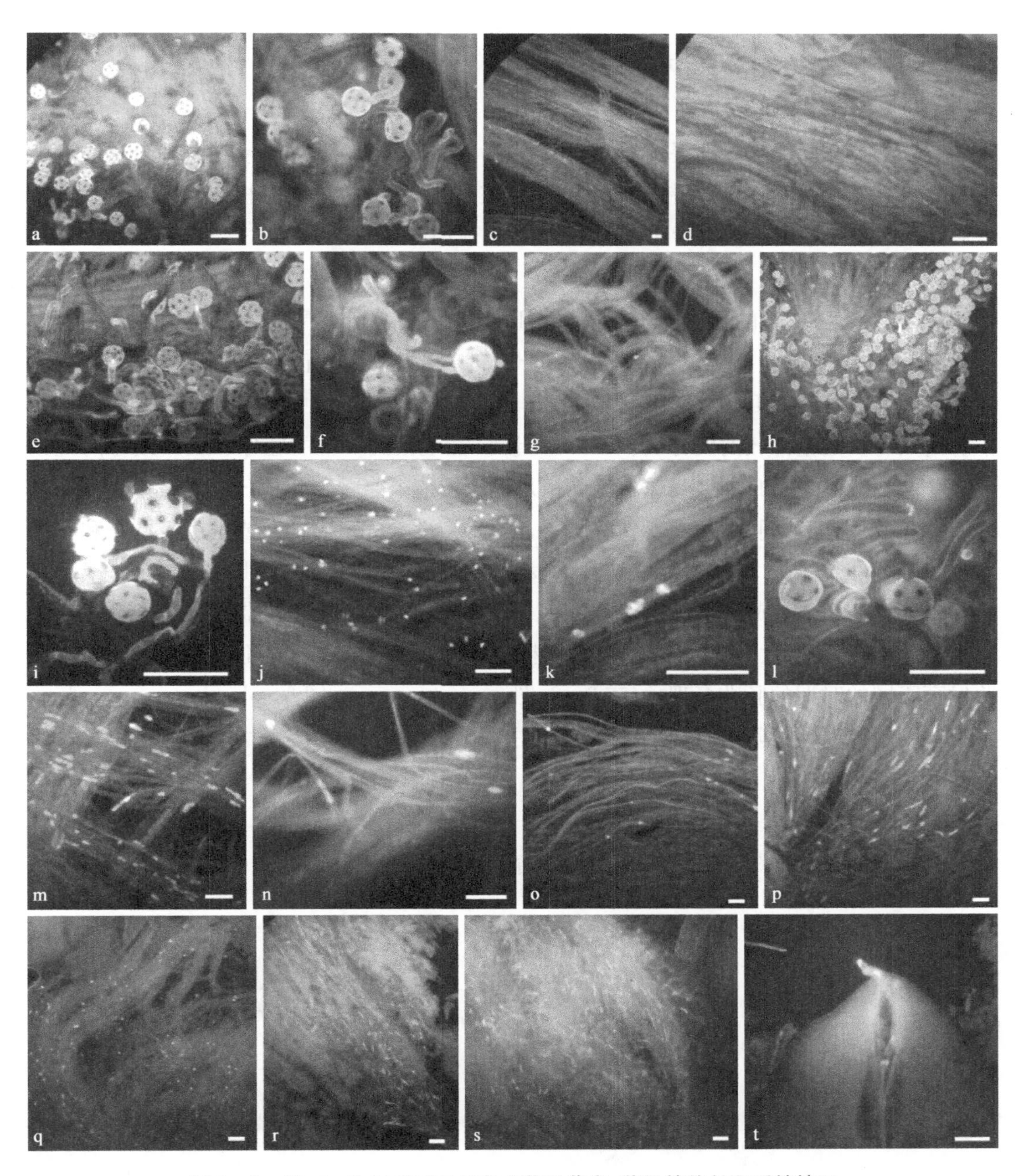

图 3－3　'Butterfly'×'NH14'杂交花粉萌发、花粉管伸长和受精情况

(a. 授粉后 2 h 花粉在柱头上萌发；b. 授粉后 2 h 螺旋状花粉管和花粉萌发出 3 条花粉管；c. 授粉后 2 h 花粉管到达柱头中部；d. 授粉后 2 h 花粉管到达柱头的基部；e. 授粉后 4 h 萌发的花粉增多；f. 授粉后 4 h 花粉萌发出 2 条花粉管；g. 授粉后 4 h 柱头上部的花粉管胼胝质增多；h. 授粉后 6 h 萌发的花粉增多；i. 授粉后 6 h 花粉萌发出数条花粉管；j. 授粉后 6 h 柱头上部的花粉管胼胝质增多；k. 授粉后 6 h 在柱头上部出现钉字形花粉管且有胼胝质沉淀；l. 授粉后 17 h 螺旋状花粉管；m. 授粉后 17 h 柱头上部的花粉管出现胼胝质沉淀；n. 授粉后 17 h 柱头中部的花粉管出现胼胝质沉淀；o. 授粉后 17 h 柱头基部的花粉管出现胼胝质沉淀；p. 授粉后 24 h 柱头基部的花粉管增多；q. 授粉后 24 h 子房内出现花粉管；r. 授粉后 48 h 柱头基部出现大量的花粉管；s. 授粉后 48 h 子房内的花粉管增多；t. 授粉后 48 h 花粉管伸入胚珠。标尺＝100 μm)

三、香石竹杂交胚胎发育观察

图3-4和图3-5分别展示了'Butterfly'×'NH10'和'Butterfly'×'NH14'两个杂交组合的胚胎发育过程。授粉后3天，胚乳核分裂形成胚乳自由核，此时合子不分裂（图3-4a、图3-5a）。授粉后4天，合子分裂形成原胚（图3-4b、图3-5b）。授粉后5天（图3-4c、图3-5c）和6天（图3-5d），形成球形胚。授粉后9天，形成三角形胚（图3-4d）。鱼雷形胚的形成，是在'Butterfly'×'NH10'杂交授粉后15天（图3-4e）和'Butterfly'×'NH14'杂交授粉后18天（图3-5e）。每个子房正常的鱼雷形胚的平均数量在杂交组合'Butterfly'×'NH10'和'Butterfly'×'NH14'中分别是1和0.75，在受精子房内只有少数正常胚的发育（表3-2）。此外，能观察到反常的胚珠和胚胎败育的现象（图3-4f～s，图3-5f～p），胚珠不能受精是由于极核未能融合（图3-4i、图3-5g），结果导致有胚的发育而无胚乳的发育（图3-4j、n～q、s，图3-5i、m、o）；或是由于精子和卵细胞未能融合（图3-4k、m），导致有胚乳的发育而无胚的发育（图3-4h、图3-5f）；或是花粉管未能进入胚囊；或是花粉管伸入胚珠而没有受精，最终引起卵器的败育（图3-4l、图3-5n）和胚囊的败育（图3-5l）。在授粉后24天，两个杂交组合都能观察到发生在胚胎发育不同的时期的胚败育现象（表3-2，图3-4f、g、j、n～s，图3-5h～j、m、o、p）。胚败育主要发生在球形胚阶段，在两个杂交组合中，每个子房败育的胚平均数量为3.5，败育的子叶形胚的平均数量在'Butterfly'×'NH10'和'Butterfly'×'NH14'中分别为0.5和0.25，没有观察到正常发育的子叶形胚（表3-2）。在两个杂交组合中，胚的败育可能和胚乳的败育（图3-4f、g、r，图3-5h、j、k）及胚乳发育贫乏有关（图3-4j、n～q、s，图3-5i、m、o）。

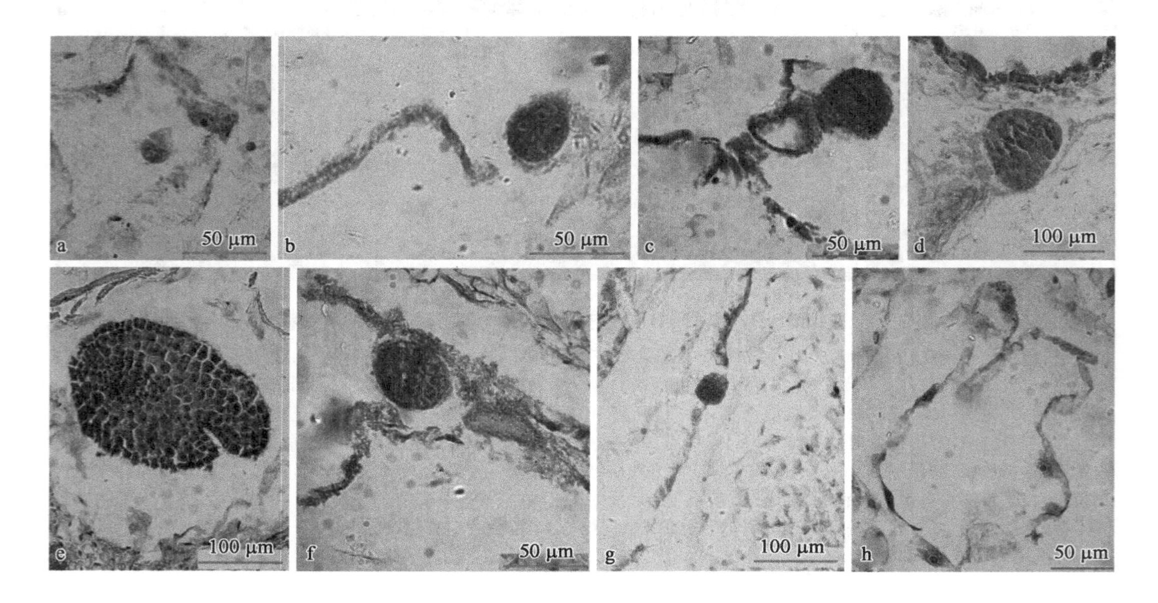

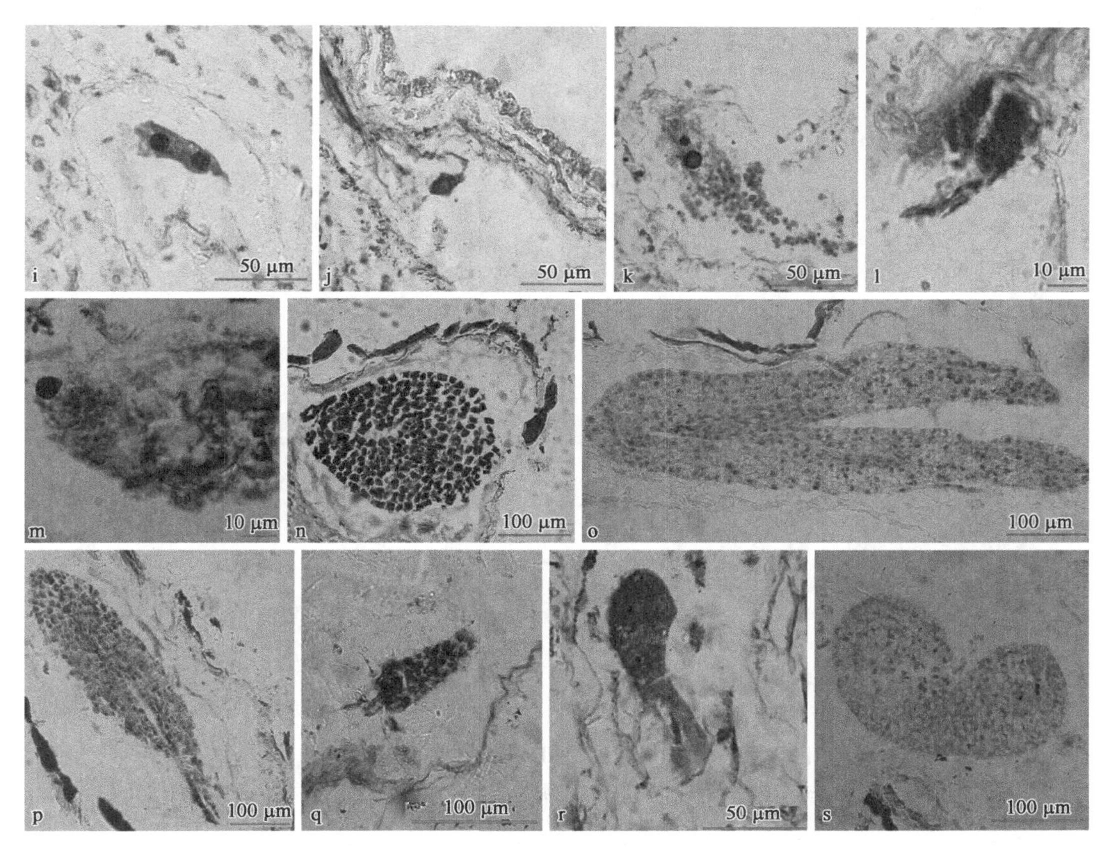

图 3-4 'Butterfly'×'NH10'杂交胚胎发育情况

(a. 授粉后 3 天合子和胚乳自由核；b. 授粉后 4 天原胚及胚乳自由核；c. 授粉后 5 天球形胚及胚乳自由核；d. 授粉后 9 天三角形胚；e. 授粉后 15 天鱼雷形胚；f、g. 授粉后 5 天和 6 天败育的球形胚及胚乳自由核；h. 授粉后 6 天只有胚乳自由核无胚发育；i. 授粉后 6 天未融合的极核；j. 授粉后 9 天败育的原胚；k. 授粉后 9 天精子和卵细胞未融合；l. 授粉后 9 天未受精胚囊中残存的卵器；m. 授粉后 12 天精子和卵细胞未融合；n. 授粉后 15 天败育的心形胚；o. 授粉后 15 天败育的子叶形胚；p. 授粉后 15 天败育的鱼雷形胚；q. 授粉后 18 天败育的棒状形胚；r. 授粉后 21 天败育的原胚和胚乳自由核；s. 授粉后 15 天败育的心形胚)

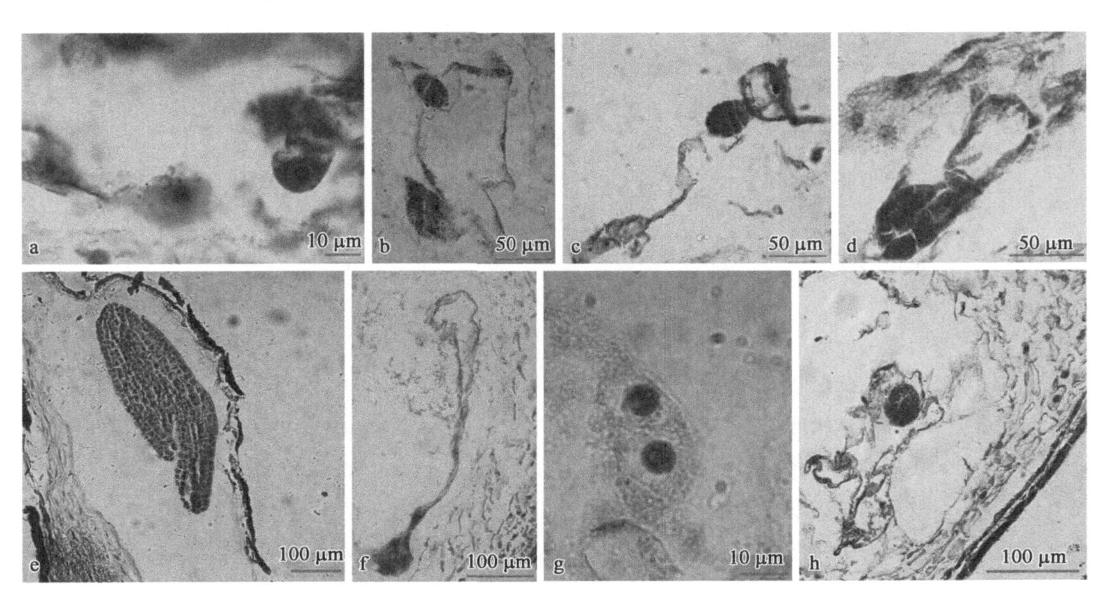

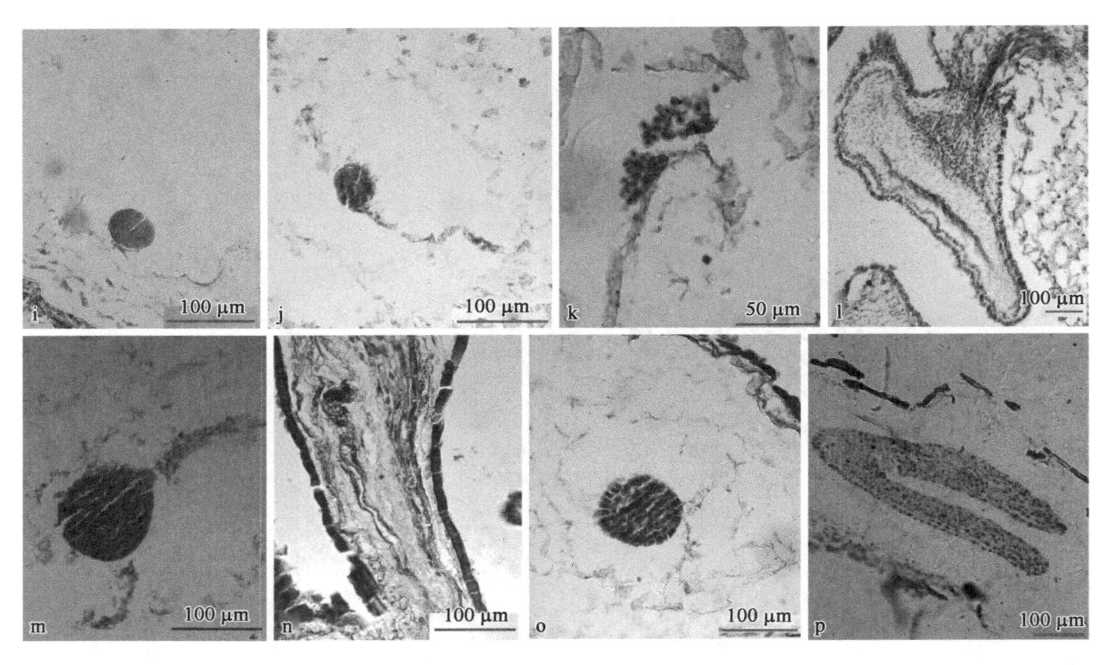

图 3-5 'Butterfly'×'NH14'杂交胚胎发育情况

(a. 授粉后3天合子和胚乳自由核;b. 授粉后4天原胚及胚乳自由核;c、d. 授粉后5天和6天球形胚及胚乳自由核;e. 授粉后18天鱼雷形胚;f. 授粉后4天只有胚乳自由核无胚;g. 授粉后4天未融合的极核;h. 授粉后5天败育的球形胚及胚乳自由核;i. 授粉后5天败育的球形胚;j. 授粉后6天败育的球形胚及胚乳自由核;k. 授粉后9天败育的胚乳无胚发育;l. 授粉后9天败育的胚囊;m. 授粉后9天败育的球形胚;n. 授粉后12天未受精胚囊中残存的卵器;o. 授粉后12天败育的球形胚;p. 授粉后21天败育的子叶形胚)

表 3-2 香石竹 4x-2x 杂交胚胎发育情况

胚胎发育阶段		授粉后天数(天)									
杂交组合	胚的类型	4	5	6	9	12	15	18	21	24	合计
'Butterfly'×'NH10'	原胚	0.5	0	0	0	0	0	0	0	0	0.5
	球形胚	0	0.5	0.5	0	0	0	0	0	0	1
	三角形胚	0	0	0	0.25	0	0	0	0	0	0.25
	心形胚	0	0	0	0	0	0	0	0	0	0
	鱼雷形胚	0	0	0	0	0	1	0	0	0	1
	子叶形胚	0	0	0	0	0	0	0	0	0	0
	败育的原胚	0	0	0	0.25	0	0	0	0.25	0.25	0.75
	败育的球形胚	0	1	1.25	0.25	0	0	0.25	0.5	0.25	3.5
	败育的棒状形胚	0	0	0	0	0	0	0.5	0	0	0.5
	败育的心形胚	0	0	0	0	0	0.5	0	0.25	0	0.75
	败育的鱼雷形胚	0	0	0	0	0	0.5	0	0.25	0	0.75
	败育的子叶形胚	0	0	0	0	0	0.5	0	0	0	0.5

续　表

胚胎发育阶段		授粉后天数(天)									
杂交组合	胚的类型	4	5	6	9	12	15	18	21	24	合计
‘Butterfly’×‘NH14’	原胚	2.5	0.5	0	0	0	0	0	0	0	3
	球形胚	0	0	0.25	0	0	0	0	0	0	0.25
	三角形胚	0	0	0	0	0	0	0	0	0	0
	心形胚	0	0	0	0	0	0	0	0	0	0
	鱼雷形胚	0	0	0	0	0	0	0.75	0	0	0.75
	子叶形胚	0	0	0	0	0	0	0	0	0	0
	败育的原胚	0	0	0	0	0	0	0	0	0	0
	败育的球形胚	0	1	1.5	0.5	0.5	0	0	0	0	3.5
	败育的棒状形胚	0	0	0	0	0	0	0	0	0	0
	败育的心形胚	0	0	0	0	0	0	0	0	0	0
	败育的鱼雷形胚	0	0	0	0	0	0	0	0	0	0
	败育的子叶形胚	0	0	0	0	0	0	0	0.25	0	0.25

注：表中数据为每个子房平均胚的数量。

在授粉后 15～24 天，将 77 个‘Butterfly’×‘NH10’杂交胚(图 3－6a)和 139 个‘Butterfly’×‘NH14’杂交胚(图 3－6b)培养在 MS+NAA 0.1 mg/L 的培养基内。培养

图 3－6　香石竹 4x－2x 杂交胚挽救

(a. ‘Butterfly’×‘NH10’杂交未成熟的胚；b. ‘Butterfly’×‘NH14’杂交未成熟的胚；c. ‘Butterfly’×‘NH10’杂交再生植株；d. ‘Butterfly’×‘NH14’杂交再生植株。标尺＝1 cm)

1～2周，未成熟的胚萌发，两个杂交组合各得到1棵再生植株，'Butterfly'×'NH10'和'Butterfly'×'NH14'杂交胚的平均再生率分别为1.3%和0.72%，培养4周后，植株转入MS+BA 0.1 mg/L+NAA 0.1 mg/L培养基内快速扩繁(图3-6c、d)。

四、香石竹杂交结实率和杂交后代的倍性

对表3-3中7个杂交组合的坐果率、成苗率进行统计，发现杂交组合的坐果率和成苗率均较低，说明不同倍性香石竹品种间存在杂交障碍，不能发育成胚及胚发育不完全。坐果率和成苗率最高的杂交组合是'Butterfly'×'D. P. Barbara'，分别为33.33%和44.44%；坐果率和成苗率最低的杂交组合是'Butterfly'×'NH14'，分别为12.1%和0。此外，'Butterfly'×'NH14'和'Butterfly'×'Promesa'杂交组合没有得到杂交后代，其他的杂交组合得到1～3株子代植株。通过对'Butterfly'×'NH14'幼胚培养，获得1棵植株。

表3-3 香石竹4x-2x杂交结实情况

杂交组合	授粉花数	果实数	种子数	植株数	坐果率(%)	成苗率(%)
Butterfly×Thomas	23	4	6	1	19.76±3.1	11.1±11.11
Butterfly×D. P. Barbara	5	2	4	2	33.33±16.67	44.44±29.4
Butterfly×Promesa	53	11	12	0	21.4±1.74	0±0
Butterfly×Barbara	28	7	12	3	23.0±3.04	35±15
Butterfly×Fanelle	82	20	30	2	24.54±1.2	6.79±1.28
Butterfly×NH14	119	14	18	0	12.1±0.98	0±0
Butterfly×NH6	155	19	23	3	12.4±0.75	13.43±1.67

注：数值为平均数±标准误。

杂交亲本和子代的花及染色体数量见图3-7。

四倍体'Butterfly'(图3-7：1、5)与二倍体'Thomas'(图3-7：2、6)杂交，获得1株三倍体后代(图3-7：3、7)，杂交后代的花型和花色与母本'Butterfly'相似，都是属于边缘复色类型，花瓣上主要颜色为红色，带白色花边，花瓣基部为深红色，所不同的是花颜色的深浅不一样。

四倍体'Butterfly'与二倍体单瓣中间材料'NH14'(图3-7：4、8)杂交，获得1株三倍体后代(图3-7：9、13)，子代花瓣颜色为粉红色，具白色条纹。

四倍体'Butterfly'与二倍体'Fanelle'(图3-7：10、14)杂交，获得2株三倍体后代，杂交后代F1-1花色为粉红色(图3-7：11、15)，F1-2花色属于边缘复色类型，花瓣上主要颜色为白色，花瓣基部为深红色(图3-7：12、16)。

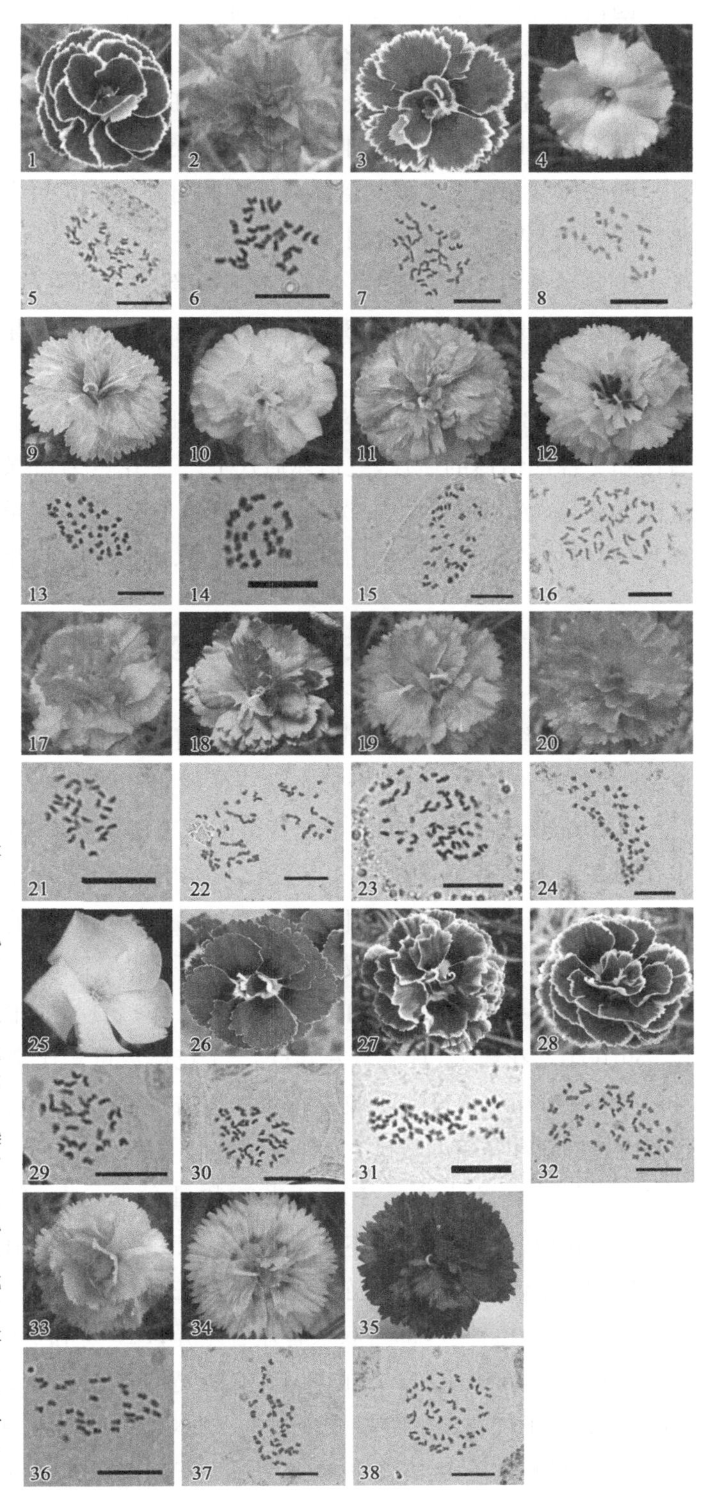

图 3－7　香石竹杂交亲本及后代植株的花朵及染色体倍性

[1. ‘Butterfly’；2. ‘Thomas’；3. ‘Butterfly’×‘Thomas’子代 F1－1；4. ‘NH14’；5. ‘Butterfly’染色体（2n＝4x＝60）；6. ‘Thomas’染色体（2n＝2x＝30）；7. ‘Butterfly’×‘Thomas’子代 F1－1 染色体（2n＝3x＝45）；8. ‘NH14’染色体（2n＝2x＝30）；9. ‘Butterfly’×‘NH14’子代 F1－1；10. ‘Fanelle’；11. ‘Butterfly’×‘Fanelle’子代 F1－1；12. ‘Butterfly’×‘Fanelle’子代 F1－2；13. ‘Butterfly’×‘NH14’子代 F1－1 染色体（2n＝3x＝45）；14. ‘Fanelle’染色体（2n＝2x＝30）；15. ‘Butterfly’×‘Fanelle’子代 F1－1 染色体（2n＝3x＝45）；16. ‘Butterfly’×‘Fanelle’子代 F1－2 染色体（2n＝3x＝45）；17. ‘Barbara’；18. ‘Butterfly’×‘Barbara’子代 F1－1；19. ‘Butterfly’×‘Barbara’子代 F1－2；20. ‘Butterfly’×‘Barbara’子代 F1－3；21. ‘Barbara’染色体（2n＝2x＝30）；22. ‘Butterfly’×‘Barbara’子代 F1－1 染色体（2n＝4x＝60）；23. ‘Butterfly’×‘Barbara’子代 F1－2 染色体（2n＝4x＝60）；24. ‘Butterfly’×‘Barbara’子代 F1－3 染色体（2n＝4x＝60）；25. ‘NH6’；26. ‘Butterfly’×‘NH6’子代 F1－1；27. ‘Butterfly’×‘NH6’子代 F1－2；28. ‘Butterfly’×‘NH6’子代 F1－3；29. ‘NH6’染色体（2n＝2x＝30）；30. ‘Butterfly’×‘NH6’子代 F1－1 染色体（2n＝4x＝60）；31. ‘Butterfly’×‘NH6’子代 F1－2 染色体（2n＝4x＝60）；32. ‘Butterfly’×‘NH6’子代 F1－3 染色体（2n＝4x＝60）；33. ‘D. P. Barbara’；34. ‘Butterfly’×‘D. P. Barbara’子代 F1－1；35. ‘Butterfly’×‘D. P. Barbara’子代 F1－2；36. ‘D. P. Barbara’染色体（2n＝2x＝30）；37. ‘Butterfly’×‘D. P. Barbara’子代 F1－1 染色体（2n＝3x＝45）；38. ‘Butterfly’×‘D. P. Barbara’子代 F1－2 染色体（2n＝4x＝60）。标尺＝10 μm。]

四倍体'Butterfly'与二倍体'Barbara'(图 3-7：17、21)杂交，获得 3 株四倍体后代，杂交后代 F1-1 花色为浅紫红色(图 3-7：18、22)；F1-2 花色也为浅紫红色(图 3-7：19、23)，但花型略有不同；F1-3 也为深紫红色(图 3-7：20、24)。四倍体后代的获得，可能是因为'Barbara'产生 2n 雄配子并参与受精。

四倍体'Butterfly'与二倍体单瓣中间材料'NH6'(图 3-7：25、29)杂交，获得 3 株四倍体的后代，杂交后代的花型和花色与母本'Butterfly'相似，都是属于边缘复色类型，花瓣上主要颜色为红色，带白色花边，花瓣基部为深红色，最大的不同是花瓣主要颜色红色深浅不一(图 3-7：26～28、30～32)。四倍体后代的获得，可能是因为'NH6'产生 2n 雄配子并参与受精。

四倍体'Butterfly'与二倍体'D. P. Barbara'(图 3-7：33、36)杂交，获得 1 株三倍体后代和 1 株四倍体的后代，三倍体后代 F1-1 花色为边缘复色类型，底色为粉红色，花瓣基部为红色(图 3-7：34、37)；四倍体后代 F1-2 花瓣单一色，为深红色(图 3-7：35、38)。四倍体后代的获得，可能是因为'D. P. Barbara'产生 2n 雄配子并参与受精。

五、香石竹亲本和杂交子代的形态学特征

6 个杂交组合亲本和子代的株高、茎直径、叶长、叶宽、花蕾数量、花朵大小、花瓣数量、花瓣长度和花瓣宽度 9 个形态学特征的比较见图 3-8。

'Butterfly'×'Thomas'杂交获得 1 株三倍体后代 F1-1(图 3-8A)。F1-1 与父母本在株高上无显著差异；F1-1 茎杆比亲本粗壮，具显著差异；F1-1 叶的长度小于亲本而叶的宽度大于亲本，并与亲本有显著差异；F1-1 花蕾的数量多，平均为 30.2 个/枝，而'Butterfly'平均为 16.6 个/枝，'Thomas'平均为 12.8 个/枝，子代的花蕾数量明显增多，与亲本有显著差异；子代花的大小显著增大；F1-1 花瓣长和宽与父本'Thomas'相似，而比'Butterfly'花瓣大，具显著差异；F1-1 花瓣数量相比亲本减少。

'Butterfly'×'NH14'杂交获得 1 株三倍体后代 F1-1(图 3-8B)。F1-1 在株高、茎直径、叶长、叶宽和花蕾的数量方面与亲本相比显著下降；F1-1 花的大小与'Butterfly'相似而比'NH14'大，具显著差异；F1-1 花瓣数量介于父本与母本之间；F1-1 花瓣长于父本'NH14'，相似但显著长于母本'Butterfly'，花瓣宽与母本相似但比父本窄。

'Butterfly'×'Fanelle'杂交获得 2 株三倍体后代 F1-1 和 F1-2(图 3-8C)。F1-1，植株高，F1-2 植株矮，都与双亲有显著差异；F1-1 和 F1-2 的茎比双亲明显加粗，具显著差异；F1-1 和 F1-2 的叶长和叶宽与父本'Fanelle'相似，而明显长于母本'Butterfly'；子代花蕾的数量介于父本、母本之间；F1-1 和 F1-2 花的大小明显大于父母本；F1-1 花瓣数量多，花瓣长和宽明显大于亲本；F1-2 花瓣数量少，花瓣长和宽介于父本、母本之间。

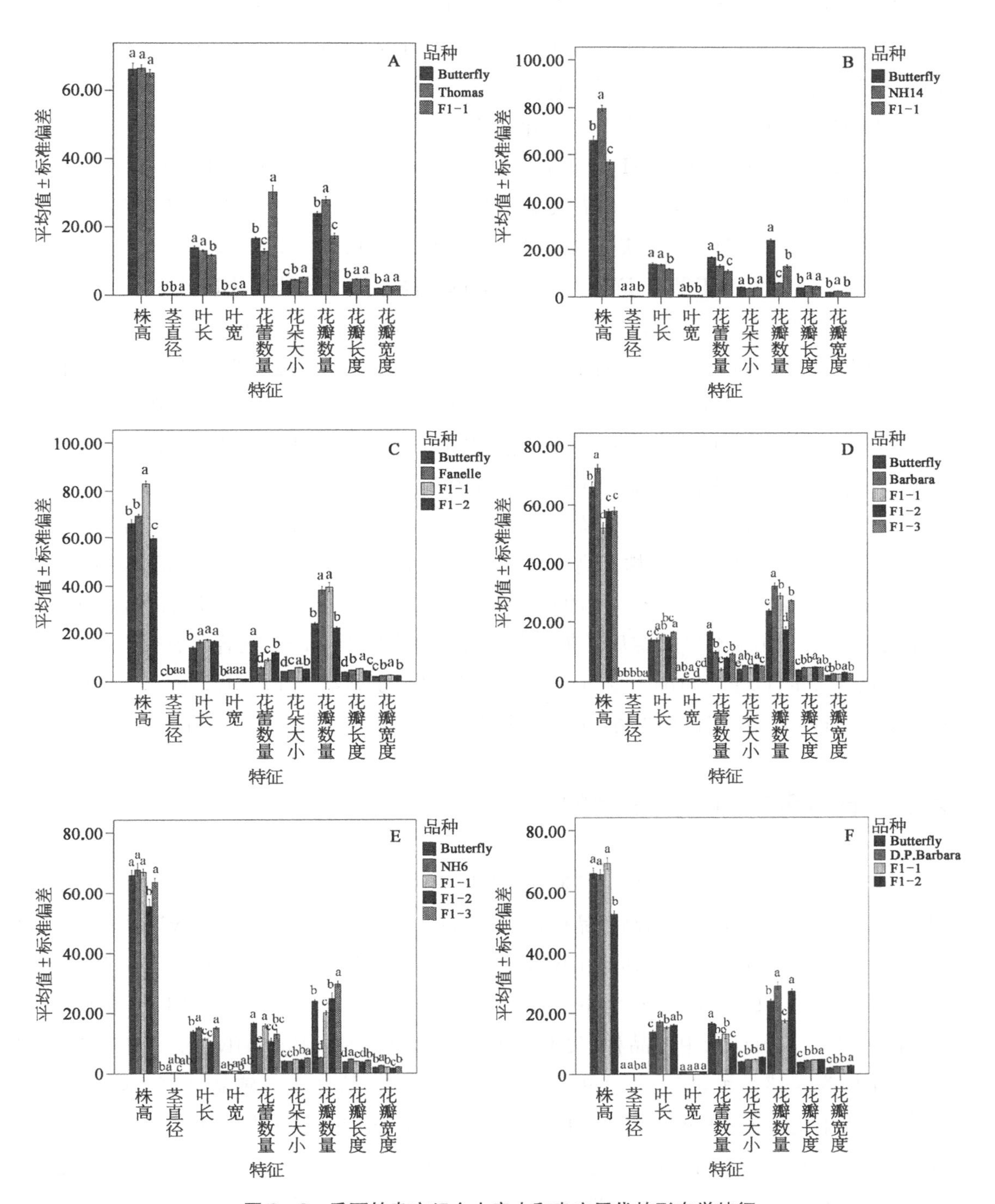

图 3－8　香石竹杂交组合中亲本和杂交子代的形态学特征

(A. 'Butterfly'×'Thomas'; B. 'Butterfly'×'NH14'; C. 'Butterfly'×'Fanelle'; D. 'Butterfly'×'Barbara'; E. 'Butterfly'×'NH6'; F. 'Butterfly'×'D. P. Barbara')

‘Butterfly’×‘Barbara’杂交获得3株四倍体后代F1-1、F1-2和F1-3(图3-8D)。F1-1、F1-2和F1-3的株高都明显低于父本、母本;F1-1、F1-2和F1-3的茎秆粗于父本、母本,F1-3与亲本有显著差异,而F1-1、F1-2无显著差异;F1-1、F1-2和F1-3的叶片比亲本长;F1-1叶宽长于亲本,F1-2和F1-3介于双亲之间;3株后代花蕾的数量都小于亲本;F1-2花的大小大于亲本,F1-1和F1-3介于亲本之间;3株后代花瓣长都大于亲本,F1-1花瓣宽介于父母本之间,F1-2和F1-3大于父母本。

‘Butterfly’×‘NH6’杂交获得3株四倍体后代F1-1、F1-2和F1-3(图3-8E)。F1-1株高低于父本高于母本,F1-2和F1-3的株高都低于父母本;F1-1和F1-3茎粗介于亲本之间,F1-2小于亲本;F1-3叶长介于亲本之间,F1-1和F1-2小于亲本;F1-1叶片宽于亲本,F1-3叶片宽度介于亲本之间,F1-2叶片宽度小于亲本;3株后代花蕾的数量介于亲本之间;子代花的大小显著高于亲本;F1-2和F1-3花瓣数量高于亲本,F1-1介于亲本之间;F1-1和F1-3花瓣长度介于亲本之间,F1-2小于亲本;F1-1和F1-3花瓣宽度介于亲本之间,F1-2比亲本窄。

‘Butterfly’×‘D. P. Barbara’杂交获得1株三倍体后代F1-1和1株四倍体后代F1-2(图3-8F)。F1-1的株高高于亲本,F1-2比亲本矮;F1-1的茎粗比亲本细,F1-2与父本相似;F1-1和F1-2的叶长和叶宽介于亲本之间;F1-1花蕾的数量介于亲本之间,F1-2比亲本少;2株后代花的大小大于父母本,且F1-2显著大于双亲;F1-2花瓣数量与父本‘D. P. Barbara’无显著差异,而明显多于母本‘Butterfly’,F1-1花瓣数量少于双亲;F1-2花瓣长和宽明显高于父母本,F1-1花瓣长和宽大于亲本。

六、香石竹亲本和杂交子代的抗性

由表3-4可见,母本‘Butterfly’对香石竹枯萎病抗性差,为高感品种,‘Butterfly’×‘Tomas’杂交F1-1植株也为高感品种;父本‘NH14’为中感品种,‘Butterfly’×‘NH14’杂交F1-1植株为中抗品种;‘Butterfly’×‘Fanelle’杂交F1-1植株为中感品种,F1-2植株为高感品种;父本‘Barbara’为中抗品种,‘Butterfly’×‘Barbara’杂交F1-2植株为中感品种,F1-3植株为中抗品种;父本‘NH6’为中抗品种,‘Butterfly’×‘NH6’杂交F1-1植株为高感品种,F1-2植株为中感品种,F1-3植株为高感品种;父本‘D. P. Barbara’为中抗品种,‘Butterfly’×‘D. P. Barbara’杂交F1-1植株为中抗品种,F1-2植株为中抗品种。由此可见,母本是感病品种与抗病的父本杂交,后代可能会出现抗病品种和感病品种。图3-7中3、26、27和28杂交子代在花色上与母本紫蝴蝶相似,都属于边缘复色类型,花瓣上主要颜色为红色,带白色花边,花瓣基部为深红色,其抗性也与紫蝴蝶相似为易感品种,是否这种独特的花色与易感枯萎病相关联,还需进一步证实。

表 3－4　4x－2x 杂交香石竹亲本和杂交子代的田间抗性鉴定

品　　种	病情指数	相对病情指数	相对抗病指数	抗性
Butterfly	55.6	1	0	高感 HS
Tomas	/	/	/	/
Butterfly×Tomas F1－1	78	1.4	－0.4	高感 HS
NH14	34.1	0.61	0.39	中感 MS
Butterfly× NH14 F1－1	19.4	0.35	0.65	中抗 MR
Fanelle	/	/	/	/
Butterfly×Fanelle F1－1	35.5	0.64	0.36	中感 MS
Butterfly×Fanelle F1－2	87.6	1.58	－0.58	高感 HS
Barbara	31.6	0.57	0.43	中抗 MR
Butterfly×Barbara F1－1	/	/	/	/
Butterfly×Barbara F1－2	36.8	0.66	0.34	中感 MS
Butterfly×Barbara F1－3	25.4	0.46	0.54	中抗 MR
NH6	27.6	0.5	0.5	中抗 MR
Butterfly×NH6 F1－1	81.9	1.47	－0.47	高感 HS
Butterfly×NH6 F1－2	38	0.68	0.32	中感 MS
Butterfly×NH6 F1－3	55.8	1	0	高感 HS
D. P. Barbara	18.2	0.33	0.67	中抗 MR
Butterfly×D. P. Barbara F1－1	21.9	0.39	0.61	中抗 MR
Butterfly×D. P. Barbara F1－2	13.7	0.25	0.75	中抗 MR

七、关于不同倍性香石竹杂交的讨论

（一）影响不同倍性香石竹杂交不亲和的因素

香石竹 4x－2x 杂交结实率低，是由一系列复杂的杂交不亲和因素引起的。从花粉萌发和花粉管伸长到合子形成和胚胎发育，这些过程中出现任何一种障碍都能影响结实率（Berger F，2008；McClure B A，et al.，2006）。杂交障碍主要包括受精前障碍和受精后障碍，分别表现为不相容性和胚胎败育（Deng Y，et al.，2010；Li W，et al.，1986；Ram S G，et al.，2008；Company R S I，et al.，2004；Sun C Q，et al.，2010）。杂交的不相容性表现为花粉管萌发少、花粉管缠绕和延伸、柱头表面和花粉管内出现胼胝质沉淀、花粉管伸入到胚珠的数量少或胚珠未受精（Martin F，et al.，1966；Ram S G，et al.，2008；

Williams E G, et al., 1982),自然界普遍存在的授粉失败被认为是结实率低的主要原因(Hodnett G L, et al., 2005; Lee C B, et al., 2008; Marta A E, et al., 2004; Pellegrino G, et al., 2005; Ram S G, et al., 2006; Spielman M, et al., 2008)。我们观察到大多数的花粉可以在柱头上黏附、萌发,仅有少数花粉粒萌发出数条花粉管和反常的花粉管,如缠绕的花粉管、钉字形花粉管和花粉管内出现胼胝质塞。在 4x－2x 杂交中花粉管很难伸入胚珠,同时,我们观察到未融合的极核和未融合的卵细胞和精子,有花粉管伸入胚珠的数量高于胚胎发育的数量,可能是花粉管伸入进胚珠却没有发生受精作用。因此,我们推测受精前障碍是引起'Butterfly'×'NH10'和'Butterfly'×'NH14'杂交结实率低的主要因素。

胚败育是引起杂交不亲和的另一个因素(Datson P M, et al., 2006; Deng Y, et al., 2010; Mallikarjuna N, et al., 2002; Mont J, et al., 1993)。比如,观察发现,在授粉后15天,菊花及其野生种的种间杂交中发生胚败育(Deng Y, et al., 2010)。在甘薯的种间杂交和种内杂交中发现,胚发育的早期和晚期都存在败育现象,在种间杂交中,球形胚时期的胚败育比心形胚时期更高(Mont J, et al., 1993)。在我们的研究中,部分不同倍性香石竹杂交过程中存在胚败育的现象,胚败育发生在胚胎发育不同阶段,主要是球形胚阶段,仅有少数受精的胚珠能从原胚到鱼雷形胚正常地发育,但并没有正常子叶形胚的发育,因此,利用胚挽救技术才能得到 F1 杂种。胚胎发育到一定的阶段需要营养,营养不足能引起胚胎的败育(Deng Y, et al., 2010; Sun C Q, et al., 2010)。营养的缺乏,比如,胚乳发育不足是引起胚败育的主要原因(Hu S Y, 2005)。胚乳平衡数(EBN)假说是在种内杂交、不同倍性杂交和种间杂交中预测胚乳功能的一个假说(Ortiz R, et al., 1992)。当母本和父本胚乳平衡数的比率为 2∶1 时,能导致正常胚乳的发育。ENB 的不同能引起同一物种不同倍性之间和不同物种间的杂交败育(Carputo D, et al., 2003)。

我们当前的工作揭示了在香石竹 4x－2x 杂交中花粉萌发、花粉管伸长、受精和胚胎发育的过程,结果表明在香石竹 4x－2x 杂交过程存在受精前和受精后障碍,通过胚挽救技术可以避免胚败育的发生,对于早期胚如球形胚,采用合适的培养基和培养方法也能够避免胚败育的发生,至于杂交败育产生的原因需要进一步的研究。

(二)有性多倍化对后代花色花型的影响

多倍化分为有性多倍化和无性多倍化,无性多倍化可通过物理、化学和生物学方法来实现,最常见的是利用秋水仙碱使体细胞的染色体加倍而得到多倍体;有性多倍化是利用 2n 雄配子或 2n 雌配子,通过单亲多倍化或双亲多倍化而产生多倍体后代(Bretagnolle F, et al., 1995)。有性多倍化比无性多倍化后代产生更多的类型,传递更多的杂合性,可将亲本的有利性状传递下去,有利于筛选优良的种质。在香石竹的研究中,以 0.05%的秋水仙碱溶液浸泡无菌茎段 50 h,得到 21%的异型株。与对照植株相比,变异株株高变矮,茎的节间长缩短，叶长缩短而叶宽增大，花苞增大，但花的花色与花型没有明显变化，变异植株的倍性为四倍体，对照植株为二倍体（莫锡君，等，2006）。利用四倍体和二倍体杂交获得的多倍体后代（图 3－7）可产生丰富的植株类型，花色各有不相同。可根据市场的需求来选育性状优异的新品种。因此，有性多倍化比无性多倍化在选育新种质方面拥有较大的优势。

（三）有性多倍化对双亲性状的综合传递

四倍体母本'Butterfly'具有香石竹少见的花色和花型，但为易感品种，对香石竹枯萎病抗性差。香石竹绝大多数是二倍体，用二倍体香石竹抗性较好的品种与高感的'Butterfly'杂交，期望能获得花色和花型美观且抗性较好的香石竹种质。香石竹杂交后代的抗性鉴定表明，部分子代植株能遗传父本抗枯萎病的性状和母本的花色和花型，但与母本'Butterfly'具有相似花色和花型的子代（图 3－7：3、26、27、28）均为易感品种，是否此种花色花型与易感病的性状是联系在一起的，还需进一步证实。

对香石竹多倍体后代的形态学性状的统计发现，杂交子代也可遗传亲本的不良性状，如株高变矮、茎杆变细、花瓣数变少、叶片变短等，但每一对杂交组合花的直径均大于双亲或双亲之一，提示随着倍性水平的增加，花的大小也会相应地增大。针对子代中出现的不良性状，可通过将现有的子代与亲本回交，筛选出更具有市场前景的新品种。

（四）四倍体后代产生的可能原因

我们对香石竹栽培种进行花粉母细胞减数分裂观察，发现大多数香石竹品种能产生三分体和二分体，并形成可育的 2n 配子（Zhou X, et al., 2015；周旭红，等，2012）。在四倍体和二倍体杂交实验中发现，'Butterfly'×'Barbara'杂交获得 3 株四倍体后代，'Butterfly'×'NH6'杂交也获得三株四倍体后代，'Butterfly'×'D. P. Barbara'杂交获得 1 株四倍体后代，推测有可能是杂交父本产生 2n 花粉并参与受精形成四倍体。

总之，在香石竹中，有性多倍化与无性多倍化相比，后代具有更多的杂合性，能产生不同花色花型的后代，且能将双亲优良的性状遗传给后代；产生的多倍体后代和亲本相比，花的大小大于双亲或双亲之一，具有较好的观赏性；四倍体后代的产生可能是由于父本产生 2n 花粉；今后，有望通过有性多倍化而产生更多的性状优良的香石竹多倍体材料。

第四章

低温条件下香石竹小孢子败育的细胞学研究

香石竹杂交一般在每年的4～10月份进行(北方的杂交时间更短),到了冬季气温下降不适合进行杂交育种。当气温在10～17℃时,绝大多数香石竹无雄蕊或雄蕊发育不全,花粉败育(Kho Y, et al., 1973)。傅小鹏等(2008)研究石竹雄性不育系小孢子败育的原因,发现不育系败育现象在造孢细胞增殖期、小孢子母细胞减数分裂期,以及四分体时期至单核期都有发生,不育花粉外形空瘪、不规则,无生活力。绒毡层的发育异常是导致小孢子败育的主要原因。而香石竹冬季低温花粉败育的原因很少有报道,本研究采用压片法及石蜡切片法观察冬季香石竹小孢子的发育过程,探讨小孢子败育的原因,可为阐明其不育机制提供细胞学资料,为合理利用种质资源、利用杂交优势进行新品种选育提供理论依据。

一、不同季节香石竹花粉活力

香石竹'Promesa'的花粉活力在3月和12月较低,分别为22.23%和21.6%,在6月和9月较高,分别为70.82%和71.41%(表4-1),6月和9月高温季节的花粉活力与3月和12月低温季节的花粉活力有显著差异,表明温度可能是影响香石竹花粉活力的因素之一。

表4-1 不同季节香石竹'Promesa'花粉活力

时间	花粉总数	花粉直径(μm)	花粉活力(%)
3月	345	35.48±3.51d	22.23±21.53b
6月	6 293	45.55±3.32b	70.82±12.50a
9月	4 681	47.30±3.28a	71.41±14.84a
12月	2 940	41.69±8.23c	21.60±10.97b

注:数值为平均数±标准误。同列数据后不同字母表示在0.05水平存在显著性差异。

二、压片法观察香石竹小孢子发育过程

当冬季香石竹'Promesa'花蕾长 0.9～1.2 cm 时，小孢子发育处于花粉母细胞时期，小孢子母细胞的细胞质浓厚、液泡小、细胞核大(图 4－1A、B)；随后小孢子母细胞之间形成胼胝质壁，并逐渐增大，进入减数分裂时期(花蕾长 1.3～1.4 cm 时)(图 4－1C)；当花蕾长 1.5～1.6 cm 时，小孢子减数分裂形成的四分体由胼胝质包围(图 4－1D)，并出现异常的二分体(图 4－1E)和三分体(图 4－1F)，有部分仍处于减数分裂阶段(图 4－1G)；花蕾长 1.7～1.8 cm 时，部分小孢子处于四分体时期(图 4－1H)；当花蕾长 1.9～2.0 cm 时，少数小孢子发育为单核小孢子，但仍有部分小孢子处于四分体时期(图 4－1I～J)；当花蕾长 2.1～2.6 cm 时，小孢子发育为成熟的花粉(图 4－1K～L)。

在 3 月(春季)，香石竹'Promesa'的四分体出现在花蕾长 1.3～1.8 cm 时，当花蕾长 1.3～1.6 cm 时，以四分体居多，其他分体只占少量的比例；当花蕾长 1.7～1.8 cm 时，四分

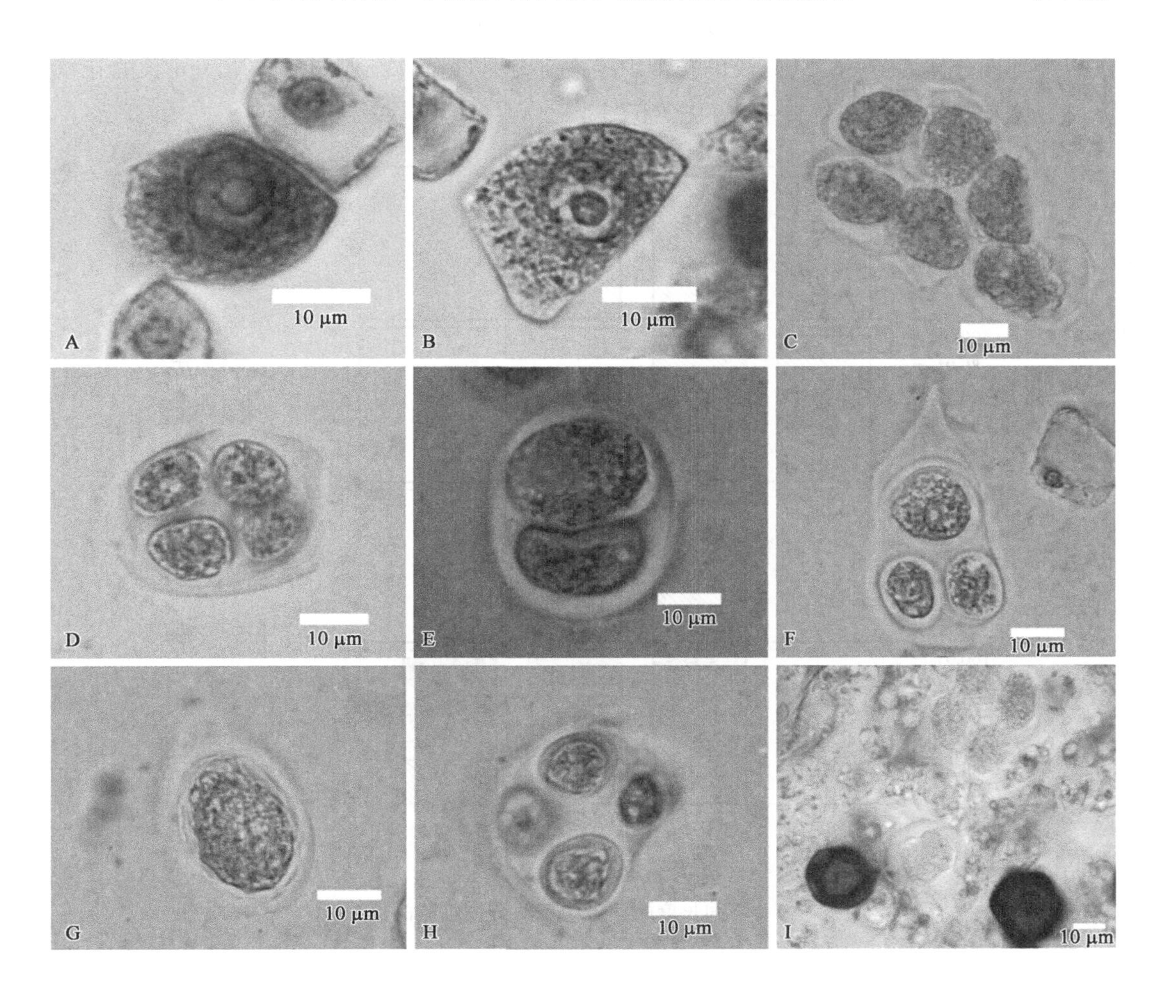

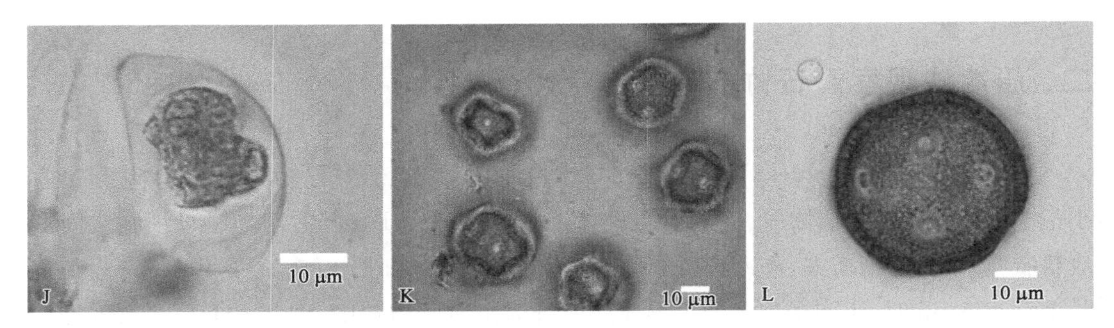

图 4-1 花蕾不同长度时期小孢子的发育

(A. 花蕾长 0.9～1.0 cm 花粉母细胞时期；B. 花蕾长 1.1～1.2 cm 花粉母细胞时期；C. 花蕾长 1.3～1.4 cm 减数分裂时期；D. 花蕾长 1.5～1.6 cm 四分体细胞；E. 花蕾长 1.5～1.6 cm 二分体细胞；F. 花蕾长 1.5～1.6 cm 三分体细胞；G. 花蕾长 1.5～1.6 cm 减数分裂时期；H. 花蕾长 1.7～1.8 cm 四分体细胞；I. 花蕾长 1.9～2.0 cm 四分体时期和单核期细胞；J. 花蕾长 1.9～2.0 cm 四分体时期；K. 花蕾长 2.1～2.2 cm 成熟的花粉粒；L. 花蕾长 2.3～2.6 cm 成熟的花粉粒)

体和二分体所占比例较大。到 6 月(夏季)，香石竹'Promesa'的四分体出现在花蕾长 1.3～1.6 cm 时，且主要是四分体细胞。在 9 月(秋季)，小孢子的四分体出现在花蕾长 1.5～1.6 cm 时，且绝大部分是四分体细胞。到了 12 月(冬季)，在 1.5～2.0 cm 长的花蕾中观察到四分体，1.5～1.6 cm 长的花蕾中绝大部分是四分体细胞，1.7～2.0 cm 长的花蕾中四分体和其他分体都占有一定的比例(图 4-2)。

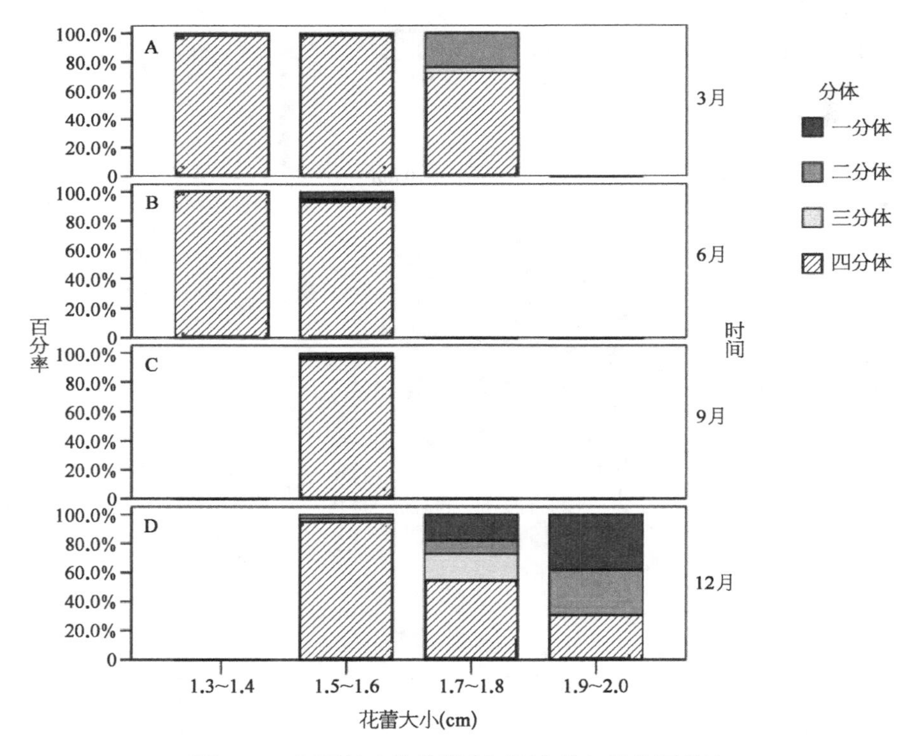

图 4-2 不同长度的花蕾中不同分体细胞的百分比

(A. 3 月；B. 6 月；C. 9 月；D. 12 月)

三、石蜡切片法观察香石竹小孢子发育过程

当花蕾长 0.9～1.2 cm 时，小孢子处于花粉母细胞时期，细胞核大且细胞质浓，此时花药壁由外向内分化为表皮、药室内壁、中层和绒毡层，绒毡层细胞排列整齐，具一至多核，细胞质浓厚(图 4-3A、B)；当花蕾长 1.3～1.4 cm 时，94%的小孢子处于花粉母细胞时期(图 4-3C)，6%的小孢子进入减数分裂时期(图 4-3D、图 4-4)；当花蕾长 1.5～1.6 cm 时，22%的小孢子处于花粉母细胞时期(图 4-3E)，61%的花粉母细胞发生败育(图 4-3F)，13%的小孢子仍处于减数分裂时期(图 4-3G)，只有 4%的小孢子母细胞完成正常的减数分裂，分裂完成时在 4 个核间产生细胞壁，并分隔成由胼胝质所包围的 4 个细胞，形成正四面体形的小孢子四分体，4 个小孢子处于共同的胼胝质中(图 4-3H、图 4-4)；当花蕾长 1.7～1.8 cm 时，71%的花粉母细胞发生败育(图 4-3I)，29%的小孢子处于四分体时期(图 4-3J、图 4-4)；当花蕾长 1.9～2.0 cm 时，62%的小孢子发育形成花粉，随着胼胝质壁溶解，四分体分开形成单核小孢子，并在原小孢子初生壁的基础上形成真正的外壁。起初形成的单核小孢子细胞质浓，核大并居中，它们聚集在药室的中央，绒毡层开始降解(图 4-3K)，另有 38%的小孢子还处于四分体阶段，胼胝质壁并未溶解(图 4-3L)；当花蕾长 2.1～2.6 cm 时，小孢子细胞质中小孢子壁的增厚，残余的绒毡层细胞则逐渐脱离花药壁，作为营养被发育中的小孢子所吸收，花粉粒逐渐发育成熟(图 4-3M～O)。

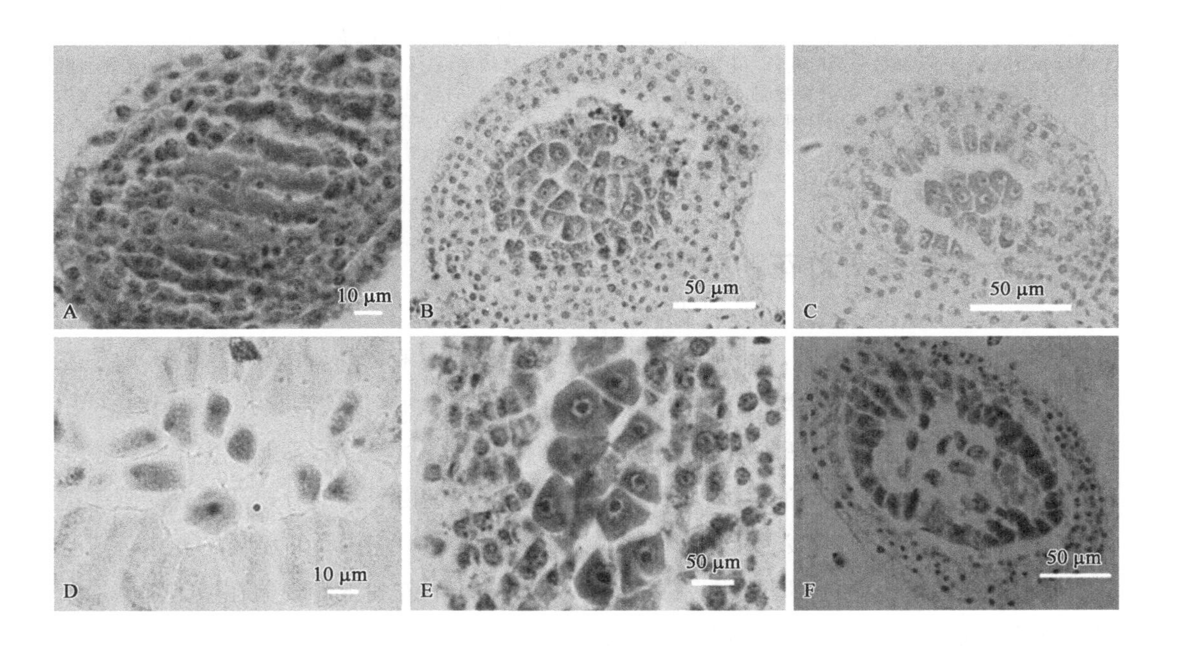

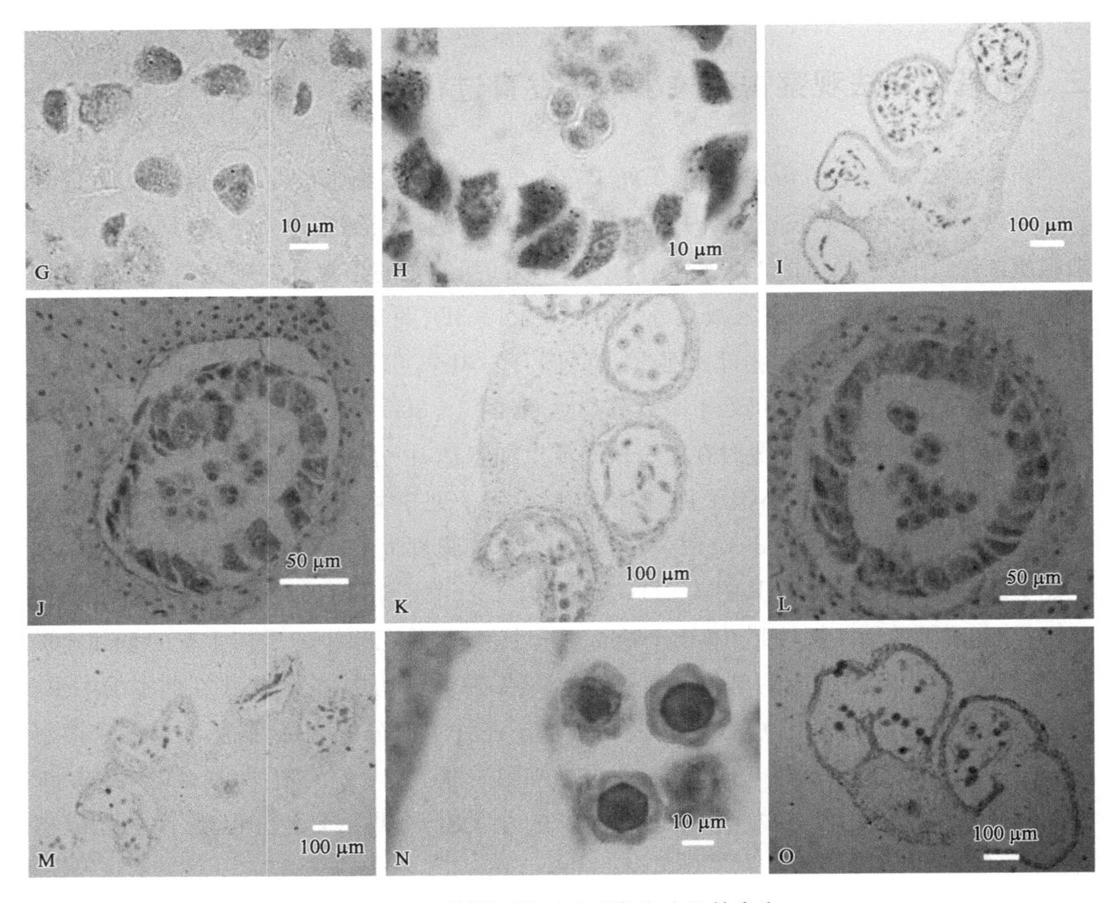

图 4-3　花蕾不同长度时期小孢子的发育

（A. 花蕾长 0.9～1.0 cm 花粉母细胞时期；B. 花蕾长 1.1～1.2 cm 花粉母细胞时期；C. 花蕾长 1.3～1.4 cm 花粉母细胞；D. 花蕾长 1.3～1.4 cm 减数分裂时期；E. 花蕾长 1.5～1.6 cm 花粉母细胞；F. 花蕾长 1.5～1.6 cm 花粉母细胞发生败育；G. 花蕾长 1.5～1.6 cm 减数分裂细胞；H. 花蕾长 1.5～1.6 cm 四分体时期；I. 花蕾长 1.7～1.8 cm 花粉母细胞发生败育；J. 花蕾长 1.7～1.8 cm 四分体细胞；K. 花蕾长 1.9～2.0 cm 形成花粉；L. 花蕾长 1.9～2.0 cm 四分体细胞；M. 花蕾长 2.1～2.2 cm 成熟的花粉粒；N. 花蕾长 2.1～2.2 cm 成熟的花粉粒；O. 花蕾长 2.3～2.6 cm 成熟的花粉粒）

四、关于冬季香石竹花粉败育的讨论

雄性不育材料类型不同，花粉败育的时期和原因也不尽相同。辣椒不育系 8A 败育发生在四分体时期，进入四分体时期，绒毡层细胞径向异常膨大，高度液泡化并入侵药室，挤压形成不规则的四分体，皱缩凹陷，有的小孢子四分体还出现粘连现象，不能产生正常小孢子（王兰兰，等，2015）。甘蓝型油菜不育系 105A 的花药败育是由于一部分花药发育受阻于造孢细胞时期，另一部分花药发育受阻于单核晚期（王开芳，等，2015）。胼胝质的异常合成与分布是毛白杨花粉败育的原因之一（张文超，等，2013）。石竹花粉败育现象在造孢细胞增殖至小孢子母细胞减数分裂，以及小孢子形成的各个阶段都有发生（傅小鹏，等，2008）。

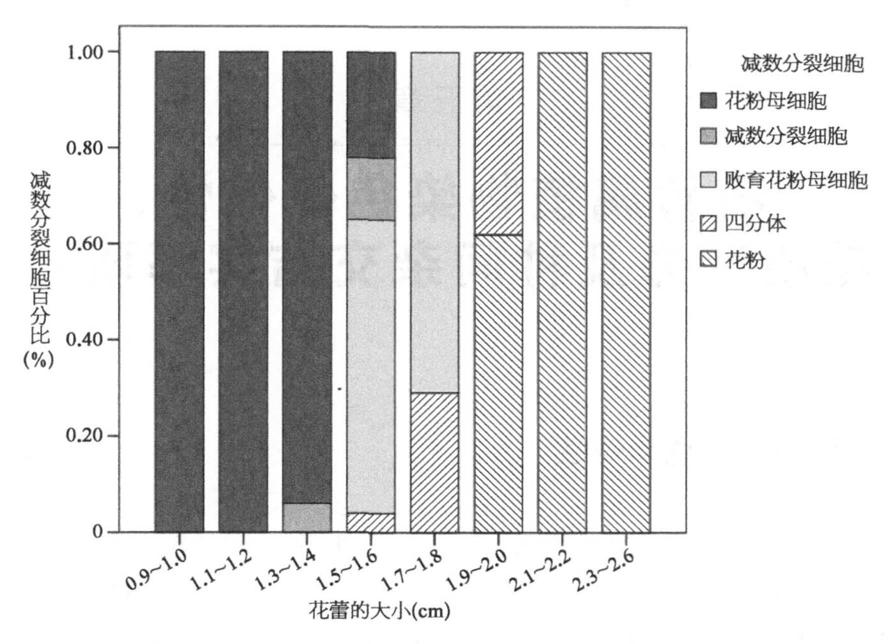

图 4－4　不同长度的花蕾中不同时期减数分裂细胞的百分比

本研究发现冬季香石竹品种'Promesa'花粉活力低，石蜡切片观察到在 1.5～1.6 cm 长的花蕾中，61％的花粉母细胞发生败育；在 1.7～1.8 cm 长的花蕾中有 71％的花粉母细胞发生败育；小孢子花粉母细胞的败育集中在 1.5～1.8 cm 长的花蕾中，花粉母细胞发生败育是冬季香石竹品种'Promesa'花粉败育的主要原因。此外，在 3 月和 12 月，香石竹四分体时期分别出现在 1.3～1.8 cm 和 1.5～2.0 cm 长的花蕾中，而在 6 月和 9 月，香石竹四分体时期分别出现在 1.3～1.6 cm 和 1.5～1.6 cm 长的花蕾中。由此可见，在高温季节，香石竹四分体时期时间较短，而在低温季节，香石竹四分体时期时间较长，四分体时期胼胝质未能及时解体，从而导致小孢子不能释放出来。综上所述，低温可能导致香石竹花粉母细胞发生败育，以及胼胝质不能及时溶解，进而致使小孢子败育，这还需更进一步证实。

第五章

石竹属植物染色体倍性、花粉活力及种间杂交结实率研究

一、石竹属植物染色体倍性

采用常规压片法对石竹属植物进行染色体倍性鉴定，发现绝大多数石竹属植物为二倍体(2n=2x=30)，其中包括大花香石竹'Nogalte'、多头香石竹'D. P Barbara''Thomas''Red Barbara''NH6''NH10'和盆花香石竹'冬梅'、石竹属的瞿麦、中国石竹、头石竹和须孢石竹(图 5-1A～V)，而常夏石竹为六倍体(2n=6x=90)(图 5-1W、X)。

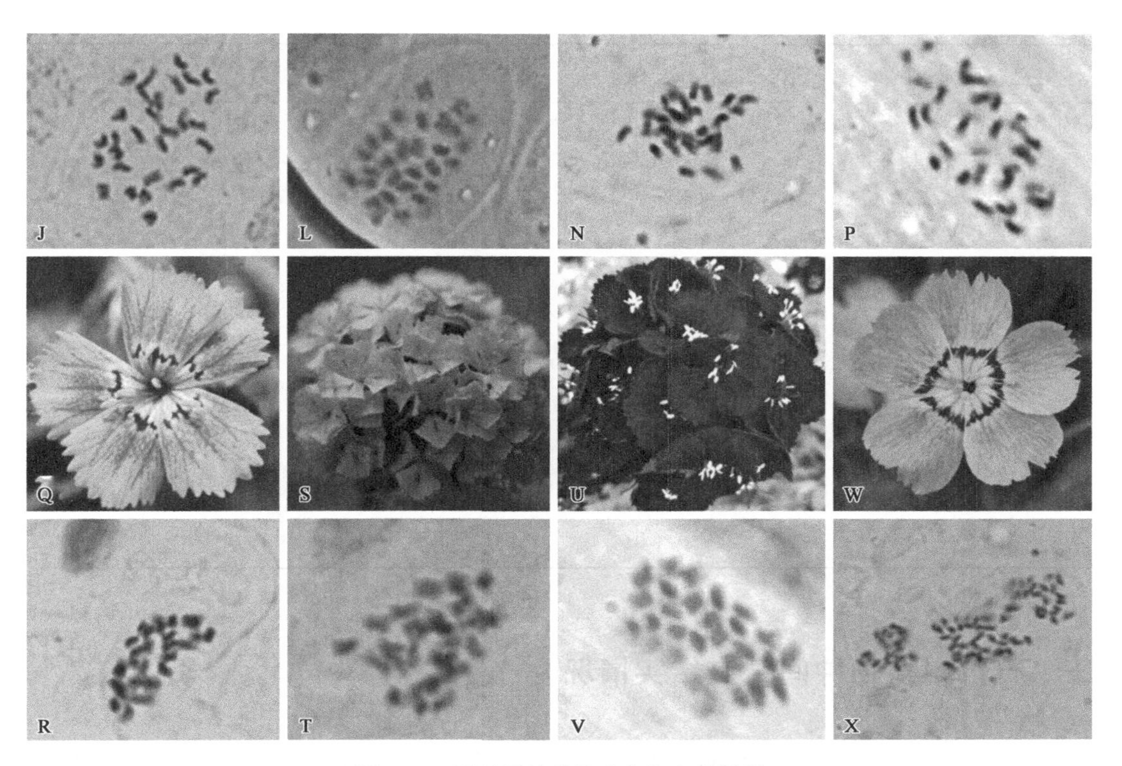

图 5－1　石竹属植物的花和染色体数量

[A. Nogalte；B. Nogalte 染色体(2n＝2x＝30)；C. D. P. Barbara；D. D. P. Barbara 染色体(2n＝2x＝30)；E. Thomas；F. Thomas 染色体(2n＝2x＝30)；G. Red Barbara；H. Red Barbara 染色体(2n＝2x＝30)；I. NH6；J. NH6 染色体(2n＝2x＝30)；K. NH10；L. NH10 染色体(2n＝2x＝30)；M. 冬梅；N. 冬梅染色体(2n＝2x＝30)；O. 瞿麦；P. 瞿麦染色体(2n＝2x＝30)；Q. 中国石竹；R. 中国石竹染色体(2n＝2x＝30)；S. 头石竹；T. 头石竹染色体(2n＝2x＝30)；U. 须孢石竹；V. 须孢石竹染色体(2n＝2x＝30)；W. 常夏石竹；X. 常夏石竹染色体(2n＝6x＝90)]

二、石竹属植物花粉活力

测定香石竹 7 个品种，以及瞿麦、中国石竹、头石竹、须孢石竹和常夏石竹的花粉活力(表 5－1)，发现上述石竹属植物花粉活力较高，在 69.17%～94.97%之间，其中花粉活力最高的为单瓣中间材料‘NH10’，为 94.97%，其次为常夏石竹，为 93.34%，再次为‘Thomas’，为 92.1%，最低的为香石竹多头品种‘Red Barbara’，为 69.17%。

表 5－1　石竹属植物的花粉活力

种或品种	观察的花粉总数	染色的花粉数	可育花粉比率(%)
Nogalte	1 731	1 462	82.76±8.71
D. P. Barbara	1 590	1 311	80.75±5.76

续　表

种或品种	观察的花粉总数	染色的花粉数	可育花粉比率(%)
Thomas	1 632	1 506	92.1±5.6
Red Barbara	1 597	1 164	69.17±17.47
NH6	1 613	1 420	85.68±8.17
NH10	1 633	1 562	94.97±3.39
冬梅	1 577	1 391	89.14±4.98
瞿麦	1 577	1 461	92.99±4.0
中国石竹	1 621	1 426	88.29±1.99
头石竹	1 589	1 411	89.19±4.93
须孢石竹	1 573	1 324	84.76±4.46
常夏石竹	1 536	1 421	93.34±2.94

三、石竹属植物种间杂交结实情况

石竹属不同植物种间杂交的坐果率和每果种子数各不相同,高的组合坐果率可达到100%,低的组合坐果率为0;每果种子数在0～42.64之间。其中'瞿麦'×'石竹'种间杂交组合坐果率和每果种子数最高,其次是'头石竹'×'中国石竹'种间杂交组合,再次为'瞿麦'×'Red Barbara'种间杂交组合,最低的为'D. P. Barbara'×'中国石竹'和'Nogalte'×'瞿麦',种间杂交组合坐果率和每果种子数均为0。除了'D. P. Barbara'×'中国石竹''Nogalte'×'瞿麦'和'瞿麦'×'D. P. Barbara'种间杂交组合每果种子数小于1以外,其余种间杂交组合每果种子数大于1,种间杂交具有亲和性。常夏石竹为六倍体,而须孢石竹和中国石竹为二倍体,'常夏石竹'×'须孢石竹'和'常夏石竹'×'中国石竹'坐果率分别为36%和48%,每果种子分别为1.72和2.06,说明不同倍性石竹种间杂交也具有一定的亲和性(表5-2)。

表5-2　石竹属植物种间杂交的坐果率与每果种子数

杂交组合	杂交花数	座果数	种子数	坐果率(%)	每果种子数
瞿麦×D.P. Barbara	50	15	45	30	0.9
瞿麦×Thomas	50	26	161	52	3.22
瞿麦×冬梅	50	23	147	46	2.94
瞿麦×Red Barbara	50	42	650	84	13.00

续　表

杂交组合	杂交花数	座果数	种子数	坐果率(%)	每果种子数
瞿麦×NH6	50	15	107	30	2.14
瞿麦×NH10	50	20	124	40	2.48
瞿麦×中国石竹	50	50	2 132	100	42.64
瞿麦×须孢石竹	50	31	160	62	3.20
须孢石竹×瞿麦	50	31	84	62	1.68
中国石竹×瞿麦	50	20	88	40	1.76
Nogalte×瞿麦	50	0	0	0	0.00
头石竹×须孢石竹	50	24	150	48	3.00
须孢石竹×头石竹	50	34	330	68	6.60
D.P. Barbara×中国石竹	50	0	0	0	0.00
头石竹×中国石竹	50	43	880	86	17.60
常夏石竹×须孢石竹	50	18	86	36	1.72
常夏石竹×中国石竹	50	24	103	48	2.06

四、关于石竹属植物种间杂交的讨论

Andersson-Kottö I 和 Gairdner(1931)对石竹属植物种间杂交进行研究(Onozaki T，2018)，发现'常夏石竹'×'须孢石竹'杂交可收到少量的种子，'须孢石竹'×'香石竹'杂交具有一定的亲和性，而反交'香石竹'×'须孢石竹'杂交不亲和，但并未对瞿麦为亲本的杂交组合进行研究。本研究以瞿麦作为母本进行种间杂交，发现其具有杂交亲和性，且'瞿麦'×'中国石竹'种间杂交组合的亲和性最高。以瞿麦作为父本，'须孢石竹'×'瞿麦'亲和指数为 1.68，而'瞿麦'×'须孢石竹'亲和指数为 3.2；'中国石竹'×'瞿麦'亲和指数为 1.76，而'瞿麦'×'中国石竹'亲和指数为 42.64，由此可见，瞿麦在种间杂交中适合作母本。头石竹为须孢石竹的变种，'头石竹'×'须孢石竹'亲和指数小于'须孢石竹'×'头石竹'，可采用'须孢石竹'×'头石竹'杂交组合进行新品种培育。

染色体倍性和物种间亲缘关系远近直接影响杂交亲和性(Buitendijk J, et al., 1977)。'D. P. Barbara'×'中国石竹'杂交不亲和，'头石竹'×'中国石竹'亲和性较高，头石竹和中国石竹属于同一分组(董连新，2009)，可能是物种的亲缘关系较近，导致杂交亲和性高。但瞿麦和中国石竹的亲缘关系相对较远(董连新，2009)，但亲和性很高，推测亦可能有其他因素决定着其杂交亲和性。

本研究采用常规压片法检测石竹属植物的倍性，除常夏石竹为六倍体外，其余 4 个种的植物都为二倍体，这与前人的研究成果一致（Ishii T，1930）。种间杂交发现倍性差异较大的‘常夏石竹’×‘须孢石竹’和‘常夏石竹’×‘中国石竹’杂交可以结籽，具有亲和性。而在菊花的杂交育种研究中，菊属相同倍性或倍性较高的相近倍性（如四倍体与六倍体）的种间杂交可结籽，低倍性与高倍性（如二倍体与四倍体、六倍体）间倍性差异较大，种间杂交未能结籽（李辛雷，等，2008）。本研究与其他属植物的不同倍性杂交组合亲和性结果不一致，可能与石竹属种间的倍性及遗传距离相关，杂交不亲和机制相当复杂，还有待进一步深入研究。

五、结论

石竹属植物大多数为二倍体，包括大花香石竹‘Nogalte’、多头香石竹‘D. P. Barbara’‘Thomas’‘Red Barbara’‘NH6’‘NH10’和盆花香石竹‘冬梅’、瞿麦、中国石竹、头石竹和须孢石竹，而常夏石竹为六倍体；石竹属植物花粉活力较高，在 69.17%～94.97%之间；石竹种间杂交中，瞿麦适合作母本，采用‘须孢石竹’×‘头石竹’杂交组合结实率高，六倍体常夏石竹做母本与二倍体须孢石竹和中国石竹杂交具有一定的亲和性。

第六章

香石竹×瞿麦种间杂交障碍

香石竹(*Dianthus Caryophyllus*)别名康乃馨、麝香石竹,为石竹属多年生宿根草本植物,以其生产性高,观赏性好,耐贮运等优点,成为世界上普遍栽培的商业性切花的主栽品种之一。瞿麦(*Dianthus superbus*)别名高山瞿麦,为石竹属多年生草本,扩展能力较强,绿色期和观花期较长,群体观赏效果好,抗寒、耐热且抗旱(胡利珍,等,2013)。瞿麦花型花色奇特,花蓝紫色,花瓣边缘裂缝至中部或中部以上,成丝状。香石竹花色有白、桃红、玫瑰红、大红、深红至紫、乳黄至黄、橙色及杂色等,缺乏蓝紫色,培育蓝色品种一直是其花卉育种的重要方向。

研究栽培种香石竹与野生种瞿麦的种间杂交障碍,对获得抗逆性好且花色花型独特的种间杂交新品种具有重要意义。澳大利亚的 Florigene 公司通过转入异源的 *F3′5′H* 基因,培育了紫色的香石竹品种'FMD'和'FMS'(Mol J, et al., 1999; Tanaka Y, et al., 1998),但通过转基因技术改变香石竹的花色所需周期长,难度大,并面临着国家的监管。我们可将香石竹与瞿麦杂交,利用野生种瞿麦的奇特花色、花型及良好的抗性,将野生种瞿麦的有利基因渗入到栽培品种香石竹中去,有望获得抗性好且花色花型独特的种间杂交新品种。

笔者曾对不同倍性香石竹杂交受精过程及胚胎发育进行研究,发现杂交过程存在受精前障碍和受精后障碍(Zhou X, et al., 2013;周旭红,等,2013;周旭红,等,2012)。Andersson-Kottö I(1931)报道不同石竹亚属间及同一石竹亚属间的杂交亲和性研究,但并未涉及瞿麦与其他石竹属植物的种间杂交亲和性研究。本研究以'瞿麦'为父本,以'春之歌''四季红'和'Promesa'为母本进行种间杂交,利用荧光显微镜观察种间杂交花粉萌发情况、花粉管伸长及受精情况,探讨种间杂交不亲和性的原因,为提高种间杂交效率和选育优质多抗石竹新品种提供理论指导。

一、香石竹×瞿麦杂交亲本染色体倍性

杂交父本为'瞿麦',母本为盆花香石竹'春之歌'(香石竹×中国石竹)、'四季红'(香石竹×中国石竹)(戴咏梅,等,2012)和香石竹大花品种'Promesa'(图 6-1)。通过压片法观察染色体倍性,'瞿麦'为二倍体(2n=30)(图 6-2A),'四季红'为三倍体(2n=45)(图 6-2B),'春之歌'为二倍体(2n=30)(图 6-2C),'Promesa'为二倍体(2n=30)(图 6-2D)。

图 6－1　香石竹×瞿麦杂交亲本

［A.‘瞿麦’；B.‘四季红’（香石竹×中国石竹）；C.‘春之歌’（香石竹×中国石竹）；D.‘Promesa’。标尺＝0.5 cm］

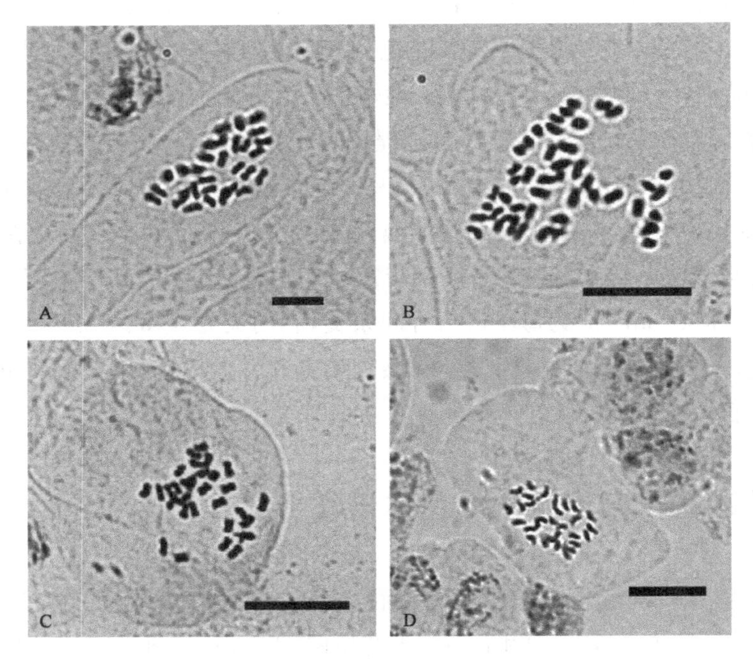

图 6－2　香石竹×瞿麦杂交亲本的染色体

［A.‘瞿麦’染色体（2n＝30）；B.‘四季红’染色体（2n＝45）；C.‘春之歌’染色体（2n＝30）；D.‘Promesa’染色体（2n＝30）。标尺＝10 μm］

二、香石竹×瞿麦杂交亲本花粉活力

通过醋酸洋红染色法可知，'瞿麦'花粉平均直径为 54.68 μm，花粉的活力很高，为 92.8%。存在少量的大花粉，大花粉平均直径为 71.76 μm，可能是 2n 花粉。

三、香石竹×瞿麦杂交结实情况

'瞿麦'为父本分别与'四季红''春之歌'和'Promesa'杂交，杂交 3～14 天后母本子房出现膨大的现象，14～21 天后子房逐渐发黄、干枯，种子褐色干瘪，无成熟饱满的种子。

四、香石竹×瞿麦杂交花粉萌发、花粉管伸长及受精情况

（一）'四季红'×'瞿麦'杂交花粉萌发、花粉管伸长及受精情况

利用荧光显微镜对'四季红'(2n=45)×'瞿麦'(2n=30)杂交的花粉萌发及花粉管生长过程进行观察。结果显示，授粉后 2 h，花粉能在柱头上萌发(图 6-3A)；授粉后 4 h，萌发的花粉增多(图 6-3B)，花粉管到达柱头上部并出现胼胝质塞(图 6-3C)，少量花粉管到达柱头中部和基部并出现胼胝质塞(图 6-3D 和 6-3E)；授粉后 6 h，花粉粒及其周围组织出现严重的胼胝质反应(图 6-3F)，伸入到柱头的上部的花粉管增多，花粉管有胼胝质塞(图 6-3G)；授粉后 24 h，胚珠出现胼胝质反应(图 6-3H)，花粉管伸入到胚珠内，但结合率低(图 6-3I)。

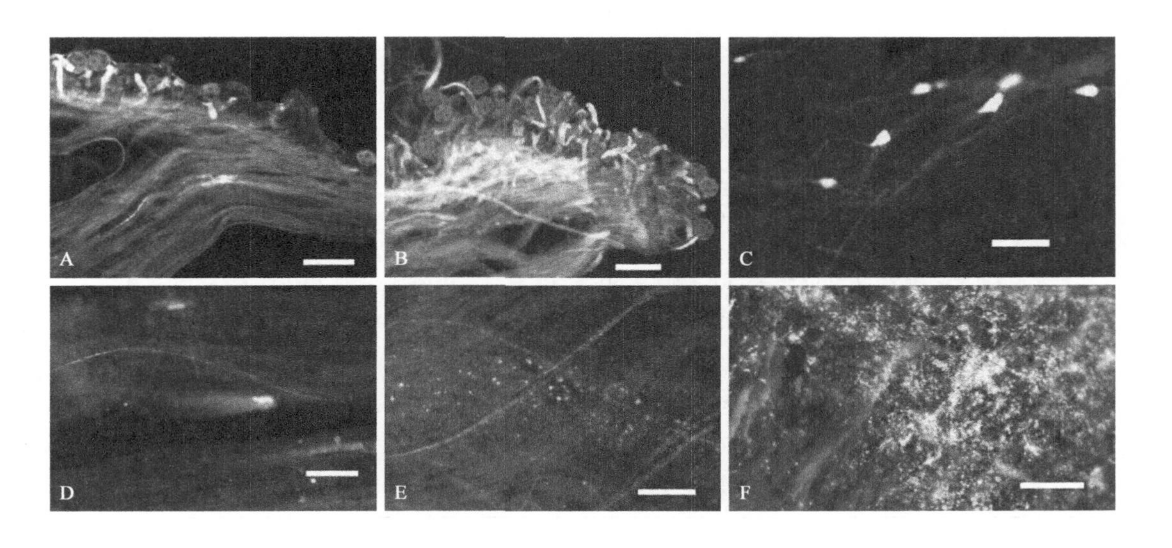

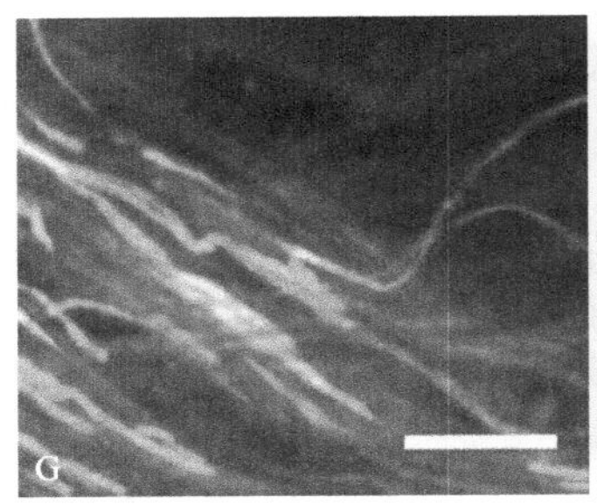

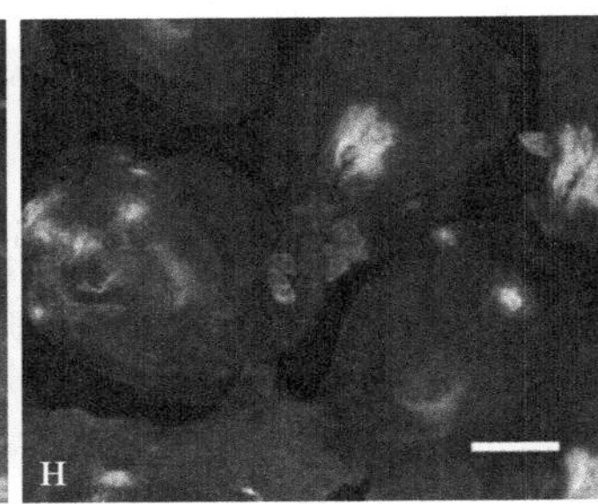

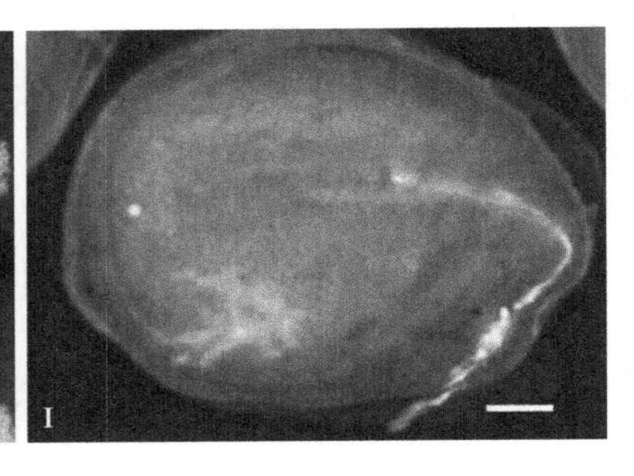

图 6-3 ‘四季红’×‘瞿麦’花粉萌发、花粉管生长及受精过程

(A. 授粉后 2 h 萌发的花粉粒;B. 授粉后 4 h 萌发的花粉粒;C. 授粉后 4 h 花粉管伸入到柱头的上部,花粉管出现胼胝质塞;D. 授粉后 4 h 少量花粉管伸入到柱头的中部,花粉管出现胼胝质塞;E. 授粉后 4 h 少量花粉管伸入到柱头的基部,花粉管出现胼胝质塞;F. 授粉后 6 h 花粉粒及其周围组织出现严重的胼胝质反应;G. 授粉后 6 h 伸入到柱头的上部的花粉管增多,花粉管出现胼胝质塞;H. 授粉后 24 h 胚珠出现胼胝质反应;I. 授粉后 24 h 花粉管伸入到胚珠内。标尺=100 μm)

‘四季红’×‘瞿麦’杂交授粉后 2 h 花粉萌发率达 31.5%,随着授粉时间的增长,花粉萌发率逐渐增高,授粉 8 h 以后花粉萌发率达到 81.29%~83.36%。柱头上中下部花粉管数也随着授粉时间的增长而增多,授粉后 2 h,柱头上部花粉管数为 0 条,4 h 达 8.17 条,24~48 h 达 37.83—39.67 条;授粉后 2 h,柱头中部花粉管数为 0 条,48 h 达 36 条;授粉后 2~8 h,柱头下部花粉管数很少,48 h 达 33.5 条;授粉后 24 h,每个胚珠仅有 0.41 条花粉管与胚珠结合(表 6-1)。

表 6-1 香石竹×瞿麦种间杂交花粉萌发、花粉管生长及受精情况

杂交组合	授粉时间(h)	花粉萌发率(%)	柱头上部花粉管数	柱头中部花粉管数	柱头基部花粉管数	受精胚珠数
‘四季红’×‘瞿麦’	2	31.50±7.36	0	0	0	0
	4	59.05±5.78	8.17±1.35	2.67±0.33	0.67±0.33	0
	6	75.24±4.39	26.29±3.64	9.29±2.06	1.43±0.37	0
	8	83.10±1.75	29.00±4.56	27.83±3.18	2.17±0.60	0
	24	83.36±1.73	37.83±3.70	30.67±5.36	27.33±5.96	0.41±0.41
	48	81.29±1.65	39.67±6.81	36.00±7.05	33.50±6.32	0
‘春之歌’×‘瞿麦’	2	17.7±5.30	0	0	0	0
	4	84.29±4.79	40.67±8.77	0.33±0.21	0	0
	6	64.40±5.21	36.83±13.57	6.33±2.23	0	0
	8	76.72±2.06	22.83±3.08	6.00±2.05	0	0
	24	81.31±1.08	37.00±2.14	32.67±4.00	20.67±2.54	6.90±1.50
	48	84.35±1.39	30.17±2.21	24.67±2.84	24.67±2.72	17.95±0.67

续　表

杂交组合	授粉时间(h)	花粉萌发率(%)	柱头上部花粉管数	柱头中部花粉管数	柱头基部花粉管数	受精胚珠数
‘Promesa’×‘瞿麦’	2	10.27±4.00	0	0	0	0
	4	76.06±4.61	0.71±0.57	0	0	0
	6	83.20±1.31	6.29±1.13	0.57±0.37	0	0
	8	81.76±2.52	28.33±5.19	1.50±0.96	0	0
	24	82.65±1.18	25.67±4.85	19.67±4.16	14.33±5.06	2.04±0.55
	48	83.50±1.06	43.50±5.45	25.67±4.10	6.33±3.06	3.59±3.59

(二)‘春之歌’×‘瞿麦’花粉萌发、花粉管伸长及受精情况

利用荧光显微镜对‘春之歌’(2n=30)×‘瞿麦’(2n=30)杂交的花粉萌发及花粉管生长过程进行观察研究。结果显示，授粉后 2 h，花粉在柱头上萌发(图 6-4A)；授粉后 4 h，花粉萌发及花粉管增多(图 6-4B)，刚萌发的花粉管出现胼胝质沉淀(图 6-4C)，花粉管伸入到柱头的上部(图 6-4D)；授粉后 6 h，大量花粉管伸入到柱头的上部(图 6-4E)，少数花粉管伸入到柱头的中部(图 6-4F)，花粉管出现胼胝质塞；授粉后 8 h，大量花粉管伸入到柱头的上部(图 6-4G)，少量花粉管伸入到柱头的中部(图 6-4H)，花粉管未伸入到柱头的基部(图 6-4I)；授粉后 24 h，柱头上部出现严重的胼胝质反应(图 6-4J)，柱头的中部(图 6-4K)和基部(图 6-4L)花粉管增多，花粉管到达子房组织(图 6-4M)并伸入到胚珠内(图 6-4N～O)。

‘春之歌’×‘瞿麦’杂交授粉后 2 h 花粉萌发率达 17.7%，随着授粉时间的增长，花粉萌发率逐渐增高，授粉 24～48 h 以后花粉萌发率达到 81.31%～84.35%。授粉后 2 h，柱头上部花粉管数为 0 条，4 h 达 40.67 条，随着时间的增长，柱头上部的花粉管略有些下降，可能与花朵的可授性及环境有关；授粉后 2 h，柱头中部花粉管数为 0 条，24～48 h 达 24.67～32.67 条；授粉后 2～8 h，无花粉管伸入到柱头的下部，24～48 h 达 20.67～24.67 条；授粉后 24～48 h，仅 6.9～17.95 条花粉管与胚珠结合(表 6-1)。

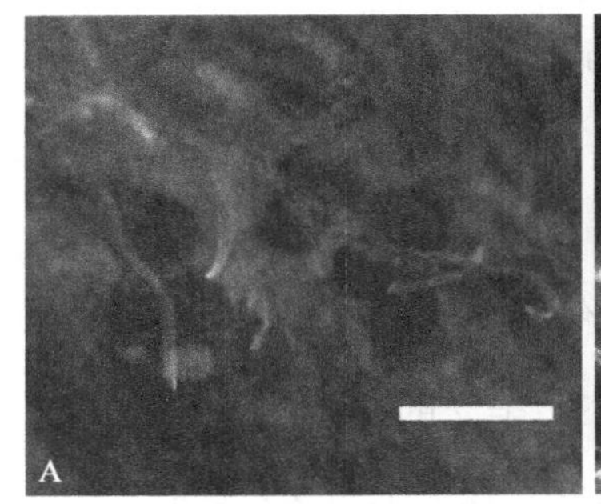

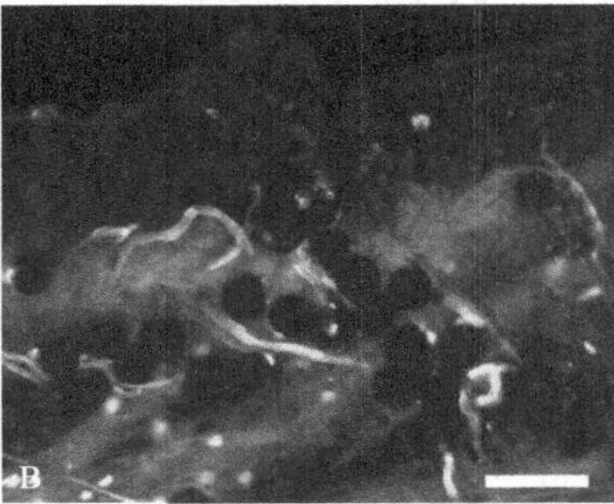

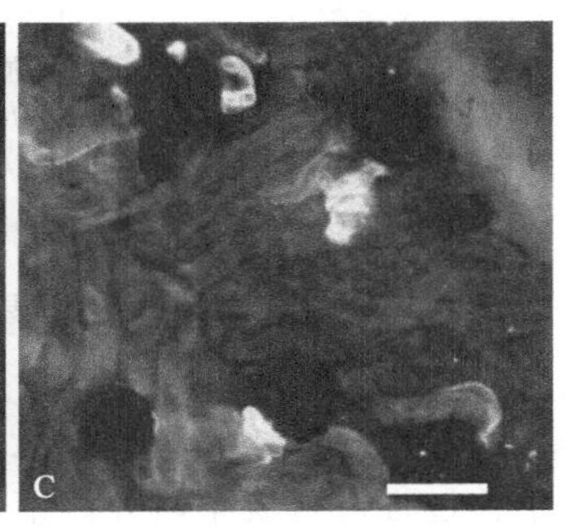

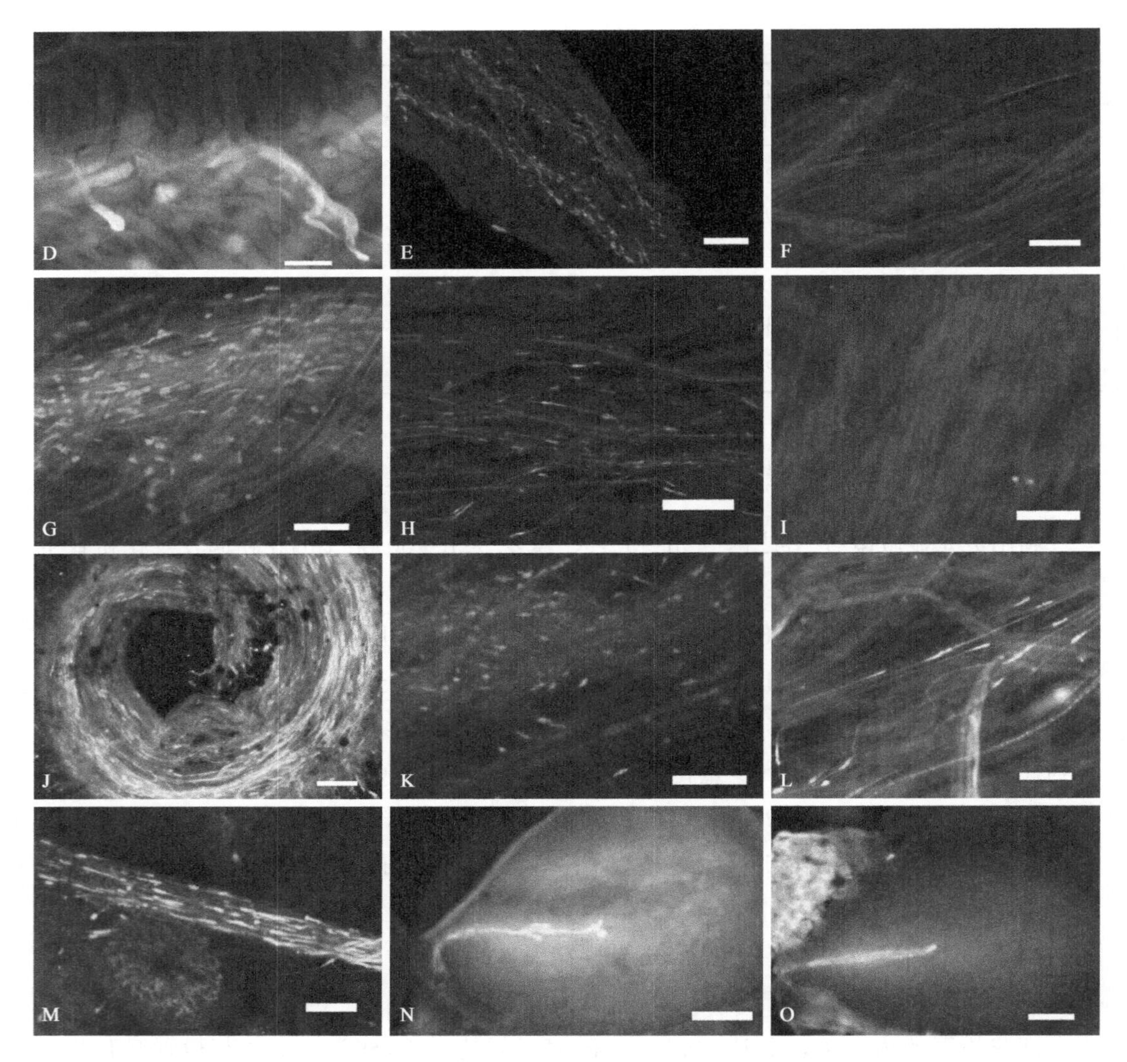

图 6-4 ‘春之歌’×‘瞿麦’花粉萌发、花粉管伸长及受精过程

（A. 授粉后 2 h 萌发的花粉粒，标尺＝100 μm；B. 授粉后 4 h 萌发的花粉粒，标尺＝100 μm；C. 授粉后 4 h 刚萌发的花粉管出现胼胝质沉淀，标尺＝50 μm；D. 授粉后 4 h 花粉管伸入到柱头的上部，花粉管出现胼胝质塞，标尺＝50 μm；E. 授粉后 6 h 大量花粉管伸入到柱头的上部，花粉管出现胼胝质塞，标尺＝200 μm；F. 授粉后 6 h 少量花粉管伸入到柱头的中部，花粉管出现胼胝质塞，标尺＝100 μm；G. 授粉后 8 h 大量花粉管伸入到柱头的上部，花粉管出现胼胝质塞，标尺＝100 μm；H. 授粉后 8 h 花粉管伸入到柱头的中部，花粉管出现胼胝质塞，标尺＝100 μm；I. 授粉后 8 h 无花粉管伸入到柱头的基部，标尺＝100 μm；J. 授粉后 24 h 柱头上部出现严重的胼胝质反应，标尺＝200 μm；K. 授粉后 24 h 柱头的中部花粉管增多，花粉管出现胼胝质塞，标尺＝100 μm；L. 授粉后 24 h 柱头的基部花粉管增多，花粉管出现胼胝质塞，标尺为 100 μm；M. 授粉后 24 h，花粉管伸入到子房组织，花粉管出现胼胝质塞，标尺＝100 μm；N～O. 授粉后 24 h 花粉管伸入到胚珠内，标尺＝100 μm）

（三）‘Promesa’×‘瞿麦’花粉萌发、花粉管伸长及受精情况

利用荧光显微镜对‘Promesa’（2n＝30）×‘瞿麦’（2n＝30）杂交的花粉萌发及花粉管生长过程进行观察研究。结果显示，授粉后 2 h，少量的花粉能在柱头上萌发；授粉后 4 h，

萌发的花粉粒增多(图 6-5A),伸入到柱头上部的花粉管少(图 6-5B);授粉后 6 h,萌发的花粉粒多(图 6-5C),花粉管伸入到柱头的上部(图 6-5D),少数的花粉管能伸入到柱头的中部,花粉管出现胼胝质塞(图 6-5E);授粉后 8 h,萌发的花粉粒多(图 6-5F),无花粉管伸入到柱头的基部(图 6-5G);授粉后 24 h,伸入到柱头的上部(图 6-5H—I)、中部(图 6-5J)和柱头的基部(图 6-5K)的花粉管增多,花粉管出现胼胝质塞,少量花粉管能伸入到胚珠内(图 6-5L)。

'Promesa'×'瞿麦'杂交授粉后 2 h 花粉萌发率达 10.27%,随着授粉时间的增长,花粉萌发率逐渐增高,授粉 6～48 h 以后花粉萌发率达到 81.76%～83.5%。授粉后 2 h,柱头上部花粉管数为 0 条,48 h 达 43.5 条;授粉后 2～4 h,柱头中部花粉管数为 0 条,24～48 h 达 19.67～25.67 条;授粉后 2～8 h,无花粉管伸入到柱头的下部,24～48 h 达 6.33～14.33 条;授粉后 24～48 h,仅 2.04～3.59 条花粉管与胚珠结合(表 6-1)。

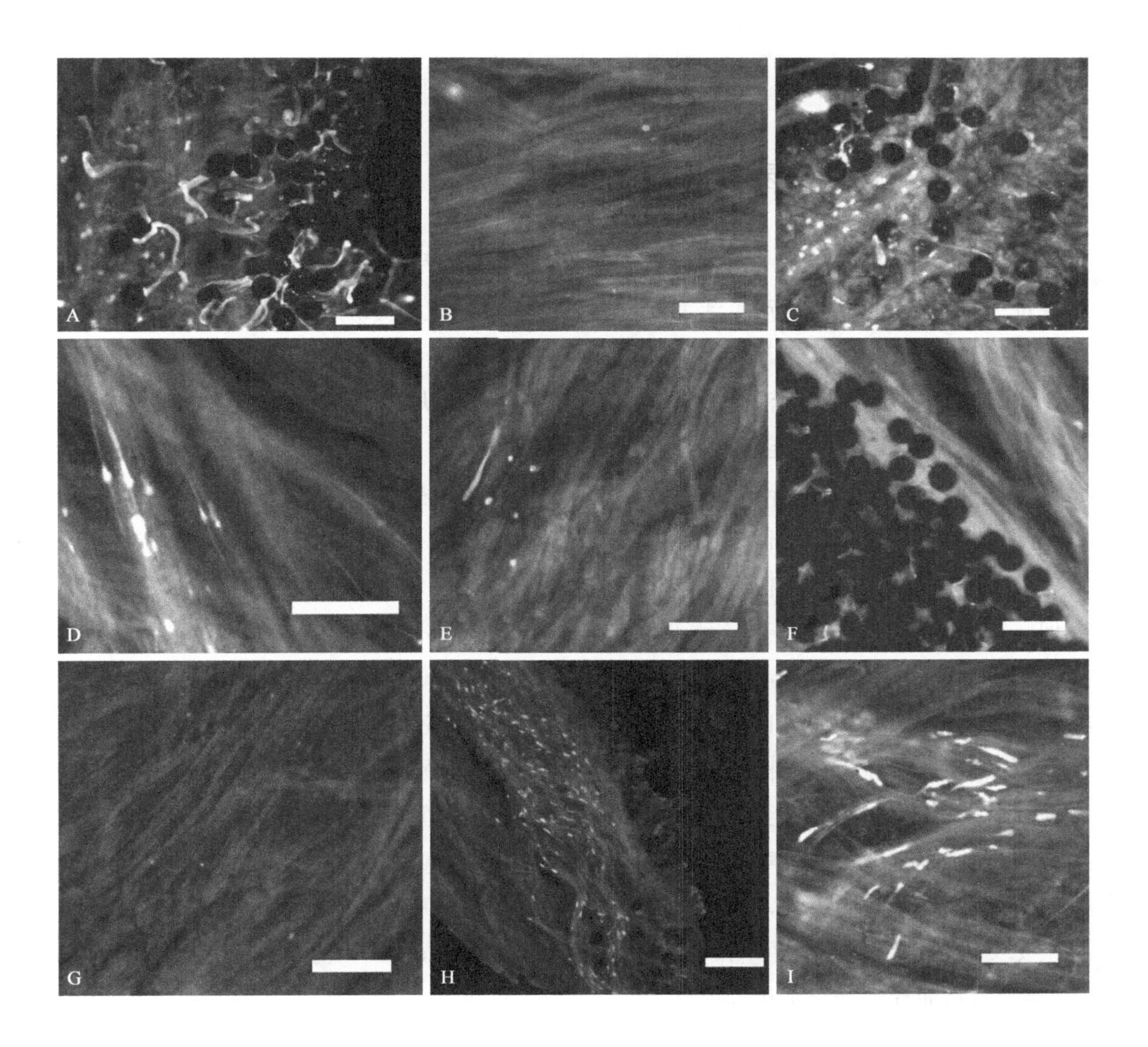

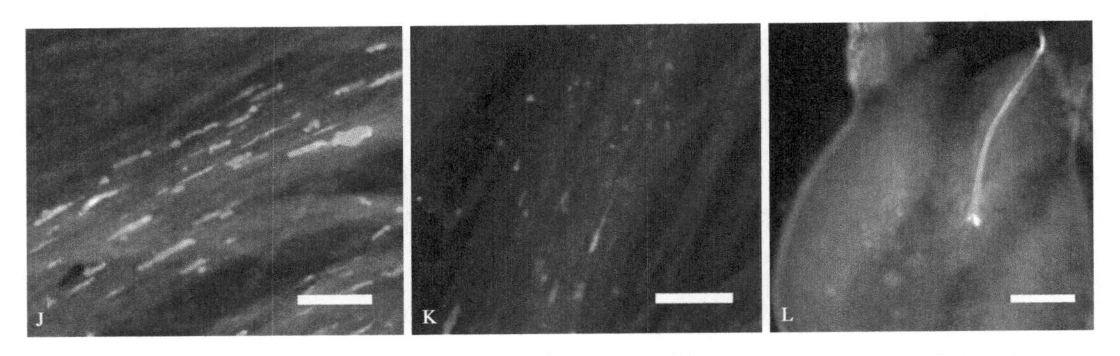

图 6-5 'Promesa'×'瞿麦'花粉萌发、花粉管伸长及受精过程

(A. 授粉后 4 h 萌发的花粉粒,标尺为 100 μm;B. 授粉后 4 h 很少有花粉伸入到柱头的上部,标尺为 100 μm;C. 授粉后 6 h 萌发的花粉粒,标尺为 100 μm;D. 授粉后 6 h 花粉管伸入到柱头的上部,花粉管出现胼胝质塞,标尺为 100 μm;E. 授粉后 6 h 较少的花粉管伸入到柱头的中部,花粉管出现胼胝质塞,标尺为 100 μm;F. 授粉后 8 h 萌发的花粉粒,标尺为 100 μm;G. 无花粉管伸入到柱头的基部,标尺为 100 μm;H. 授粉后 24 h 花粉管伸入到柱头的上部,花粉管出现胼胝质塞,标尺为 200 μm;I. 授粉后 24 h 花粉管伸入到柱头的上部,花粉管出现胼胝质塞,标尺为 100 μm;J. 授粉后 24 h 花粉管伸入到柱头的中部,花粉管出现胼胝质塞,标尺为 100 μm;K. 授粉后 24 h 花粉管伸入到柱头的基部,花粉管出现胼胝质塞,标尺为 100 μm;L. 授粉后 24 h 花粉管伸入到胚珠内,标尺为 100 μm)

五、关于香石竹×瞿麦种间杂交障碍的讨论

花粉活力对结实率有一定的影响,花粉必须在具有活力时且能到达适宜的柱头上才能保证受精过程的顺利进行,生活力低下的花粉可能会增加授粉失败的概率,降低结实率(Aleemullah M, et al., 2002)。而本研究中香石竹品种×瞿麦杂交组合的父本'瞿麦'花粉活力较高,醋酸桦红染色法和荧光显微观察花粉在柱头上的萌发率,花粉的活力都在80%以上。花粉在柱头上能正常地、高比例地萌发,因此花粉活力并不是导致香石竹品种×瞿麦种间 3 个杂交组合结实率低的因素。同时,'瞿麦'可能存在 2n 花粉,可以利用 2n 花粉来克服种间杂交的不亲和性。

柱头与花粉、花柱与花粉管及雌雄配子之间相互识别对杂交结实率也有一定的影响,任何一个部位不能识别都会导致杂交障碍(Hodnett G L, et al., 2005; Marta A E, et al., 2004; Pellegrino G, et al., 2005; Ram S G, et al., 2006; Wilcock C, et al., 2002)。在香石竹×瞿麦种间杂交过程中,在柱头组织、花粉粒和花粉管中出现大量的胼胝质沉淀,预示着柱头与花粉、花柱与花粉管之间存在识别障碍,导致伸入到柱头基部的花粉管数量少。花粉管虽能进入子房,到达胚囊,但花粉管伸入胚珠的数量极少。花粉管与胚珠结合数低,即受精前障碍,是石竹种间杂交障碍的重要原因之一。'四季红'×'瞿麦'相比其他两个杂交组合,花粉管与胚珠结合更少,可能是因为它们不仅是种间杂交,而且杂交父母本存在倍性水平差异,父本'瞿麦'为二倍体(2n=30),母本'四季红'为三倍体(2n=45),从而导致杂交不相容性。

受精后胚胎在发育过程中异常降解或败育也是引起结实率低的一个重要因素(Mallikarjuna N, et al., 2002)。3个杂交组合中有少量的花粉管能与胚珠相结合，杂交实验显示子房有一定的膨大度，但杂交结实率为0，这说明可能存在胚胎发育障碍(受精后障碍)，还需进一步证实。

六、结论

大力倡导利用野生种的优良性状来培育植物新品种，是今后科研工作者研究的重要方向，野生种瞿麦具有花色花型优美，抗寒、抗旱和耐热性良好的特点，但国内外很少有将瞿麦与香石竹品种杂交，来培育优良杂交后代的报道。瞿麦与香石竹品种杂交存在严重的不亲和性，本文通过荧光显微观察来探讨不亲和性的原因，发现在瞿麦与香石竹品种杂交过程中，胼胝质反应及花粉管伸入到胚珠的数量少是影响杂交障碍因素之一。瞿麦与香石竹品种杂交后子房存在膨大的现象，可利用胚挽救技术来获得杂交后代。

第七章

植物生长调节剂对香石竹生长发育的影响

植物生长调节剂是具有很高生物活性的化合物，对多种农作物具有显著地增产、抗逆、抗病、改善品质、早熟等功效（欧阳立明，等，2010；施晓明，等，2009；燕丛，等，2011）。随着农业生产的需要和科学技术的发展，利用植物生长调节剂调控植物的生长发育已成为农业生产的一项重要措施。植物生长调节剂与肥料复配使用能有效地提高肥料利用率，更好地给植物提供营养，调节植物的生长发育。

DA－6（二烷氨基乙醇羟酸酯，$RCO_2CH_2CH_2NR_2$）是一种高效的植物生长物质，不仅对多种农作物具有显著地增产作用，并且能促进植物叶片生长，同时还有提高作物产量和品质、早熟等功效（单守明，等，2008）。复硝酚钠（Compound sodium nitrophenolate）是一种新型植物生长调节物质，其有效成分为邻硝基苯酚钠、对硝基苯酚钠和5－硝基愈创木酚钠，可促进种子萌发，显著增加植株茎粗、单株荚数和粒数，增加产量（于彩莲，等，2010；元明浩，2009）。

香石竹是云南的四大鲜切花之一，在云南及全国都有很大的种植量和销售量。如何高效、方便、快捷地提高香石竹切花的品质和产量是花农最为关注的问题。因此，通过合理施用植物生长调节物质调控其生长发育进程，对提高香石竹切花的品质有重要的意义。但目前关于植物生长调节物质对香石竹生长发育的影响研究未有报道，将植物生长调节剂应用于香石竹生产缺乏相应的理论与技术指导。本试验研究了DA－6和复硝酚钠与肥料混配使用对香石竹切花品质的影响，旨在为新型植物生长调节剂在香石竹生产中的应用推广提供技术参考。

一、复硝酚钠、DA－6和肥料的配比

选择高度和生长势基本一致的香石竹品种‘Master’进行生根插穗，定植于宽1m、长22m的苗床上，株距15 cm×10 cm，试验共设10个处理，每个处理有3个重复，每重复定植36株插穗，随机区组排列，处理之间设隔离带。定植1个月，待植株成活后打下顶芽。于打顶后每隔7天浇施不同浓度的植物生长调节剂和肥料（富补施）的混合溶液，直到开花。10个处理的实验设计如表7－1所示。

表 7-1　复硝酚钠、DA-6 和肥料的配比设计

处理编号	复硝酚钠(g/L)	DA-6(g/L)	富补施(g/L)
1	0.03	0	1.25
2	0.06	0	1.25
3	0.09	0	1.25
4	0	0.03	1.25
5	0	0.06	1.25
6	0	0.09	1.25
7	0.015	0.015	1.25
8	0.03	0.03	1.25
9	0.045	0.045	1.25
10	0	0	1.25

二、复硝酚钠、DA-6 在香石竹生长周期中对植株生长的影响

(一) 植株的高度

第一次测量发现 6 号处理植株的高度与 10 号处理(对照)相比增长稍快，分别为 15.03 cm 和 14.98 cm，两者无显著差异，其余处理植株的高度都比对照低；第二次测量发现 7 号处理植株的高度与对照相比增长快，分别为 32.84 cm 和 32.08 cm，两者无显著差异，其余处理植株的高度都比对照低；第三次测量发现 3～9 号处理植株高度与对照相比增长快，其中 3 号处理植株高度最高，为 64.74 cm，3 号和 7 号处理与对照相比有显著差异；第四次测量发现 1～4 号、6 号和 8 号处理植株高度都比对照高，3 号处理与对照相比有显著差异(图 7-1A)。

(二) 叶片的数量

在第一次测量时 6 号处理叶片的数量比 10 号处理(对照)多，分别为 10.93 个和 10.8 个，无显著差异；第二次测量发现对照的叶片数量最高；第三次测量发现 7～9 号处理叶片数量比对照多，且均无显著差异；第四次测量发现 1 号、3 号、4 号和 6～9 号处理叶片数量比对照多，其中 8 号处理的叶片数量最多，为 30.4 个，与对照相比有极显著差异(图 7-1B)。

(三) 茎的粗细

幼芽期测量(即第一次测量)芽的粗细，1～6 号处理的芽直径大于 10 号处理(对照)，

1 号处理芽最粗，与对照相比有极显著差异，2 号和 4～6 号与对照相比显著差异（图 7－1C）。植株开花时测量（即第四次测量）茎杆粗度，发现除 5 号处理外，其余处理的植株的茎粗都比对照粗，2 号和 3 号茎杆最粗，与对照相比有极显著差异（图 7－1D）。

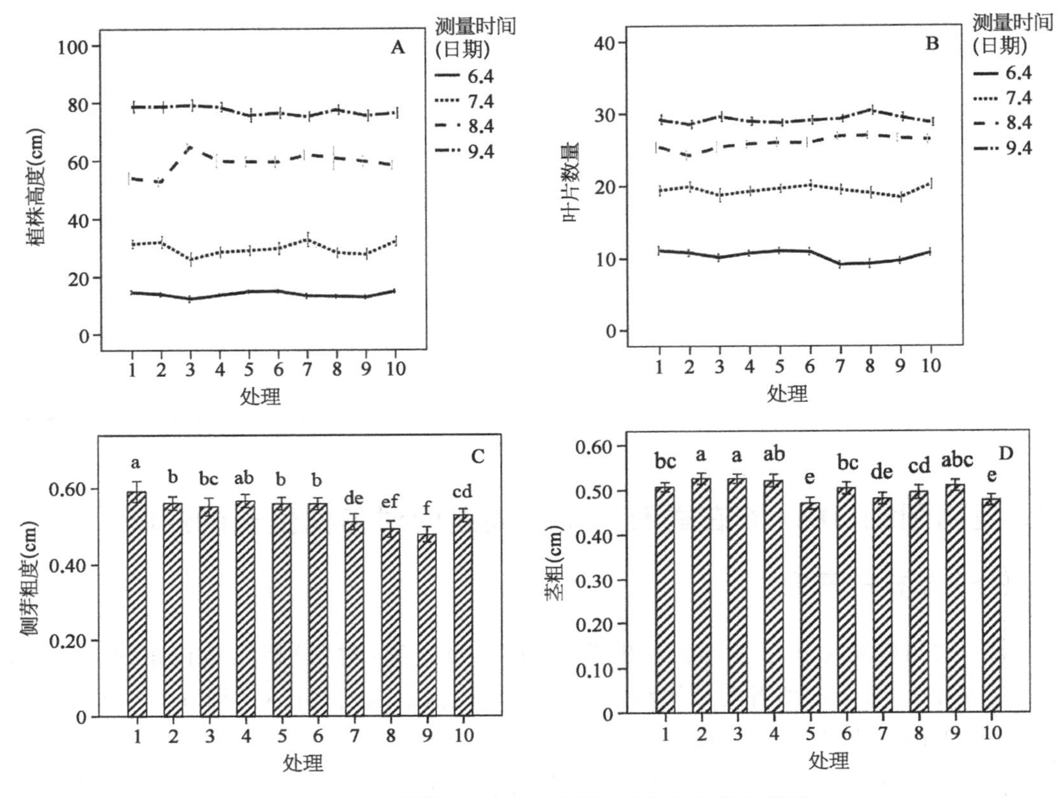

图 7－1 复硝酚钠、DA－6 对香石竹植株生长的影响

（不同小写字母表示不同处理在 0.05 水平上差异显著）

以上研究结果发现，不同浓度的复硝酚钠、DA－6 与肥料混合使用在不同的生长发育阶段对香石竹植株高度的影响是不同的。在生长阶段前期，施加 0.09 g/L 的 DA－6 能增加植株的高度；生长阶段前中期，同时施加 0.015 g/L 复硝酚钠和 0.015 g/L 的 DA－6 能促进植株长高。生长阶段中期和后期，施加 0.09 g/L 复硝酚钠能显著增加植株的高度，增长率分别为 11.08％和 3.78％。

不同浓度的复硝酚钠、DA－6 与肥料混合施用在不同的生长发育阶段对香石竹叶片数量影响也是不同的，同时施加 0.03 g/L 复硝酚钠和 0.03 g/L 的 DA－6 对开花株叶片数量的增加有较好的效果。

香石竹生产主要用插穗进行繁殖，健壮的芽能提高成活率，使植株长得健壮。实验发现施加 0.03 g/L 复硝酚钠能显著增加芽的直径，在香石竹开花过程中施加 0.06 g/L 或 0.09 g/L 复硝酚钠能显著增加茎杆的粗度。

三、复硝酚钠、DA－6对香石竹根长及各器官鲜质量的影响

测量发现，1～9号处理根长均大于10号处理(对照)，8号处理根最长为15.11 cm，与对照相比具有极显著差异(图7－2A)；2～9号处理根鲜重大于对照，8号处理根鲜重最重，为1.29 g，与对照相比具有极显著差异(图7－2B)；除7号外，其他处理茎鲜重均大于对照，3号处理茎鲜重最大，为17.77 g，与对照相比具有极显著差异(图7－2C)；4～9号处理叶鲜重大于对照，9号处理叶鲜重最重，为16.58 g，与对照相比具有显著差异，其次是8号处理，为16.29 g(图7－2D)。

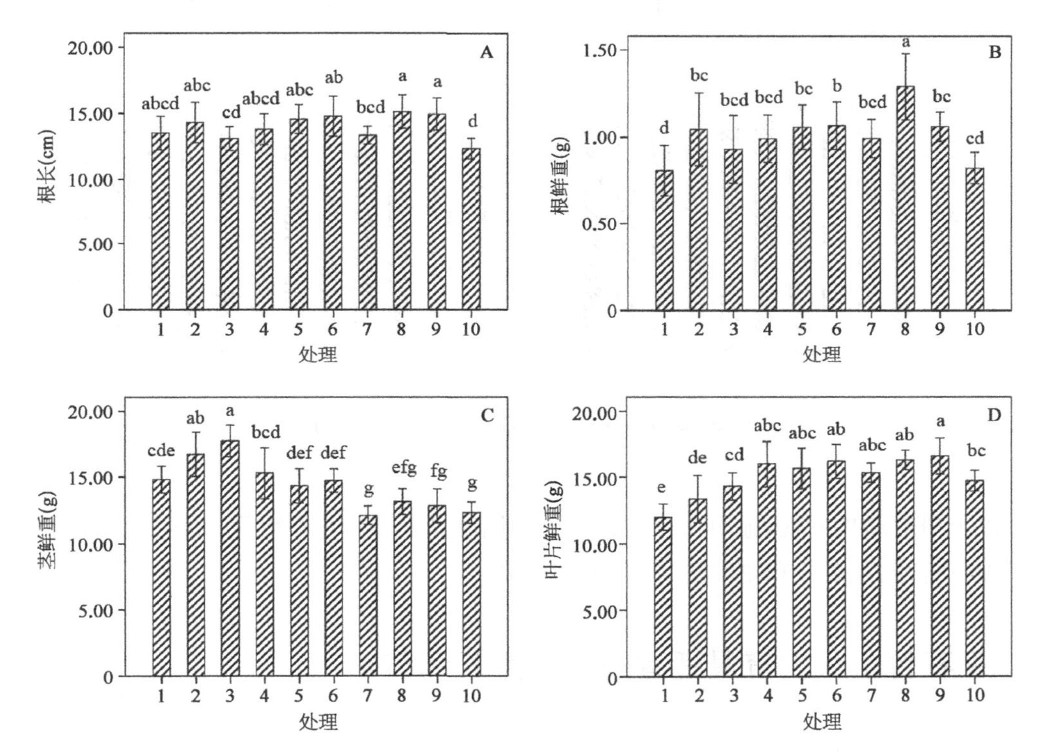

图7－2 复硝酚钠、DA－6对香石竹根长及各器官鲜质量的影响

(不同小写字母表示不同处理在0.05水平上差异显著)

以上研究结果发现，同时施加0.045 g/L复硝酚钠和0.045 g/L DA－6，可使叶重量显著增加；同时施加0.03 g/L复硝酚钠和0.03 g/L DA－6，使根的重量和根的长度显著增加；施加0.09 g/L复硝酚钠使茎重量显著增大。

四、复硝酚钠、DA－6对香石竹花品质的影响

除9号外，其他处理的花瓣数量均多于10号处理(对照)，1号处理花瓣数量最多，为

69.7 枚，与对照相比具有极显著差异(图 7－3A)；5 号处理在花直径、花瓣长和花瓣宽均大于对照(图 7－3B～D)，与对照相比无显著差异。

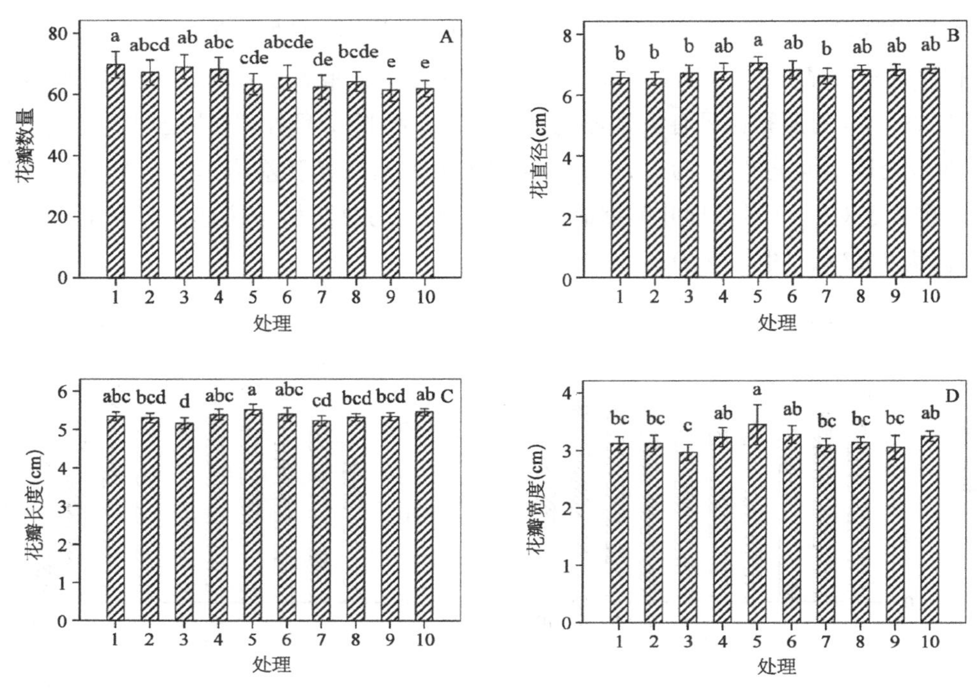

图 7－3　复硝酚钠、DA－6 对香石竹花品质的影响

(不同小写字母表示不同处理在 0.05 水平上差异显著)

以上研究结果发现，施用 0.03 g/L 复硝酚钠可显著增加花瓣数量，0.06 g/L 的 DA－6 可增加花直径、花瓣长和花瓣宽，提高花的品质。

五、香石竹生长发育最适宜的植株生长调节剂

对以上研究结果综合考虑，施加 0.03 g/L 复硝酚钠和 0.03 g/L 的 DA－6 与肥料的混合溶液，可同时提高香石竹的高度、叶片的数量、叶片的鲜重、根的重量和根的长度；施加 0.09 g/L 复硝酚钠与肥料的混合溶液能同时提高香石竹茎的粗度和茎鲜重；施加 0.03 g/L 复硝酚钠与肥料的混合溶液可使香石竹芽长的健壮；0.06 g/L 的 DA－6 与肥料的混合施用，能在香石竹花瓣数量、花直径、花瓣长和花瓣宽等观赏性状方面有所增强，对于提高花的品质有一定的效果。

六、关于植物生长调节剂调节香石竹生长发育的讨论

复硝酚钠和 DA－6 能促进或抑制植物的生长发育，但由于对目标作物的功效不同，

因此针对特定作物作用功效的筛选则显得尤为重要。DA-6通过提高植株内蛋白质、叶绿素和核酸的含量，来提高植物光合作用速率，生理表现为促进根系发育和花芽分化，延缓植株衰老，促进增产，提高抗逆功能等（冯乃杰，等，2010；聂乐兴，等，2010；宋莉萍，等，2011；张翔，等，2015）。复硝酚钠具有促进细胞原生质流动、提高细胞活力，使植物产生抗病能力，使植株健壮，增强植株抗逆能力等（胡兆平，等，2013）。

在本研究中，复硝酚钠能使香石竹茎杆长得健壮，DA-6可提高香石竹花的大小、花瓣数量等观赏性状，这与前人的研究结果相一致（张志芳，等，2012）。而复硝酚钠和DA-6混合施用可提高根、叶的重量和株高，这与前人的研究成果不一致（燕丛，等，2011）。复硝酚钠和DA-6配比施用，对生姜产量的交互效应为负值，亦即两者配比施用时，其增产效果不及单施效果好（燕丛，等，2011）。而本研究发现低浓度的复硝酚钠和DA-6混合施用可提高香石竹植株的高度、叶片的数量、叶片的鲜重、根的重量和根的长度，两个植物生长调节剂可起到增效的作用。可能是在低浓度的条件下，两种植物生长调节剂对香石竹叶和根的促发育功能相互补充，共同促进叶片和根的生长。

植物生长调节剂是具有很高生物活性的化合物，低浓度的植物生长调节剂能促进植物的生长发育，过高的浓度反而会抑制植物的生长发育（胡兆平，等，2013），植物生长调节剂的浓度也因品种和目标作物的不同而产生不同的作用。在本研究中，低浓度的复硝酚钠和DA-6可促进香石竹营养生长和生殖生长，使植株长得健壮，花朵的质量有所提高。施用复硝酚钠和DA-6超过0.1 g/L时，可使植株变矮，茎杆细弱，抑制香石竹生长发育。因此，选择合适浓度和种类的植物生长调节剂显得尤其重要。本研究筛选了适合香石竹的植物生长调节剂及浓度，从而为香石竹切花和种苗的生产提供技术及理论指导。

第八章

肥料对香石竹生长和开花的影响

化肥作为植物生长的重要营养供给，在作物生长发育过程中发挥着重要作用，在现代农业技术中也扮演着重要角色，化肥在植物中的应用在一定程度上可以改变植物的性状（贾豪语，2013；朱建朝，等，2021）。氮磷钾作为植物生长所必需的元素和物质基础（肖德乾，2018），合理的配比能保证植物良好的生长。植物可以通过根和叶面吸收养分（王书奇，2001），我们本次探究的是根吸收对植株生长和开花的影响，也是最普遍的施肥方式。

香石竹是云南的四大鲜切花之一，云南作为全国最大的鲜花生产基地（刘昕，等，2021），如何高效、方便、快捷地提高香石竹切花的品质和产量是花农最为关注的问题（周旭红，等，2018）。通过合理的施肥来提高香石竹的品质和产量是一种有效途径，进而创造出更多的经济价值，提高花农的收入。迄今为止，关于化肥对香石竹生长发育的影响鲜见报道，因此对于香石竹的施肥缺乏理论依据和技术参考。笔者探究了市场上不同品牌，如云天化的康乃馨专用肥、英国 Solufeed 公司的富补施水溶肥，以及自配的肥料，分别对不同品种香石竹性状的影响，旨在为化肥在香石竹实际生产中的使用提供理论支持。

一、不同肥料的配比

康乃馨专用肥购自云南云天化股份有限公司，其中 $N+P_2O_5+K_2O$ 的比例为 22∶8∶20。富补施水溶肥购自英国 Solufeed 公司，其中成分比例为：$20N+20P_2O_5+20K_2O+2MgO+TE_2$。自配肥料的成分为：硝酸钙 0.33 g/L＋硝酸钾 0.75 g/L＋磷酸二氢钾 0.33 g/L＋硼砂 0.16 g/L，溶剂为水。‘Master’‘Red Barbara’‘Hong Denglong’3 个香石竹品种均种植于云南省玉溪市江川区的大棚内。

将康乃馨专用肥和富补施水溶肥分别用 800 倍水溶解。在打顶后每隔 7 天施加肥料，直到开花。并在开花后对植株的株高、叶长、叶宽、茎粗、叶数、芽数数据进行记录，待植株开花后分别测量花枝数、花直径、花瓣数、花瓣长、花瓣宽、开放花朵数并记录。

二、不同肥料对不同品种香石竹生长指标的影响

(一) 对株高的影响

由图 8-1A 可知，3 个品种香石竹均表现为康乃馨专用肥处理后株高为最高，富补施水溶肥次之，自配肥料肥效果较差。

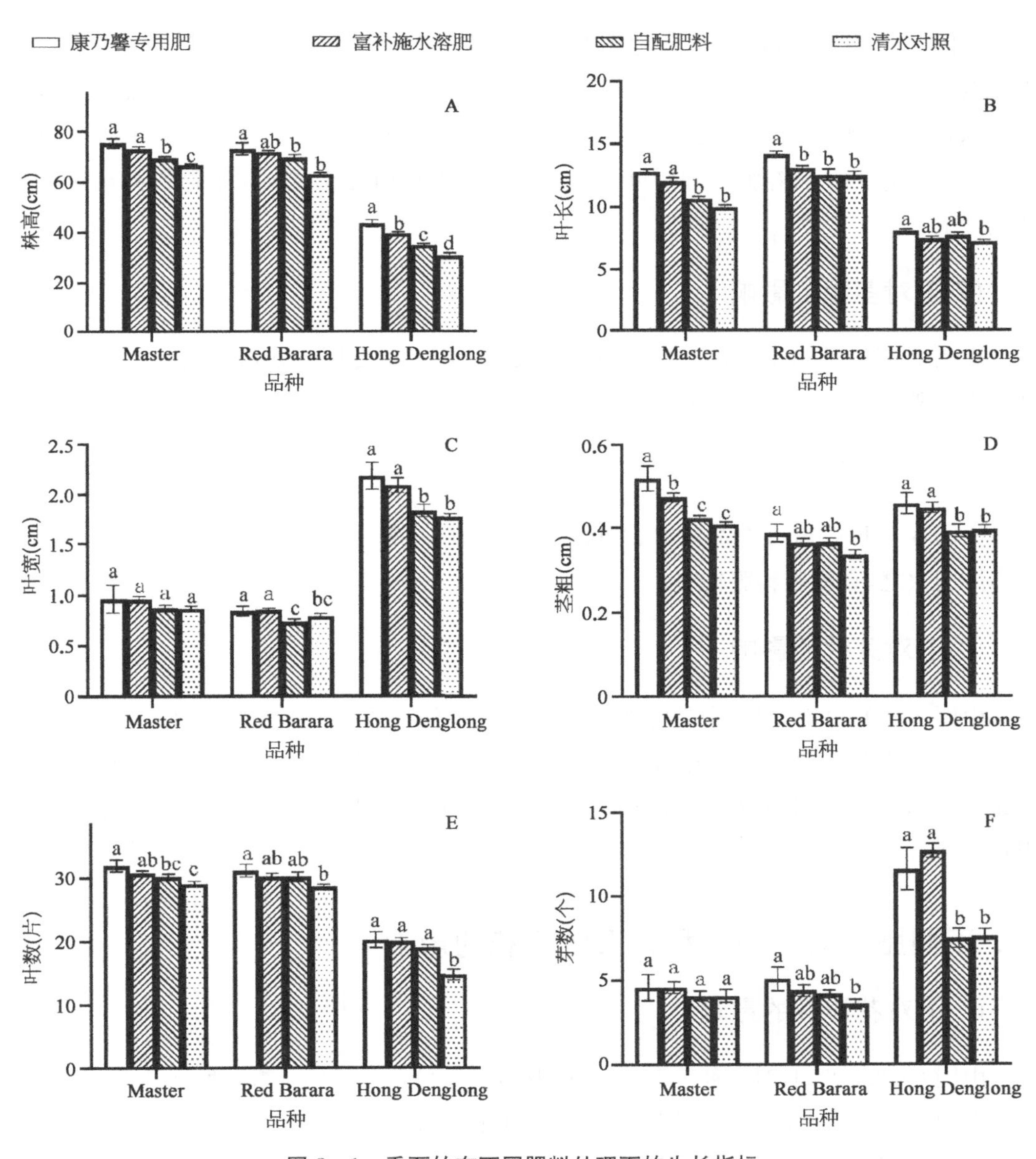

图 8-1　香石竹在不同肥料处理下的生长指标

(不同小写字母表示不同处理在 0.05 水平上差异显著)

(二) 对叶长的影响

由图 8-1B 可知，3 个品种香石竹均表现为康乃馨专用肥处理后叶长为最长；'Master'和'Red Barbara'表现为富补施水溶肥次之，自配肥料对叶长影响较小；'Hong Denglong'则表现为自配肥料次之，富补施水溶肥对叶长影响较小。

(三) 对叶宽的影响

由图 8-1C 可知，对 3 个品种香石竹经施肥处理后，'Master'和'Hong Denglong'表现为康乃馨专用肥叶宽均为最高，富补施水溶肥次之，自配肥料肥较差，但'Master'不同肥料处理后无显著性差异，'Hong Denglong'则有显著性差异；'Red Barbara'在富补施水溶肥处理后叶宽最宽，康乃馨专用肥次之，自配肥料甚至影响叶宽的发育。

(四) 对茎粗的影响

由图 8-1D 可知，3 个品种的香石竹均表现为康乃馨专用肥处理后茎粗均为最粗，富补施水溶肥次之，自配肥料肥较差。

(五) 对叶数的影响

由图 8-1E 可知，3 个品种的香石竹均表现为康乃馨专用肥处理后叶数为最多，富补施水溶肥次之，自配肥料肥较差。

(六) 对芽数的影响

由图 8-1F 可知，对 3 个品种的香石竹经施肥处理后，'Master'和'Red Barbara'均表现为康乃馨专用肥处理后芽数为最多，富补施水溶肥次之，自配肥料肥较差；'Hong Denglong'处理结果上则表现为富补施水溶肥处理后芽数最多，康乃馨专用肥次之，自配肥料对芽数影响不大。

三、不同肥料对不同品种香石竹开花的影响

(一) 对花瓣数的影响

由图 8-2A 可知，对 3 种香石竹经施肥处理后，'Master'的花瓣数处理结果表现为康乃馨专用肥最好，富补施水溶肥次之，自配肥料肥效果较差；'Red Barbara'和'Hong Denglong'的花瓣数经肥料处理后均无显著性差异。

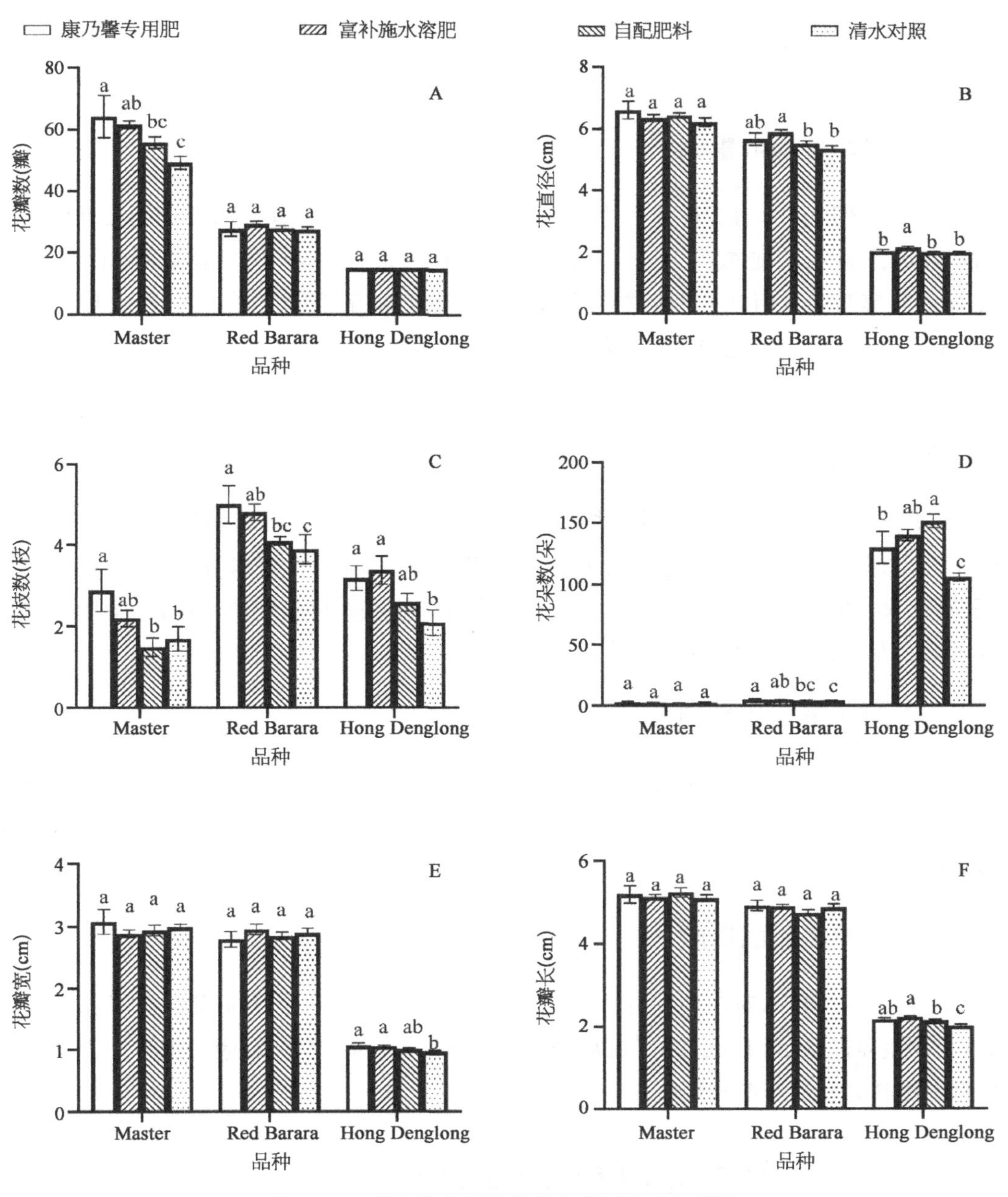

图 8-2 香石竹在不同肥料处理下的花朵指标

(不同小写字母表示不同处理在 0.05 水平上差异显著)

(二)对花直径的影响

由图8-2B可知,对3种香石竹经施肥处理后,'Master'的花直径表现为相差不大,均无显著性差异;'Red Barbara'和'Hong Denglong'的花直径在富补施水溶肥处理后花直径较大,康乃馨专用肥效果次之,自配肥料效果较差,与富补施水溶肥有显著性差异。

(三)对花枝数的影响

由图8-2C可知,对3种香石竹经施肥处理后,'Master'经康乃馨专用肥处理后花枝数最多,富补施水溶肥效果次之,自配肥料肥效果最差甚至不如清水对照组;'Red Barbara'经康乃馨专用肥处理后花枝数最多,富补施水溶肥次之,自配肥料处理结果最差;'Hong Denglong'经富补施水溶肥处理后花枝数最多,康乃馨专用肥次之,自配肥料处理结果最差。

(四)对花朵数的影响

由图8-2D可知,对3种香石竹经施肥处理后,'Master'的花朵数无显著性差异;'Red Barbara'的花朵数康乃馨专用肥处理后花朵数最多,富补施水溶肥次之,自配肥料处理后花朵数最少;'Hong Denglong'在自配肥料肥处理后花朵数最多,富补施水溶肥次之,康乃馨专用肥处理后花朵数最少。

(五)对花瓣宽的影响

由图8-2E可知,对3种香石竹经施肥处理后,'Master'和'Red Barbara'花瓣宽均无显著性差异;'Hong Denglong'在康乃馨专用肥、富补施水溶肥处理后花瓣较宽,自配肥料结果次之。

(六)对花瓣长的影响

由图8-2F可知,对3种香石竹经施肥处理后,'Master'和'Red Barbara'花瓣长均无显著性差异;'Hong Denglong'在富补施水溶肥处理后花瓣较长,康乃馨专用肥结果次之,自配肥料处理后花瓣长最短。

四、关于香石竹施用不同化肥效果的讨论

虽然市面上的化肥多种多样,但是不同植物所需要的元素比例不尽相同,这就可能导致化肥的不合理使用。如果长期使用不合理的化肥可能导致某一种或者几种元素积累,例如氮元素的过量会导致植株抗逆性降低、茎秆脆化,磷元素过量易生病害等(杨忠妍,

2020)，也有可能导致土壤 pH 值改变，甚至有可能阻碍植物的生长和发育(马凌云，2019)。不同生长时期的植株所需的化学元素也不尽相同(刘惠霞，等，2020)，要想利用最少的资源获得最大的收益就需要对化肥用量进行严格把控(李新华，等，2016)。花农在施肥时多凭借生产经验，缺乏理论指导。本实验探究了化肥在 3 种香石竹的生长和开花的不同促进作用，可为花农的施肥管理提供理论依据，为后续的大力推广、提高花农收入奠定理论基础。

对 3 个品种的香石竹施肥处理后，大多数性状的表现比清水对照要更加优秀；就 3 种不同肥料而言，康乃馨专用肥优于富补施水溶肥优于自配肥料；但是在‘Hong Denglong’品种的花朵数上，自配肥料好于其他肥料。‘Hong Denglong’上自配肥料甚至能影响花枝数的形成，推测可能是‘Hong Denglong’受自配肥料中的某元素的影响较大。

第九章

LED灯补光对香石竹生物学性状的影响

随着设施农业的发展，利用人工光源在设施内对农作物进行补光已经成为改善植物生长发育的一种重要的手段（杨其长，2008）。传统的植物生长光源包括荧光灯和高压钠灯等，这些光源具有能耗高、光电转化效率低及热光源等缺点。发光二极管（Light-emitting diode，LED）是一种新型的节能光源，具有体积小、低功耗、低发热量以及高亮度等优点，可以节省电能，降低运行成本，已被广泛应用于园艺设施内。

LED红蓝组合光与植物生长的光谱范围相吻合，可作为植物生长的光源。不同的光源对植物的生长效应不同，红光可促进植株地上部分的生长，同时抑制根系的生长（赵姣姣，等，2013a），蓝光有利于叶绿体发育、叶绿素形成和气孔开放等（Senger H，1982），LED红蓝组合光对幼苗的生长发育和提高光合作用具有重要作用（Kim，S J，et al.，2004；Lian M L，et al.，2002；Nhut D T，2002）。

香石竹是云南省的主要鲜切花之一，但香石竹生长周期长，从定植到开花需5～8个月，且花品质参差不齐。能否缩短的生长周期，提高花的品质是保证花农和花卉企业增产、增收的关键。随着工厂化育苗和工厂化栽培技术的建立，使用高效节能的LED光源进行植物的室内育苗及栽培的技术目前已被应用于百合（Lian M L，et al.，2002）、菊花（Kim S J，et al.，2004）、生菜（Stutte G W，et al.，2009）、莴苣（Li Q，et al.，2009）、黄瓜（Ménard C，et al.，2006）、番茄（Brazaitytė A，et al.，2010），而LED光源对香石竹生长发育的影响未见报道。

本文研究大棚设施内补充LED光源对香石竹生长发育的影响，为设施栽培补光技术提供理论和实验依据。

一、LED灯补光的方法

补充光源使用飞利浦LED顶光模组，温室补光，红光和蓝光比例为7∶3。LED光源到达叶片的光合光量子通量均为45 μmol/m^2·s。补光时间为早上6:00—9:00，下午18:00—21:00，持续补光6 h。

二、LED灯补光对香石竹幼苗的影响

香石竹植株打顶后1个月，侧芽待萌发，此时期测定香石竹生物学性状，目的是观察LED灯补光对香石竹插穗及植株生长的影响。测量发现，LED灯补光后，幼苗期大花香石竹'Master'、多头香石竹'Samba'和盆花香石竹'Menorca pink'在株高、叶片长度、叶片宽度、叶片数目、芽直径和芽的数目都比自然光照有所增加。如香石竹品种'Master'在LED灯补光和自然光照下的平均株高分别为11.95 cm和8.09 cm，两者有极显著差异；'Samba'在LED灯补光和自然光照下的平均株高分别为14.11 cm和8.23 cm，具极显著差异；'Menorca pink'在LED灯补光和自然光照下的平均株高分别为8.28 cm和6.51 cm，具极显著差异(图9-1A)。'Master'和'Samba'LED灯补光比自然光照叶片数量显著增加，而盆花香石竹品种'Menorca pink'在两种条件下叶片数量上无显著差异(图9-1B)。3个香石竹品种('Master''Samba'和'Menorca pink')在LED灯补光下比自然光照下叶片宽度和叶片长度显著增加(图9-1C和D)。'Master'在LED灯补光和自然光照下的平均芽的个数分别为3.0个和2.2个，'Samba'分别为3.13个和2.5个，'Menorca pink'分别为23.4个和15.5个，都具有显著差异(图9-1E)。'Master'在LED灯补光和自然光照下的平均芽的直径分别为0.55 cm和0.35 cm，'Samba'分别为0.42 cm和0.36 cm，'Menorca pink'分别为0.35 cm和0.3 cm，都具有极显著差异(图9-1F)。

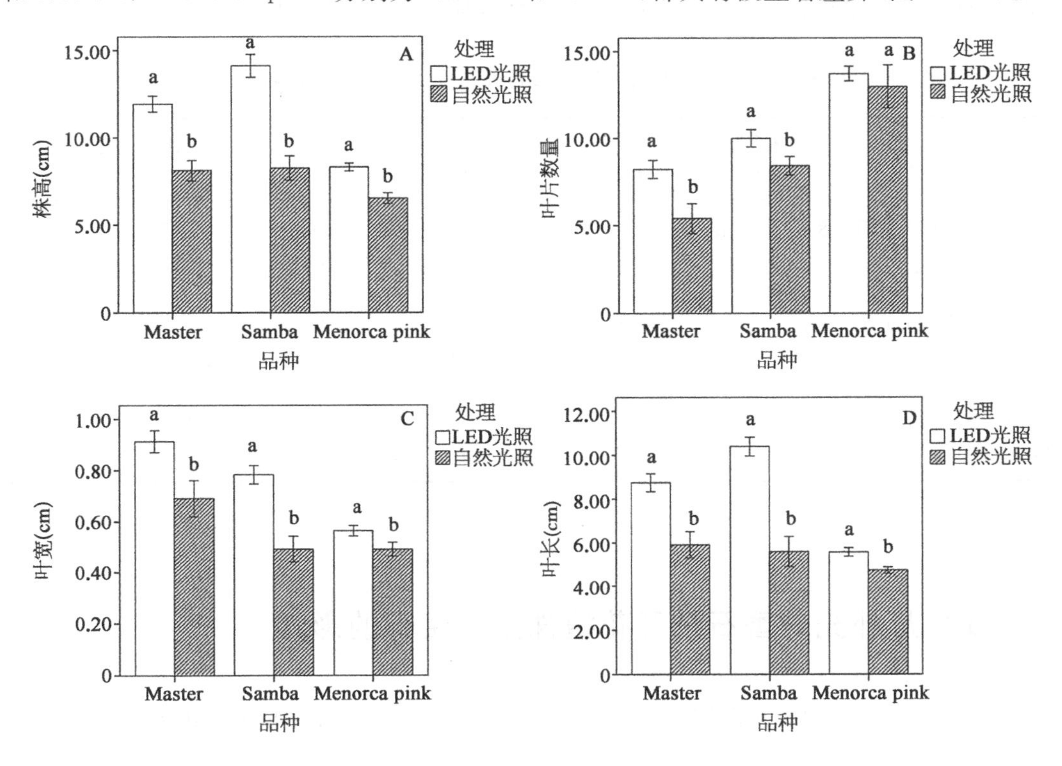

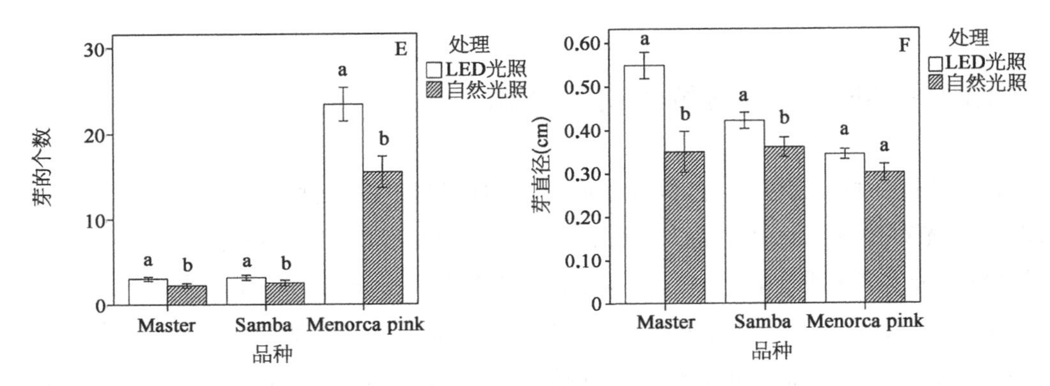

图 9-1　LED 灯补光对香石竹幼苗生物学性状的影响
（不同小写字母表示同一品种不同处理在 0.05 水平上差异显著）

三、LED 灯补光对香石竹开花植株营养生长的影响

由表 9-1 可见，在 LED 灯补光与自然光照下，大花香石竹'Master'开花株株高分别为 82.47 cm 和 74.4 cm，具有显著差异；而在茎粗、叶片长度、叶片宽度、叶片数目和芽的数目上无显著差异。多头香石竹'Samba'在 LED 灯补光与自然光照下，开花株株高分别为 97.18 cm 和 88.78 cm，具有显著差异；叶片数目分别平均为 32.47 个和 31 个，具有显著差异；而在茎粗、叶片长度、叶片宽度和芽的数目上无显著差异。盆花香石竹'Menorca pink'在 LED 灯补光与自然光照下叶片宽度有显著差异外，其余在营养器官性状上无显著差异。

表 9-1　LED 灯补光对香石竹开花株生物学性状的影响

品种	光照	株高（cm）	茎粗（cm）	叶片长度（cm）	叶片宽度（cm）	叶片数目（个）	芽的数目（个）
Master	LED 光照	82.47±0.81a	0.47±0.01a	16.26±0.21a	1.14±0.02a	28.33±0.17a	3.07±0.11a
	自然光照	74.4±1.08b	0.45±0.01a	15.83±0.17a	1.11±0.03a	28.4±0.27a	3.2±0.13a
Samba	LED 光照	97.18±1.14a	0.38±0a	10.87±0.11a	0.87±0.01a	32.47±0.16a	3.17±0.15a
	自然光照	88.78±0.92b	0.38±0.01a	10.98±0.23a	0.88±0.02a	31±0.33b	3.1±0.31a
Menorca pink	LED 光照	15.2±0.18a	0.22±0a	7.24±0.1a	0.79±0.01a	16.93±0.23a	31.63±0.68a
	自然光照	14.88±0.24a	0.22±0a	7±0.11a	0.72±0.01b	16.2±0.36a	29.7±1.01a

注：同列数据后不同小写字母表示 0.05 水平上的差异显著。

四、LED 灯补光对香石竹开花植株生殖生长的影响

由表 9-2 可见，在 LED 灯补光与自然光照下，大花香石竹'Master'的花蕾直径分别

为1.79 cm和1.67 cm，具有显著差异；而在蕾长、花蕾数量、花直径、花冠高、花瓣数、花瓣长和花瓣宽上无显著差异。多头香石竹'Samba'的花蕾个数在LED灯补光与自然光照下分别平均为6.33个和4.9个，有显著差异；其余花器官性状上无显著差异。盆花香石竹'Menorca pink'的花蕾个数在LED灯补光与自然光照下分别平均为3.2个和2.7个，有显著差异；花冠高分别为1.41 cm和1.23 cm，有显著差异；其余花器官性状上无显著差异。

表9-2　LED灯补光对香石竹花器官的影响

品种	光照	蕾径(cm)	蕾长(cm)	花蕾数量(枝)	花直径(cm)	花冠高(cm)	花瓣数(个)	花瓣长(cm)	花瓣宽(cm)
Master	LED光照	1.79±0.08a	2.95±0.19a	3.43±1.14a	6.75±0.26a	3.64±0.28a	68.33±8.73a	5.16±0.21a	3.07±0.28a
	自然光照	1.67±0.14b	2.83±0.27a	3.3±0.95a	6.58±0.23a	3.47±0.29a	68.3±6.83a	5.17±0.17a	2.99±0.19a
Samba	LED光照	1.11±0.05a	2.63±0.1a	6.33±1.15a	5.09±0.17a	2.42±0.19a	30.13±2.64a	4.89±0.11a	2.43±0.18a
	自然光照	1.1±0.05a	2.63±0.09a	4.9±0.88b	5.07±0.17a	2.36±0.16a	30±2.71a	4.86±0.1a	2.49±0.23a
Menorca pink	LED光照	0.48±0.03a	1.85±0.08a	3.2±0.66a	4.21±0.15a	1.41±0.23a	25.93±2.94a	3.65±0.1a	1.63±0.08a
	自然光照	0.47±0.03a	1.84±0.06a	2.7±0.48b	4.22±0.16a	1.23±0.14b	25.2±2.82a	3.51±0.21a	1.58±0.07a

注：同列数据后不同小写字母表示0.05水平上的差异显著。

五、LED灯补光对香石竹开花周期的影响

LED灯补光比自然光照使香石竹开花期提前，大花香石竹'Master'和多头香石竹'Samba'在LED灯补光下比仅自然光照开花期提15天，盆花香石竹'Menorca pink'载LED灯补光下比自然光照开花期提10天。

六、关于LED灯光照对香石竹生长发育影响的讨论

光可经过植物内环境，通过光受体的调节从地上部传到根系，并对植物生长发育进行调控(Sun Q，et al.，2005)，LED灯光照有利于植物幼苗的生长。花生苗期时采用LED

处理有利于幼苗的生长，花生的鲜重、干重、株高、根长以及总叶绿素含量增加（刘丹，2013）。LED灯人工补光对水稻秧苗的叶龄、茎基宽、叶面积、根长、根表面积和根体积有显著的促进作用（张喜娟，等，2014）。

香石竹主要是通过摘取侧芽进行营养繁殖，香石竹生产常用插穗，芽的质量和数量是扩大生产规模、提高效益的关键。本实验通过LED灯补光，发现大花香石竹、多头香石竹和盆花香石竹幼苗无论在株高、叶片长度、叶片宽度、叶片数目、芽直径和芽的数目方面，都比自然光照有所增加，芽的粗度增加和芽的数量增多，提高了香石竹插穗的质量。

LED灯光照有利于促进植物开花，如LED灯红蓝光有助于水培瞿麦生物量的累积以及促进瞿麦开花（赵姣姣，等，2013）。本实验发现LED灯补光可使香石竹花期提早，增加多头香石竹和盆花香石竹的花蕾数量，但对大花香石竹花蕾数量无显著影响，这说明强光照可促进多头香石竹和盆花香石竹的花芽数量的分化，而对大花香石竹花芽数量的分化无显著影响，可能的原因是强光可调控多头香石竹和盆花香石竹的花芽数量分化有关的基因，而不能影响大花香石竹花芽数量分化有关的基因，具体的原因还要进一步证实。

此外，LED灯补光还可以显著增加大花香石竹和多头香石竹开花株的株高，对盆花香石竹的株高无显著影响，这说明盆花香石竹株高受强光照的影响较小。LED灯补光无论对哪种类型的香石竹都不能显著增加花的大小。

第十章

香石竹 RNAi 载体的转化体系对转基因抗性芽分化的影响

香石竹(*Dianthus caryophyllus*)在花卉市场中占有重要地位(余义勋,等,2006)。随着经济和社会的发展,人们对花卉的需求量日益增大,对花卉的色、香、形等奇异的新品种的需求也日益强烈。在新品种育种中,转基因技术的高效、快捷、目标明确、性状稳定、育种年限短等特点相对于传统的育种手段有着较大的优势,是一种重要的育种手段。

正交试验设计和分析方法是目前最常用的工艺优化试验设计和分析方法,是部分因子设计的主要方法。正交试验以概率论、数理统计和实践经验为基础,利用标准化正交表安排试验方案,并对结果进行计算分析,最终迅速找到优化方案,是一种高效处理多因素优化问题的科学计算方法(刘瑞江,等,2010)。在香石竹转基因体系建立中,通过正交试验加快了试验效率,得到了令人满意的结论,通过较少的试验得到了较大的试验成果。

基因工程是通过对 DNA 的克隆、加工、修饰,将分离得到或是外源重组的 DNA 片段整合到载体中,再由载体将其导入到宿主细胞中,使其扩增、翻译和表达的过程。自 20 世纪 70 年代以来,分子遗传学的发展和 DNA 重组技术的兴起发展了微生物和动物的基因工程,继而用到植物上,发展了植物基因工程。植物基因工程,又称植物遗传工程(plant genetic engineering)、植物遗传转化(plant genetic transformation)等,是指利用 DNA 重组(DNA recombination)、细胞组织培养等技术,将外源基因导入植物细胞或组织,进而获得转基因植株的技术方法。由于植物细胞的全能性和比较完善的植物组织培养技术,以及植物细胞基因转化系统的建立,以改良作物、创造新品种为战略目标的植物基因工程向人们展示了崭新的前景,预示着这一技术在未来的农业生产上将显示出巨大的经济效益。

减数分裂是真核生物有性生殖中重要的组成部分,在减数分裂中细胞的倍性被减为二分之一,再通过受精作用使细胞恢复倍性。减数分裂相对于有丝分裂,同样都是复制一次 DNA 的过程,细胞周期素依赖性激酶同样在这两种生命活动中大量分泌,但最为关键的因素在于 APC/C(后期促进复合物)的形成,它可以促使有丝分裂的完成。在单细胞真菌、非洲爪蟾和老鼠的卵母细胞中发现,APC/C 是关键的细胞周期修饰物,同时作用于有丝分裂和减数分裂(Pesin J A, et al., 2008)。*OSD1* 基因家族是在拟南芥中发现的,拟南芥 *OSD1*(At3g57860)基因是有丝分裂 APC/C 的抑制剂,*OSD1* 突变能导致 2n 配子的形成。2n 配子在花卉多倍体育种起重要作用。利用转基因技术，可沉默与 2n 配子形成相关的 *OSD1* 基因，培育可高频产出 2n 配子的种质，为香石竹多倍体育种打下基础。

本研究利用已构建的香石竹 *OSD1* 基因 RNAi 载体，通过农杆菌介导的方法，揭示了乙酰丁香酮（Acetosyringone，AS）浓度、预培养的时间、菌液浓度、浸染时间及共培养时间对香石竹抗性芽分化的影响，并对其进行了优化，建立了香石竹最佳转基因再生体系，为香石竹遗传育种打下基础。

一、正交试验设计法选择最佳试验条件

选定了影响转基因抗性再生植株频率的 5 个因素：预培养时间、AS 终浓度、共培养时间、菌液浓度、侵染时间，选用 $L_{18}(3^7)$ 正交表，绘制了因素水平表（表 10－1）。

表 10－1　正交试验设计 $L_{18}(3^7)$

试验号	预培养时间（天）	AS 终浓度（mg/L）	共培养时间（天）	菌液浓度（OD_{600}）	侵染时间（min）
1	2	10	3	0.3	10
2	2	20	4	0.5	20
3	2	30	5	0.8	30
4	3	10	3	0.5	20
5	3	20	4	0.8	30
6	3	30	5	0.3	10
7	4	10	4	0.3	30
8	4	20	5	0.5	10
9	4	30	3	0.8	20
10	2	10	5	0.8	20
11	2	20	3	0.3	30
12	2	30	4	0.5	10
13	3	10	4	0.8	10
14	3	20	5	0.3	20
15	3	30	3	0.5	30
16	4	10	5	0.5	30
17	4	20	3	0.8	10
18	4	30	4	0.3	20

二、农杆菌介导的转基因方法

(一) 预培养

配置MS培养基,加入终浓度为0.22 mg/L的TDZ和0.5 mg/L的NAA作为香石竹'Nogalte'外植体的预培养培养基。在超净工作台中操作,切下香石竹茎尖部分约1 cm的两小段(去掉茎尖生长点之后)外植体,放入配好的培养基中,分别标记好试验号,每个试验设置3个重复,每个重复中放置10个外植体,以便观察统计。依据不同的试验组合,放入组培室中,在23℃光照条件下分别培养2～4天。

(二) 菌液配置

将*OSD1*基因的RNAi干扰载体导入农杆菌EHA105菌株,吸取1 μL的菌液至50 μL的YEB液体培养基中并加入KM(终浓度为50 mg/L),分别放入摇床中,在28℃、200 r/min条件下分别培养约12 h、24 h、40 h,经过紫外分光光度计测试得到OD_{600}=0.3、OD_{600}=0.5、OD_{600}=0.8,作为3种新鲜菌液。

(三) 侵染

在超净工作台上将预培养结束的外植体取出,放入10mL的离心管中,分别加入根据试验组合得到的OD_{600}=0.3、OD_{600}=0.5、OD_{600}=0.8的3种菌液,侵染10～30 min(在摇床中,28℃、80 r/min条件下进行)。

(四) 共培养

配置MS培养基,加入终浓度为0.22 mg/L的TDZ、0.5 mg/L的NAA和AS终浓度10～30 mg/L的培养基作为共培养培养基。在超净工作台中将浸染完成的外植体从离心管中取出,先在吸水纸上将多余的农杆菌菌液吸干,再根据试验组合放入不同AS浓度的共培养培养基中。标记好试验号,依据不同试验组合,在培养箱23℃暗条件下,分别培养3～5天,以方便观察、记录和统计。

(五) 筛选培养

配置MS培养基,加入0.22 mg/L的TDZ、0.5 mg/L的NAA和50 mg/L的KM作为筛选培养培养基。在超净工作台中将共培养完成的香石竹外植体接入筛选培养培养基中,放入组培室,在23℃条件下继续培养,标记试验号,继续观察统计试验结果。

三、香石竹农杆菌浸染实验结果

采用 SPSS 20.0 软件统计香石竹外植体分化形成的愈伤组织数、愈伤组织的状态、愈伤组织分化形成的植株数和分化植株的状态，结果见表 10－2 和图 10－1。

表 10－2 香石竹外植体形成愈伤组织、分化植株的数量及状态

编号	外植体数	愈伤组织形成率(%)	愈伤组织形成分化植株率(%)	分化植株数	愈伤组织状态	分化植株状态
1	25	100±0ab	38.61±21.74abcd	30.55±8.29abc	黄绿色疏松	绿色正常、绿色玻璃化
2	26	81.82±18.18ab	52.38±30.28abcd	29.78±11.44abcd	黄绿色疏松	绿色玻璃化且边缘褐化
3	30	93.94±6.06ab	63.70±17.96ab	14.44±2.66cd	黄绿色疏松	绿色玻璃化且边缘褐化
4	19	100±0ab	37.14±7.56abcd	28.14±5.66abcd	黄绿色疏松	绿色玻璃化且边缘褐化
5	23	87.5±7.22ab	38.10±43.64abcd	20.13±7.61bcd	黄色、黄绿色疏松	绿色玻璃化
6	28	86.67±13.33ab	44.44±19.25abcd	20.08±7.10bcd	黄绿色疏松	绿色玻璃化
7	28	100±0ab	38.89±9.62abcd	29.27±4.79abcd	黄绿色疏松	绿色玻璃化
8	28	90±10.00ab	58.73±13.75abc	31.22±8.06abc	黄绿色疏松	绿色玻璃化
9	24	100±0ab	16.67±5.56d	33.5±12.76abcd	黄绿色疏松	绿色玻璃化
10	18	100±0ab	21.25±12.37cd	19±6.82bcd	黄绿色疏松	绿色玻璃化
11	27	80.95±19.05ab	23.33±20.82cd	33±10.92abc	黄色、黄绿色疏松	绿色玻璃化
12	24	52.05±15.14bc	73.33±23.09a	38.13±9.02ab	黄绿色疏松	绿色玻璃化
13	19	71.85±8.15ab	16.67±28.87d	55±25.32a	黄色、黄绿色疏松	绿色玻璃化
14	27	22.22±22.22c	12.5±17.68d	1.67±1.67d	黄绿色疏松	绿色玻璃化
15	25	85±7.64ab	35.32±27.67bcd	27±8.66abcd	黄绿色疏松	绿色玻璃化
16	20	85.71±14.29ab	51.25±15.91abcd	18±6.29bcd	黄绿色疏松	绿色玻璃化
17	19	100±0ab	42.22±23.41abcd	15.25±4.43cd	黄绿色疏松	绿色玻璃化
18	23	91.67±22.93ab	41.11±8.39abcd	19.83±6.27bcd	黄绿色疏松	绿色玻璃化

注：不同小写字母表示不同处理在 0.05 水平上差异显著。

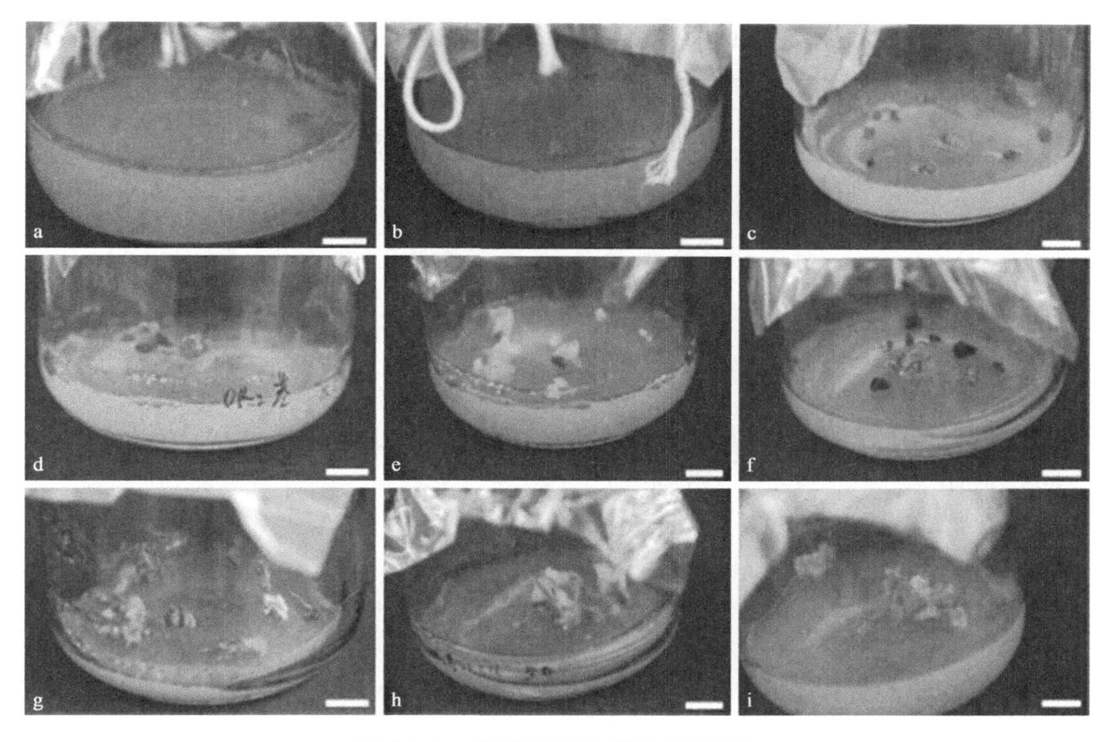

图 10 - 1　转基因香石竹抗性芽的再生

(a. 刚开始筛选的外植体；b. 外植体开始膨大；c. 黄色疏松愈伤组织；d. 黄绿色疏松愈伤组织；e. 黄绿色愈伤组织开始分化植株；f. 绿色正常分化植株；g. 白化和绿色玻璃化的分化植株；h. 绿色玻璃化且边缘褐化的分化植株；i. 绿色玻璃化分化植株。标尺＝1 cm)

由图 10 - 1 可见，将经农杆菌浸染的外植体放入筛选培养基上(图 10 - 1a)，2～5 天后，外植体开始膨大(图 10 - 1b)，形成黄色或黄绿色疏松愈伤组织(图 10 - 1c、d)；20 天左右后，黄绿色愈伤组织开始形成分化植株(图 10 - 1e)，有些分化植株为正常的绿色植株(图 10 - 1f)，有些植株出现玻璃化和白化现象(图 10 - 1g)，少数植株叶片边缘出现褐化现象(图 10 - 1h)，大多数植株都呈现玻璃化状态(图 10 - 1i)。

由表 10 - 2 可见，香石竹茎尖愈伤组织形成百分率很高，最高可达 100%，最低为 22.22%，愈伤组织形成分化植株的比例从 12.5%至 73.33%，每个愈伤组织形成分化植株数从 1.67～55 棵。其中，12 号处理愈伤组织形成分化植株比例最高，13 号处理每个愈伤组织形成分化植株数最多，刚分化出来的愈伤组织大多数为黄绿色疏松的胚性愈伤组织，由愈伤组织分化的植株大多数呈玻璃化状态。

四、香石竹农杆菌浸染的最佳条件

影响香石竹农杆菌浸染试验结果的试验因素主要为预培养时间、AS 终浓度、共培养时间、菌液浓度、侵染时间，见表 10 - 3。

表 10-3 各试验因素对试验结果的影响

影响因素	处理	愈伤组织形成率(%)	愈伤组织形成分化植株率(%)	分化植株数
预培养时间(天)	2	83.74±7.87a	36.27±5.43a	25.89±3.25a
	3	78.26±7.91a	26.76±5.27a	23.87±3.87a
	4	94.03±2.69a	39.81±5.32a	24.53±2.77a
AS 终浓度(mg/L)	10	92.51±5.29a	32.10±5.40a	28.42±3.39a
	20	79.96±7.88a	35.31±6.24a	24.27±3.78a
	30	83.55±7.11a	35.43±5.86a	22.61±2.81a
共培养时间(天)	3	94.86±3.25a	31.97±4.37a	27.49±3.40ab
	4	77.92±7.21a	32.06±4.42a	29.78±3.80a
	5	83.24±80.5a	38.81±7.68a	18.66±2.58b
菌液浓度(OD_{600})	0.3	83.93±8.36a	31.32±4.52a	25.08±3.26a
	0.5	80.64±7.03a	39.59±3.77a	29.11±3.51a
	0.8	91.45±5.08a	31.93±7.79a	20.4±3.02a
侵染时间(min)	10	82.24±8.00a	36.85±6.06a	28.43±3.63a
	20	84.43±9.04a	26.88±4.81a	24.21±4.01a
	30	89.36±2.50a	39.11±5.19a	22.14±2.48a

注：不同小写字母表示不同处理在 0.05 水平上差异显著。

1. 预培养时间　预培养 4 天，愈伤组织形成百分比和愈伤组织形成分化植株百分比最高；分化植株数为预培养 2 天最高，预培养 2 天、3 天和 4 天无显著差异。综合考虑，应选择预培养 4 天为最佳预培养天数。

2. AS 终浓度　AS 终浓度为 10 mg/L 时愈伤组织形成百分比和分化植株数最高，AS 终浓度为 30 mg/L 时愈伤组织形成分化植株百分比最高，从愈伤组织形成分化植株百分率的角度来看，共培养时应选择 AS 终浓度为 30 mg/L 为宜。

3. 共培养时间　共培养时间为 3 天时，愈伤组织形成百分比最高，共培养时间为 5 天时，愈伤组织形成分化植株百分比最高，共培养时间为 4 天时，愈伤组织形成分化植株数最高，从愈伤组织形成分化植株百分率的角度来看，应共培养 5 天为宜。

4. 菌液浓度　菌液浓度 OD_{600}=0.8 时，愈伤组织形成百分比最高，菌液浓度 OD_{600}=0.5 时，愈伤组织形成分化植株百分率和愈伤组织形成分化植株数最高，综合考虑，应选择菌液浓度 OD_{600}=0.5 为最佳农杆菌浸染的浓度。

5. 侵染时间　侵染时间为 30 min 时，愈伤组织形成百分比和愈伤组织形成分化植株百分率最高，侵染时间为 10 min 时，愈伤组织形成分化植株数最高，综合考虑，应选择菌液侵染时间 30 min 为最佳浸染时间。

五、关于香石竹农杆菌浸染实验的讨论

(一) 香石竹转化条件的筛选

预培养在提高植物的遗传转化率中发挥重要作用，预培养有利于促进植物创伤口处的细胞分裂，分裂状态的细胞更容易整合外源 DNA，从而提高外源基因的瞬时表达和转化率。在根癌农杆菌介导的 ACC 氧化酶基因转化香石竹幼叶的研究中，最佳转化条件是预培养 2 天(余义勋，2004)。Kanwar 和 Kumar(2011)试验表明预培养 4 天是外植体分化愈伤组织的最佳组合。本试验揭示预培养 4 天为香石竹农杆菌浸染的最佳预培养时间。

农杆菌和外植体共培养是整个转化过程中非常重要的环节，它决定着植物细胞与农杆菌是否相互作用。农杆菌附着、T-DNA 的转移及外源基因的整合都在共培养时期进行。前人的研究表明共培养时间为 3～4 天(Zhang X, et al., 2021)，本试验揭示 5 天为香石竹农杆菌浸染的最佳共培养时间。

共培养是 Ti 质粒实现 T-DNA 转化的时期，乙酰丁香酮(AS)对 Vir 区基因的活化具有重要作用。本实验经过测定，得出在添加 30 mg/L AS 的培养基中共培养，能取得较高的抗性植株百分率。

农杆菌的浸染时间及菌液浓度对转化起着非常重要的作用。浸泡时间太短，农杆菌尚未接种到伤口面，在培养时无农杆菌生长，不能转化。如果外植体在菌液中浸泡时间太长，容易造成污染，故要选择合适的农杆菌的浓度及浸染时间。本实验得出菌液浓度 $OD_{600}=0.5$、侵染时间 30 min，为香石竹农杆菌浸染的最佳条件。

(二) 材料的选择

香石竹再生体系多选用叶片为外植体，而本实验以茎尖作为外植体能获得较高的再生率，叶片为外植体获得再生植株的数量少，可能是因为顶芽主要是由分生组织构成的，是由未分化的细胞构成的细胞群体，所以分裂速度快，能直接通过器官发生途径产生完整植株，免去了脱分化和再分化的复杂过程，这样就避免了由这些复杂过程引发的突变及不正常株形的产生。但是以茎尖作为外植体也存在着不利因素，由于农杆菌的 T-DNA 不能保证转化全部植物细胞，所得到的转基因植株有可能是完全转化的植株，也有可能是部分转化的嵌合体植株，而嵌合体是不具有遗传功能的，只能通过后期观察再进行筛选。

(三) 再生植株玻璃化的防治

香石竹再生植株绝大多数会出现玻璃化，可能是由于愈伤组织诱导的植株激素水平过高。可将再生植株接入激素水平较低的繁殖培养基中，经过 2～3 轮的培养，可将玻璃化苗培养成正常的绿色植株。

第十一章

香石竹 *DcPS1* 基因克隆和表达分析

减数分裂是一个连续的过程，由多基因调控，大多数基因是显性基因（Baker B S, et al., 1976; Kaul M, et al., 1985），这些基因发生突变可能更改减数分裂过程，从而导致 2n 花粉的产生。Maizonnier(1976)报道，2n 花粉的发生由单个隐性等位基因调控，而等位基因的表达由其他数个微效基因调控。而近来研究表明，与减数分裂过程相关的 *PS1* 基因产生突变，将导致 2n 花粉的产生（d'Erfurth I, et al., 2010; d'Erfurth I, et al., 2008）。

前人在拟南芥的研究中发现 *PS1* 基因在第二次减数分裂中控制纺锤体的方向，*PS1* 基因突变是形成 2n 配子的主要原因。65%以上的 2n 花粉由 *PS1* 基因发生突变产生，在后代产生三倍体植株（d'Erfurth I, et al., 2008）。拟南芥 *PS1* 基因包含 7 个外显子和 6 个内含子，编码 1 477 个氨基酸，N 端具有 FHA 结构域，C 端具有 PINc 结构域（d'Erfurth I, et al., 2008）。FHA 结构域与细胞内的信号转导、细胞周期调控、转录、DNA 修复及蛋白降解有关（Durocher D, et al., 2002）；PINc 结构域与核糖核酸酶活性、RNA 衰亡有关（Clissold P M, et al., 2000）。De Storme N 等(2011)在拟南芥研究中发现，*JASON* 基因通过调控 PS1 基因的转录水平来调节纺锤体的结构，*JASON* 基因的突变导致 *PS1* 基因表达水平下降，这与 2n 配子形成密切相关。对土豆中 *PSLike*(*PSL*)基因的研究表明，ps/ps 基因型能形成 FDR－CO 型(First-division restitution with crossover)2n 配子，能传递亲本 80%左右的杂合性（Buso J, et al., 1999）。纯合的 ps/ps 基因突变，在第二次减数分裂中产生平行纺锤体和三极纺锤体，导致 2n 花粉的产生（Peloquin S J, et al., 1999）。目前，2n 配子形成的分子遗传学机制研究才刚刚起步（Ravi M, et al., 2008; De Storme N, et al., 2011），香石竹 2n 配子形成的分子遗传机制还不清楚，这些不确定的因素，延缓了我们对 2n 配子形成机制的认识，限制了 2n 配子在香石竹育种中的应用。

香石竹研究表明纺锤体方向异常是导致 2n 花粉形成的原因之一，拟南芥研究表明第二次减数分裂时期控制纺锤体方向的是 *PS1* 基因。本文以产生 2n 花粉频率不同的 7 个香石竹二倍体品种‘Promesa’‘Guernse Yellow’‘YunhongErhao’‘Red Barbara’‘L. P. Barbara’‘Nogalte’和‘Arevalo’为材料，克隆香石竹 *DcPS1* 基因全长 cDNA 序列，分析其序列特征、时空表达，揭示 *DcPS1* 基因的表达水平与 2n 配子产生频率的关系。

一、*DcPS1* 基因全长 cDNA 序列克隆

通过同源克隆的方法，扩增出 239 bp 的中间片断(图 11－1A)，利用 hiTail-PCR 分段克隆了 *DcPS1* 基因的 1 201 bp 的 5′端侧翼序列(图 11－1B)，接着利用巢式 PCR 技术，在已克隆的 1 201 bp 的 5′端侧翼序列的基础上，继续克隆了 *DcPS1* 基因的 1 555 bp 的 5′端侧翼序列(图 11－1C)，采用 Race 技术，分别克隆 *DcPS1* 基因 cDNA 5′和 3′全长序列(图 11－1D、E)，最后以 5′和 3′端设计引物扩增 *DcPS1* 基因 cDNA 全长(图 11－1F)。

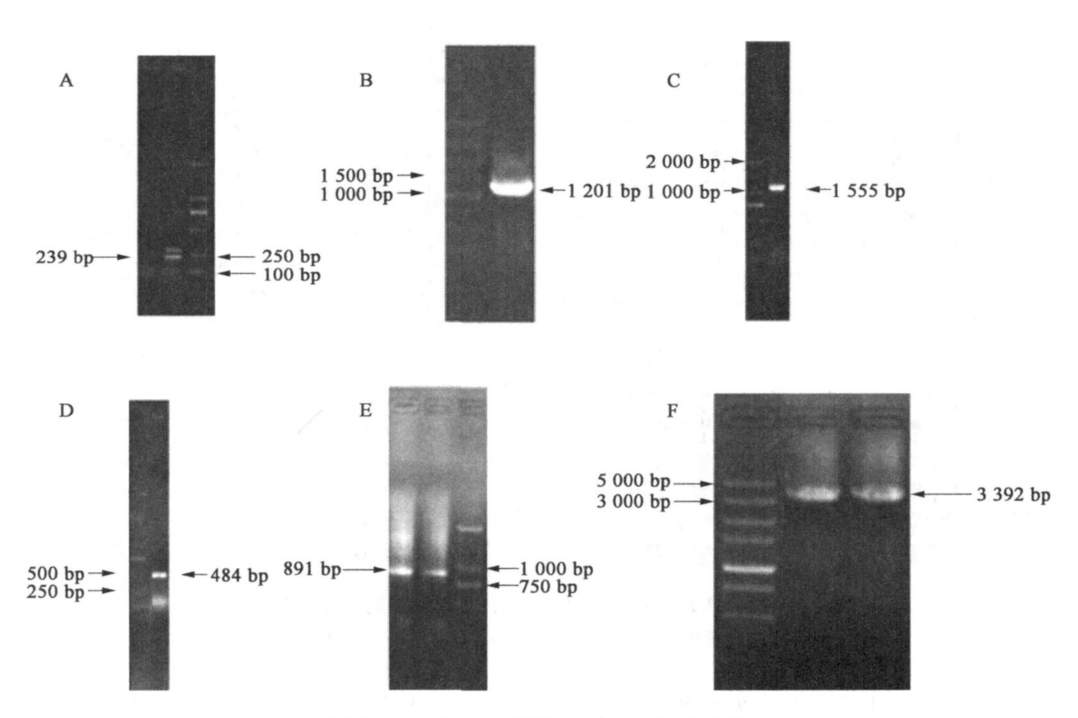

图 11－1　*DcPS1* 基因全长 cDNA 的克隆

(A. *DcPS1* 基因同源片断的克隆；B. 采用 hiTail-PCR 技术克隆 *DcPS1* 基因 5′侧翼序列；C. 采用巢式 PCR 技术克隆 *DcPS1* 基因 5′侧翼序列；D. *DcPS1* 基因 3′Race PCR 扩增产物；E. *DcPS1* 基因 5′Race PCR 扩增产物；F. *DcPS1* 基因全长 cDNA 的克隆)

二、*DcPS1* 基因序列比对及进化分析

DcPS1 基因的全长 cDNA 序列有 3 534 bp，GenBank 登录号为 KR013247。序列分析表明，其核苷酸序列包含 1 个 153 bp 的 5′－UTR，1 个 3 231 bp 的 ORF，1 个 147 bp 的 3′－UTR。该基因在 154～156 位为起始密码子 ATG，下游有终止密码子 TAA 和 polyA 尾(图 11－2)。

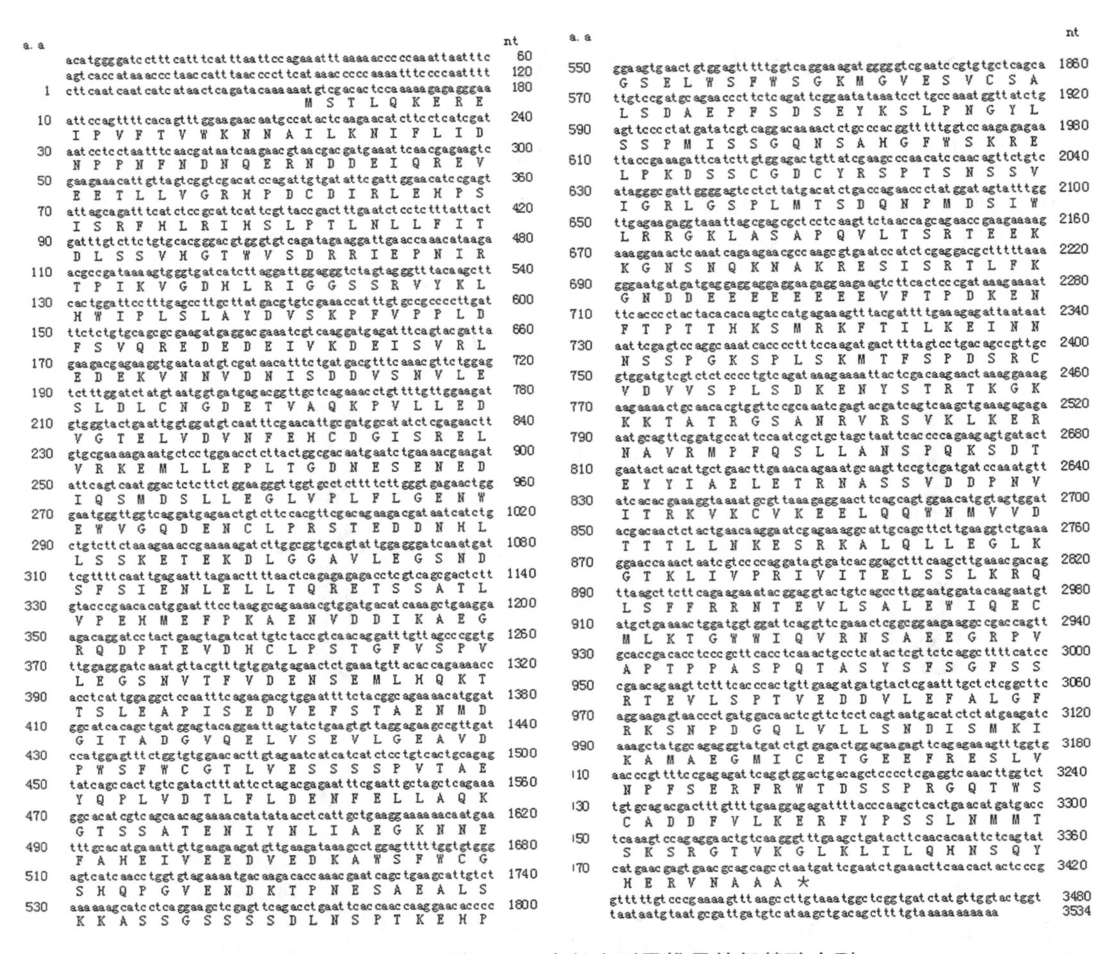

图 11-2 *DcPS1* 的 cDNA 全长序列及推导的氨基酸序列

（开放阅读框包含 3 231 bp 的序列，编码 1 077 个氨基酸）

DcPS1 基因 cDNA 序列编码 1 个包含 1 077 个氨基酸的蛋白质，该蛋白质的大小为 264.555 kDa。在 52～129 氨基酸处具有 FHA 结构域，846～1 002 氨基酸处具有 PINc 结构域（图 11-3A）。通过构建了 *PSL* cDNAs 的系统进化树，我们发现香石竹与马铃薯有较近的亲缘关系（图 11-3B）。

三、*DcPS1* 基因表达分析

（一）观察小孢子的发育

压片法和石蜡切片法观察表明，0.9～1.2 cm 的花蕾（Stage 1、2）处于小孢子母细胞发育时期；1.3～1.4 cm 的花蕾（Stage 3）处于小孢子减数分裂时期；1.5～1.6 cm 的花蕾（Stage 4）处于四分体时期；1.7～2.4 cm 的花蕾（Stage 5～8）是花粉逐渐成熟时期（图 11-4）。

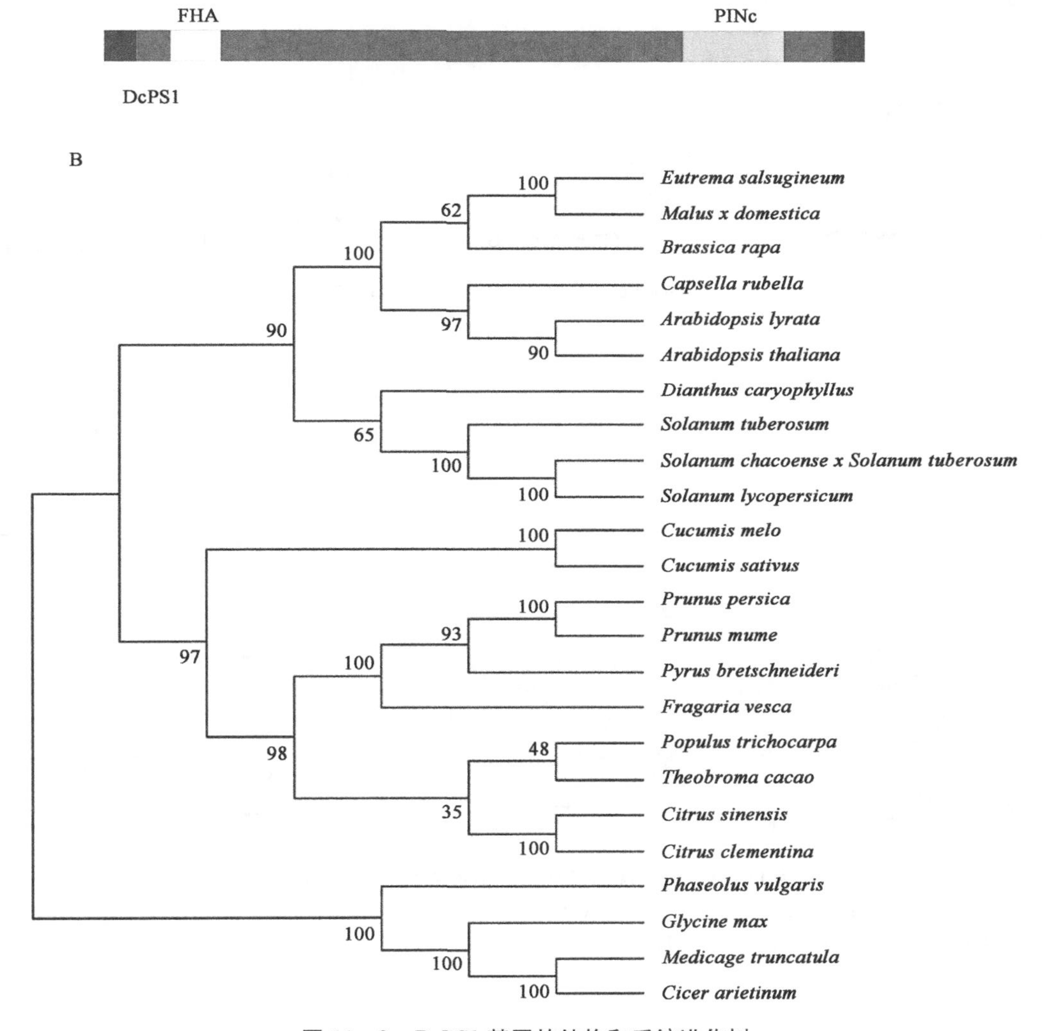

图 11-3　*DcPS1* 基因的结构和系统进化树

(A: *DcPS1* 基因结构,首尾部分为 UTRs 序列,FHA 和 PINc 结构已标注,其余为外显子序列。B: *PSL* cDNAs 系统进化树)

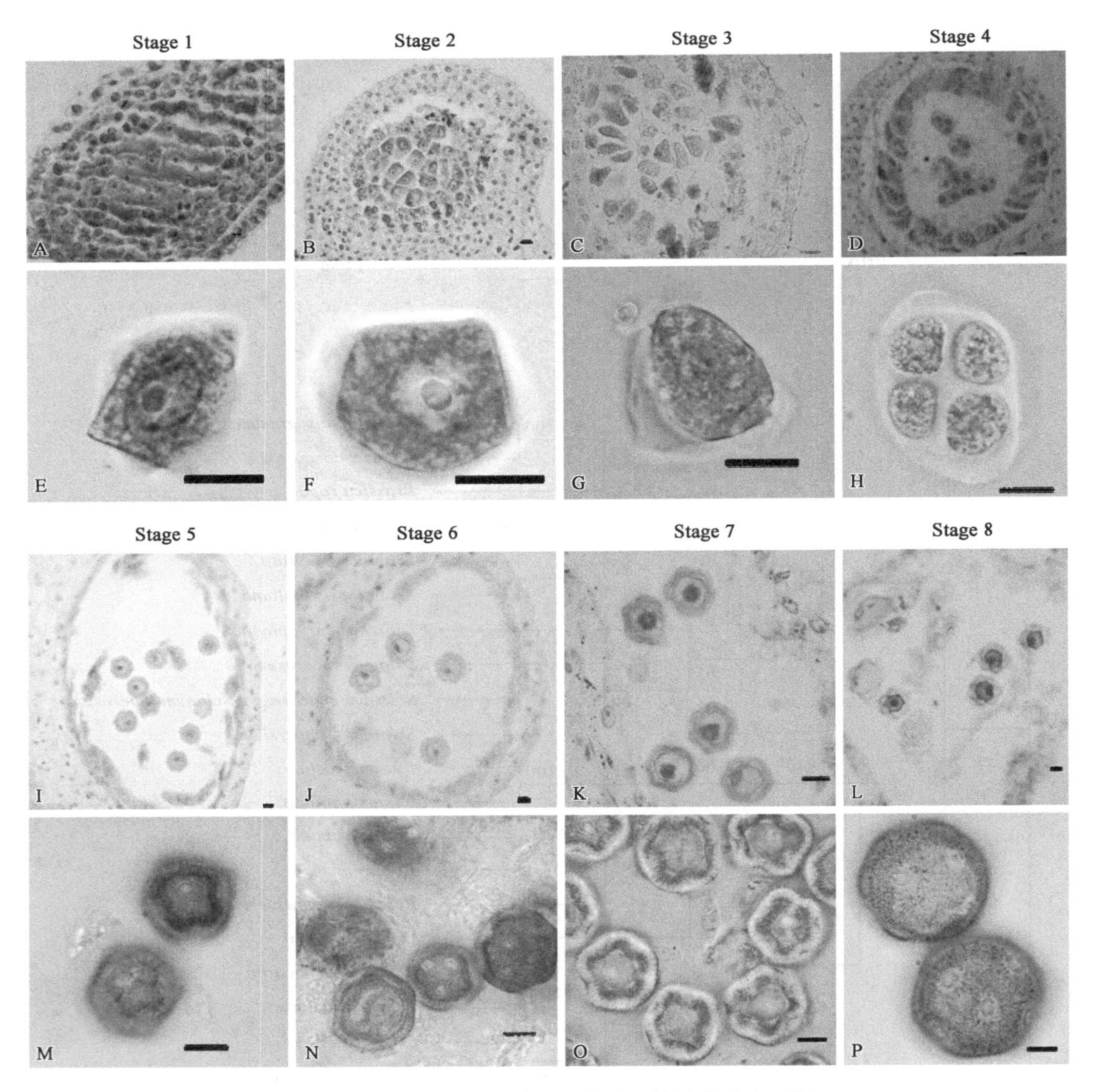

图 11-4 切片法和压片法观察香石竹花药发育时期

[A～D 和 I～L. 切片法；E～H 和 M～P. 压片法；A、B、E、F. 小孢子母细胞时期(Stage 1～2)；C、G. 减数分裂时期(Stage 3)；D、H. 四分体时期(Stage 4)；I～P. 成熟花粉(Stage 5～8)。标尺＝10 μm]

(二) qPCR 分析 *DcPS1* 基因表达情况

1. *DcPS1 基因在香石竹花蕾及其他组织的表达情况* 采用实时定量荧光 PCR，对'Promesa'和'YunhongErhao'2 个品种花蕾不同发育时期和不同组织部位 *DcPS1* 基因的表达进行分析，发现 *DcPS1* 基因在花蕾、根、茎、叶及子房中均有表达，其中'Promesa'在 Stage 2 中表达最高，Stage 2 的 *DcPS1* 基因表达量与其他时期相比均有显著差异，此时花蕾处于花粉母细胞时期(图 11-5A)；'YunhongErhao'在 Stage 3 中表达量高(图 11-5B)，

Stage 3 的 *DcPS1* 基因表达量与其他时期相比均有显著差异，此时花蕾处于减数分裂时期，暗示 *DcPS1* 基因可能与减数分裂有关；此外，2 个香石竹品种 *DcPS1* 基因在子房中表达量高，揭示 *DcPS1* 基因可能参与子房的发育。

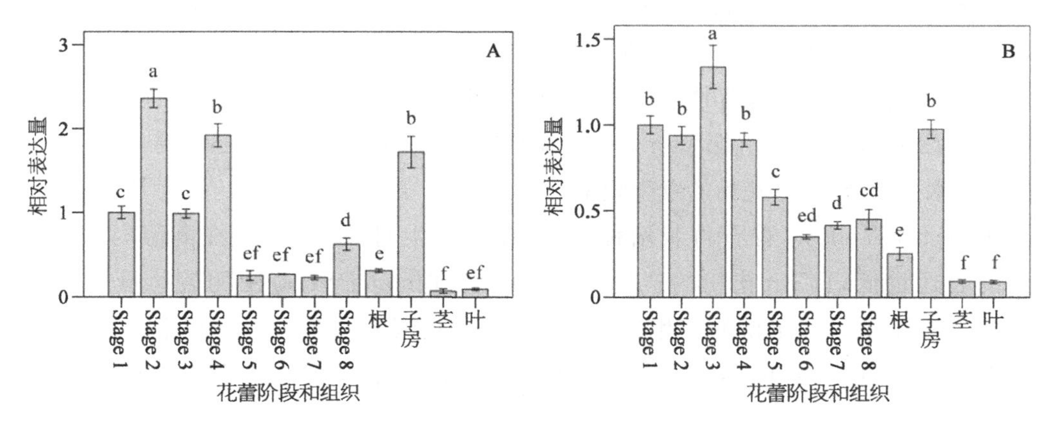

图 11－5　*DcPS1* 基因在花蕾和其他组织的表达情况

（A. 香石竹栽培种'Promesa'；B. 香石竹栽培种'YunhongErhao'。数值为 3 个重复的均值±标准误。不同字母表示差异显著，$p \leqslant 0.05$）

2. 不同香石竹品种 *DcPS1* 基因的表达情况及与 2n 花粉形成的相关性　采用荧光定量 PCR 技术对不同 2n 花粉产生频率的香石竹品种'Promesa''Guernse Yellow''YunhongErhao''Red Barbara''L. P. Barbara''Nogalte'和'Arevalo'进行 *DcPS1* 基因的表达分析。发现'Promesa'2n 花粉产生频率低（图 11－6A），*DcPS1* 基因表达量高（图 11－6B）；而'Red Barbara'和'Guernse Yellow'*DcPS1* 基因表达量低（图 11－6B），2n 花粉产生频率高（图 11－6A）；'Arevalo'*DcPS1* 基因表达量较低（图 11－6B），2n 花粉产生频率较高（图 11－6A）；这 4 个品种 *DcPS1* 基因的表达量与 2n 花粉产生频率成反比，揭

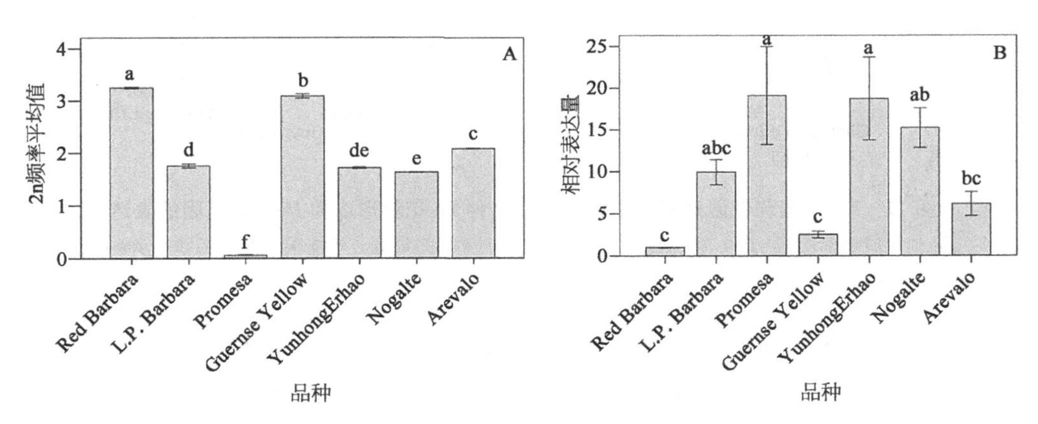

图 11－6　*DcPS1* 基因的表达及与 2n 花粉形成相关

（A. 2n 花粉形成频率；B. *DcPS1* 基因的表达。数值为 3 个重复的均值±标准误。不同字母表示差异显著，$p \leqslant 0.05$）

示了 *DcPS1* 基因表达量可调控 2n 花粉产生频率。而'L. P. Barbara''YunhongErhao'和'Nogalte'*DcPS1* 基因的表达量与 2n 花粉产生频率并不成反比关系，提示可能有其他基因参与调控 2n 花粉产生频率。

3. 温度影响 *DcPS1* 基因的表达情况及与 2n 花粉形成的相关性　'Promesa'香石竹栽培种 2n 花粉的产生对低温敏感，在低温时，2n 花粉的产生率高，而 *DcPS1* 基因的表达量低；在高温时，*DcPS1* 基因的表达量高，而 2n 花粉的产生率低；2n 花粉的产生频率与 *DcPS1* 基因表达量成反比(图 11－7)。可能是在不同的温度条件下，通过调节 *DcPS1* 基因的表达水平来调控 2n 花粉的发生频率。

'Guernse Yellow'香石竹栽培种 2n 花粉的产生对高温敏感，在高温时，*DcPS1* 基因的表达量低，而 2n 花粉的产生率高；在低温时，*DcPS1* 基因的表达量高，而 2n 花粉的产生率低；2n 花粉的产生频率与 *DcPS1* 基因表达量成反比(图 11－7)。可能是在不同的温度条件下，通过调节 *DcPS1* 基因的表达水平来调控 2n 花粉的发生频率。

'YunhongErhao'香石竹栽培种 2n 花粉的产生对高温敏感，在高温时，*DcPS1* 基因的表达量高，2n 花粉产生频率高；在低温时，*DcPS1* 基因的表达量低，2n 花粉产生频率低(图 11－7)。可能是由于除了 *DcPS1* 基因控制 2n 花粉产生频率，还有其他的途径也可调控 2n 花粉产生频率。

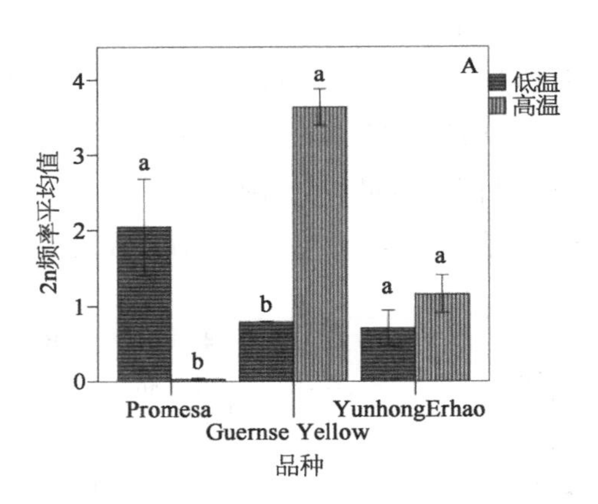

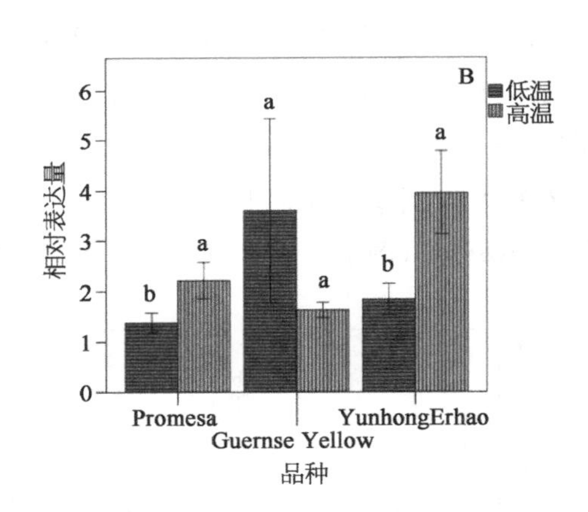

图 11－7　高温和低温影响 3 个香石竹栽培种 2n 花粉形成和 *DcPS1* 基因的表达

(A. 2n 花粉形成频率；B. *DcPS1* 基因的表达。数值为 3 个重复的均值±标准误。不同字母表示差异显著，$p \leqslant 0.05$)

总之，*DcPS1* 基因可能参与减数分裂的过程，可能与 2n 花粉的形成有关；部分香石竹栽培种可能通过调节 *DcPS1* 基因的表达来调控 2n 花粉的形成；不同品种香石竹对温度的敏感度不同，有的对低温敏感，有的对高温敏感，在香石竹育种上可以通过调控温度来调节 2n 花粉产生频率。

四、关于 *DcPS1* 基因表达量及 2n 配子形成的讨论

(一) *DcPS1* 基因在花蕾的减数分裂时期和子房中有很高的表达

DcPS1 蛋白在整个植物界是保守的，包含 FHA 和 PINc 结构域，FHA 结构域在 N 端 (CD-search：52 – 129 aa，E-value 4.94e – 17)，C 端保守结构域为 PINc 结构域 (CD-search：846 – 1002 aa，E-value 1.14e – 21) (Marchler-Bauer A，et al.，2004)。该蛋白包含的 FHA 结构域定位于细胞核，它们参与数个过程，包含细胞周期检测点、DNA 修复、蛋白降解、转录和 premRNA 的拼接 (Li J，et al.，2000)。PINc 结构域包含 RNA 酶活性，卷入 RNAi、RNA 成熟或 RNA 衰退过程 (d'Erfurth I，et al.，2008)。

AtPS1 是近年来报道的引起雄配子减数分裂平行纺锤体缺陷的主要基因，可引起减数分裂二分体和三分体的形成，结果形成 FDR 型重组配子 (Andreuzza S，et al.，2008)。我们观察到 *DcPS1* 在 2 个香石竹品种减数分裂阶段和子房组织中均有较高的表达，这意味着 *DcPS1* 可能参与 2n 配子的产生和子房的发育。与 *PS1* 基因在减数分裂过程的功能研究相比，*PS1* 基因在子房发育中的功能是未知的，需要更进一步的研究。

(二) *DcPS1* 翻译水平与 2n 配子形成有关

和前人研究结果相似，下降的 *DcPS1* 翻译水平与 2n 配子形成频率有关 (d'Erfurth I，et al.，2008；De Storme N，et al.，2011)。在'Red Barbara''L. P. Barbara''Gurense Yellow'和'Promesa'香石竹栽培种中，*DcPS1* 翻译水平与 2n 配子形成有关，但在'YunhongErhao''Nogalte'和'Arevalo'香石竹栽培种中，显示无相关性，这意味着可能有其他基因卷入 2n 配子的形成过程。

(三) 温度与 2n 配子产生有相关性

在月季和拟南芥的研究中，温度被认为是一个能诱导高频 2n 配子形成的环境因素 (De Storme N，et al.，2012；Pécrix Y，et al.，2011)，这能解释为什么 2n 配子的形成有较高的季节适应性 (Crespel L，et al.，2006)。对性母细胞热处理更改了后期Ⅱ纺锤体的方向，导致平行或三级纺锤体的形成 (Pécrix Y，et al.，2011)。拟南芥 *AtPS1* 基因能调节雄配子减数分裂Ⅱ纺锤体的方向 (d'Erfurth I，et al.，2008；De Storme N，et al.，2011)。因此，高温压力能调节 *AtPS1* 基因，从而改变雄配子减数分裂Ⅱ纺锤体的方向。低温压力能调节减数分裂Ⅱ后期微管射线的方向，导致减数分裂后期胞质分裂和细胞壁形成缺陷 (De Storme N，et al.，2012)。在拟南芥 *AFH14* 基因突变株中可观察到相似的减数分裂细胞板的形成缺陷 (Li Y，et al.，2010)。低温压力和高温压力诱导 2n 配子形成机制是不同的，可能由不同的基因调控。

在低温条件下，香石竹品种'Promesa'能诱导较多大花粉的形成，而在高温条件下，'Guernse Yellow'和'YunhongErhao'能诱导较多大花粉的形成。这可能是*DcPS1*基因在冷和热的压力下通过调节反常的纺锤体的方向来调控2n配子的形成。香石竹可能成为研究与2n配子形成有关的基因及调控途径的一个模式植物。

我们已经发现不同的香石竹栽培种中未减数花粉的形成对极端环境很敏感，在极端环境条件下，'Promesa'和'Guernse Yellow'2n花粉的形成与下降的*DcPS1*基因的表达相关，然而'YunhongErhao'2n花粉的形成与*DcPS1*基因的表达量上升有关，这意味着在反常的温度下，有其他基因参与调控2n花粉的形成。

总之，在第二次减数分裂中反常的纺锤体导致香石竹2n花粉的形成，*DcPS1*基因的表达显示，*DcPS1*基因可能与2n花粉的形成有关。2n花粉的形成既受环境影响，也受基因调控。*DcPS1*基因的功能和调节其表达的基因仍然是未知的，需要更多的研究去证实。

第十二章

香石竹 *OSD1-Like* 基因克隆和表达分析

核内有丝分裂和核内复制异常的是细胞循环方式，会导致单个核基因的复制。由于细胞的大小与核 DNA 容量成正比，核内有丝分裂和核内复制是细胞生长的有效方式，它们普遍地存在于多细胞生物，尤其是植物界中。在拟南芥中，核内有丝分裂和核内复制可能被 *GIGAS CELL1*（*GIG1*）/*Omission of Second Division1*（*OSD1*）和 *UV-INSENSITIVE4*（*UVI4*）调控。*GIG1/OSD1* 和 *UVI4* 抑制后期促进复合物或细胞周期泛素连接酶（*APC/C*）的活性，*APC/C* 在有丝分裂及减数分裂中执行重要的调节作用。*APC/C* 是多亚基复合物，在真核生物中有很高的保守性，组成至少 11 个不同的亚基，包括 *APC2* 和 *APC11* 组成的催化核心（Page A, et al., 1999; Tang Z, et al., 2001）。除了这些核心，*APC/C* 还需要其他的亚基来激活它的活性，包括停泊因子 *APC10/Doc1*（破坏 D-box）和 *CDC20/Fizzy* 或 *CDH1/Fizzy-related*（*FZR*）。*CDC20* 和 *CDH1* 激活子具有底物专一性，其专一性部分通过他们不同的激活时间和识别明显的降解决定子来实现，包括 D-box（RxxLxxxxN）、KEN-box（KENxxxE/D/N）和 GxEN-box（Castro A, et al., 2003; Lénárt P, et al., 2006; Pfleger C M, et al., 2000）。*GIG1/OSD1* 和 *UV14* 能阻止细胞倍性的异常增加，分别通过优先抑制 APC/C^{CDC20} 和 APC/C^{FZR} 起作用（Iwata E, et al., 2011）。*gig1* 突变在体细胞分裂过程中诱发核内有丝分裂的发生，*uvi4* 突变使器官在形成过程中过早地发生核内复制（Iwata E, et al., 2012）。

OSD1 是减数分裂 *APC/C* 抑制剂，*OSD1* 在拟南芥中参与进入减数分裂Ⅰ和减数分裂Ⅱ的过程，通过抑制 *APC/C* 来促进减数分裂进程。*osd1* 突变能完成第一次减数分裂而失败地进入第二次减数分裂，产生二分体而不是四分体，进而产生 2n 配子（d'Erfurth I, et al., 2009）。*OSD1* 可能是通过直接或间接地改变 CDK 的活性来调控减数分裂的过程（Brownfield L, et al., 2010）。*CYCA1；2/TAM* 和 *CDKA；1* 能在体外形成复合物，磷酸化 *OSD1*、*OSD1*、*CYCA1；2/TAM* 和 *TDM* 能控制减数分裂 3 个关键步骤的进程，即前期到减数分裂Ⅰ、减数分裂Ⅰ到减数分裂Ⅱ及离开减数分裂。*OSD1* 包含 3 个与 *APC/C* 相互作用的结构域，即 D-box、GxEN/KEN-box 和 MR-tail。在拟南芥中，对于发挥 *OSD1* 的功能，GxEN-box 并不是必需的，但在小鼠卵母细胞中，当 *OSD1* 过表达时，需

要3个结构域共同作用来引发减数分裂的停滞。

本研究通过克隆香石竹 *OSD1 -Like* 基因及分析其在花蕾发育的不同阶段和不同的组织部位的表达情况，初步推测香石竹 *OSD1 -Like* 基因的功能，构建 *OSD1 -Like* 基因 Cas9 载体，通过农杆菌介导的转基因技术对香石竹栽培品种'Nogalte''Master'和'Promesa'进行 *OSD1 -Like* 基因敲除，为培育高频产生2n配子的香石竹种质奠定基础。

一、*OSD1 -Like* 基因全长 CDNA 序列克隆

同源比对香石竹转录组数据库(Tanase K, et al., 2012)，在同源比对所得的3条序列上设计引物，克隆 *OSDL1a*、*OSDL1b* 和 *OSDL1c* 基因5′和3′Race序列(图12-1)。扩增 *OSDL1a* 基因 cDNA 5′全长序列400多bp(图12-1A)，*OSDL1b* cDNA 5′全长序列700多bp(图12-1A)，*OSDL1c* 基因 cDNA 5′全长序列700多bp(图12-1B)；克隆 *OSDL1a* 基因 cDNA 3′全长序列1 000多bp(图12-1C)，*OSDL1b* cDNA 3′全长序列1 100多bp(图12-1D)，*OSDL1c* 基因 cDNA 3′全长序列900多bp(图12-1E)。

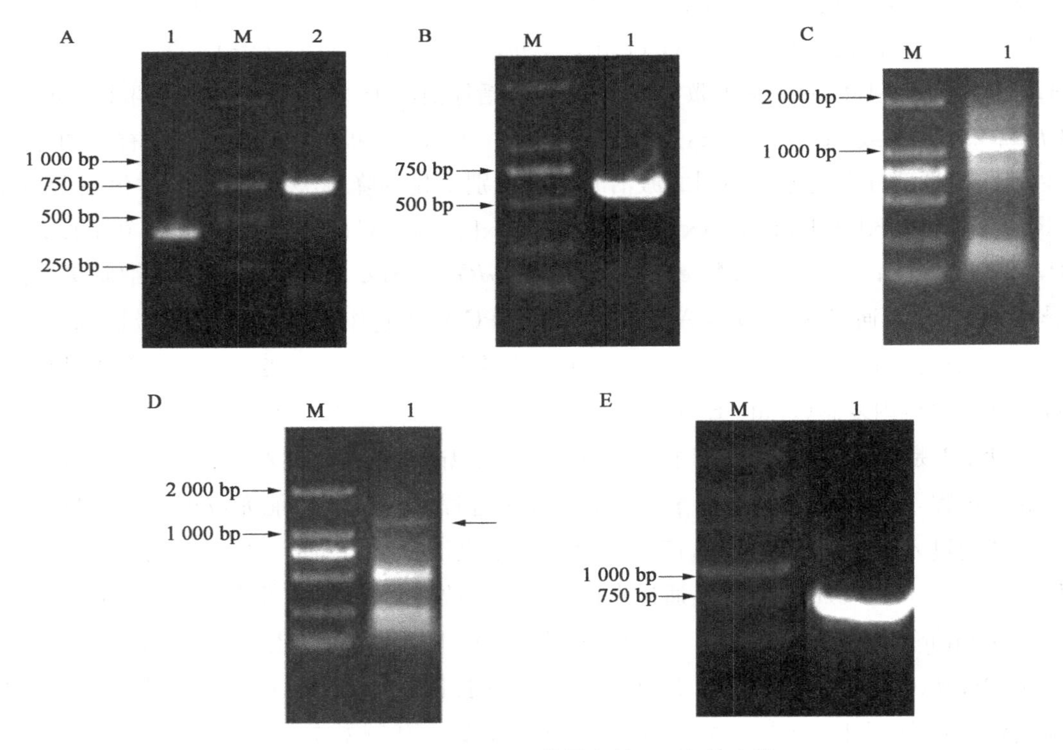

图12-1 *OSD1 -Like* 基因全长 cDNA 的克隆

[A. *OSDL1a*(1)和 *OSDL1b*(2)基因5′- RACE PCR扩增；B. *OSDL1c* 基因5′- RACE PCR扩增；C. *OSDL1a* 基因3′- RACE PCR扩增；D. *OSDL1b* 基因3′- RACE PCR扩增；E. *OSDL1c* 基因3′- RACE PCR扩增]

OSDL1a 基因的全长 cDNA 序列有 1 180 bp，序列分析表明，其核苷酸序列包含 1 个 171 bp 的 5′- UTR，1 个 669 bp 的 ORF，1 个 340 bp 的 3′- UTR。该基因在 172～174 位为起始密码子 ATG，下游有终止密码子 TGA 和 polyA 尾（图 12-2）。*OSDL1a* 基因 cDNA 序列编码 1 个包含 223 个氨基酸，该蛋白质的大小为 25.34kDa，等电点 11.10。

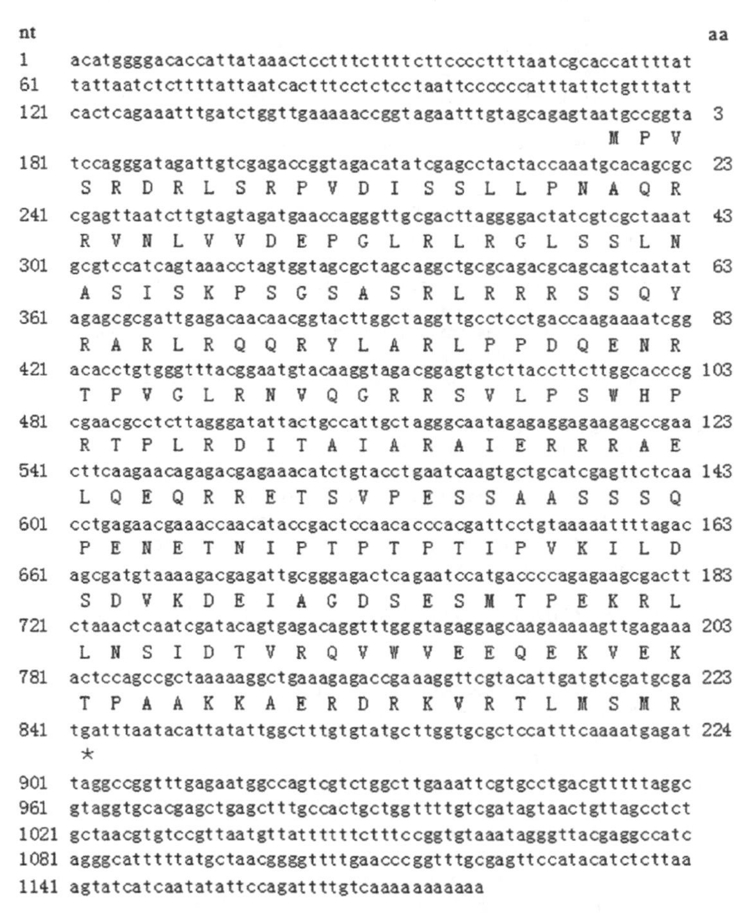

图 12-2　*OSDL1a* 基因 cDNA 全长序列及推导的氨基酸序列

OSDL1b 基因的全长 cDNA 序列有 1 288 bp，序列分析表明，其核苷酸序列包含 1 个 130 bp 的 5′- UTR，1 个 711 bp 的 ORF，1 个 447 bp 的 3′- UTR。该基因在 131～133 位为起始密码子 ATG，下游有终止密码子 TAA 和 polyA 尾（图 12-3）。*OSDL1b* 基因 cDNA 序列编码 1 个包含 237 个氨基酸，该蛋白质的大小为 104.57 kDa，等电点 5.05。

OSDL1c 基因的全长 cDNA 序列有 971 bp，序列分析表明，其核苷酸序列包含 1 个 2 bp 的 5′- UTR，1 个 531 bp 的 ORF，1 个 438 bp 的 3′- UTR。该基因在 174～176 位为起始密码子 ATG，下游有终止密码子 TAG 和 polyA 尾（图 12-4）。*OSDL1b* 基因 cDNA 序列编码 1 个包含 177 个氨基酸，该蛋白质的大小为 79.21 kDa，等电点 5.10。

```
nt                                                                          aa
1     acatgggggccctcatttttctcctcactctctttctctctctaaatttttgaatcccccct
62    taactttctctctctaaaacttgtaaaattttgactttttgggtggattttgaagaatc
122   tagagaaagatgcctgtaccagtgtcaagagataggttgcctaggccagttgacatttct      17
                M  P  V  P  V  S  R  D  R  L  P  R  P  V  D  I  S
182   gcccttcttggcagaacgactcgtcgtgtaaatcttatagttgacgagcctgggttgcgg      37
       A  L  L  G  R  T  T  R  R  V  N  L  I  V  D  E  P  G  L  R
242   cgggtggggctatcagggcacgggttgggcaatgtgtcgagaaatggtggtggtggttct      57
       R  V  G  L  S  G  H  G  L  G  N  V  S  R  N  G  G  G  G  S
302   tcagcagggagtccaattggagttcagagaacgggttatggtggaggtggcaatcagcag      77
       S  A  G  S  P  I  G  V  Q  R  T  G  Y  G  G  G  G  N  Q  Q
362   aggtcgatggtggtgagtcgggatccaagaacgccggggactgttgctgctcgacgtgat      97
       R  S  M  V  V  S  R  D  P  R  T  P  G  T  V  A  A  R  R  D
422   ggtggccgagggaggagtcagttgccttcttggcacccaagaacccctcttagggacatt     117
       G  G  R  G  R  S  Q  L  P  S  W  H  P  R  T  P  L  R  D  I
482   acagacattatgagggccatagaaaggagaagagcagaacttggcttgaacgaagacgca     137
       T  D  I  M  R  A  I  E  R  R  R  A  E  L  G  L  N  E  D  A
542   gatgtgcagcaagaacataacaatgcgcagactgagcaagatatcggtacctcgacaccc     157
       D  V  Q  Q  E  H  N  N  A  Q  T  E  Q  D  I  G  T  S  T  P
602   attcccacccttgctgccaagccgaaactctcaccaaccactcagctggtaagaattaag     177
       I  P  T  L  A  A  K  P  K  L  S  P  T  T  Q  L  V  R  I  K
662   gcaggcaatgctgactggagtgttgacagctctgatttcgtaacgccgcagaagaagctt     197
       A  G  N  A  D  W  S  V  D  S  S  D  F  V  T  P  Q  K  K  L
722   ctgaactcgattgaaaaggtgagggaagtgtggctggaaagtcagcggaaactggagagg     217
       L  N  S  I  E  K  V  R  E  V  W  L  E  S  Q  R  K  L  E  R
782   acacctgccgcaaagagagctgagagggaaaacaaggttcgggtactgttgtcgatgaga     237
       T  P  A  A  K  R  A  E  R  E  N  K  V  R  V  L  L  S  M  R
842   taatctactgattatcgaaggggttcagagatcagagagtgaatgagttgagaagaggaa     238
       *
902   ggtaacggccacaggagatcatcgtctgatgatcccatatcagtaaactacttacctata
962   caaaaagctatgcttgtagctaaattgatcgagatccttgggctcactagtcactactca
1022  ctagtagtagactagtagctaatagttcagcacttacgttagctatgctatagctgtagg
1082  aattggttaggtaaatactagaagtagctggtagatggtcagcctctgctgacggttttg
1142  ccgttttggtgctttgatgctgtttaagtgatgacaagcaaatacttgtgtacttcttta
1202  gcattggatttgtacatatgattgaagtttgattctgagtaatgatcagtcagtggaaga
1262  cagacttttagaaaaaaaaaaaaaaaaa
```

图 12 - 3 *OSDL1b* 基因 cDNA 全长序列及推导的氨基酸序列

```
nt                                                                          aa
1     acatgggggtggaaggtggagaaggagtccagagactggttaatggtcgaggccacgaccgt    20
         M  G  V  E  G  G  E  G  V  Q  R  L  V  N  G  R  G  H  D  R
63    cagacgacagcggtgactgctcgacgtggtgatggtgatgacggtcgagggaacaggggt      40
       Q  T  T  A  V  T  A  R  R  G  D  G  D  D  G  R  G  N  R  G
123   cagttgccttcttggtacccgagaacccctcttcgggacatcacagacatcatgagggcg      60
       Q  L  P  S  W  Y  P  R  T  P  L  R  D  I  T  D  I  M  R  A
183   atcgagagaaggagagcagaactggggctgaaccaagactcggaaactccagaagcacac      80
       I  E  R  R  R  A  E  L  G  L  N  Q  D  S  E  T  P  E  A  H
243   gacaacgctgcaaatcctgaagttgaccgcgaacttgttgtctcgacacccatgcccacg     100
       D  N  A  A  N  P  E  V  D  R  E  L  V  V  S  T  P  M  P  T
303   atcgtagtcaagccacgactgtcaccagcagctcagctctctatcatgaaggccattact     120
       I  V  V  K  P  R  L  S  P  A  A  Q  L  S  I  M  K  A  I  T
363   gctgaatgtagtgtcgataactttgattccttaaccccgcagaagcagcttctgaactcc     140
       A  E  C  S  V  D  N  F  D  S  L  T  P  Q  K  Q  L  L  N  S
423   attgaaaaggtaaggcaagtctgggtacaccagcggctaaaactggagaagacgccttgt     160
       I  E  K  V  R  Q  V  W  V  H  Q  R  L  K  L  E  K  T  P  C
483   gctaggagagtcgagagggaaaacaagatgcgggttttaatgtcaatgcgatagtcccct     177
       A  R  R  V  E  R  E  N  K  M  R  V  L  M  S  M  R  *

543   gctgtttacctcgtgaagaagtacaactaccgataaaagataagtgagttgagatgagaa
603   gagccacaagagatcatcgtctgatgatctcatatccgctattacttcagctatgcttgt
663   agctaatacttcgggattttgttaagtaactactcagacagtatttgtttagctatgctt
723   tagctatccatactacaagcacgacagaatcgtcgactctgaaatgctgatacttttagt
783   gtgtagatagtgcaaactcaaagacttaaaaaggagattgtttcttattttgttatata
843   ggtaacttaatagaatacagatctaattgttgtgattaatgaaattcaagtcatgtactc
903   cttgtgttattccaattgtggaattaaagtaagttaatgaaatcataaattgaatgcaaa
963   aaaaaaaaa
```

图 12 - 4 *OSDL1c* 基因 cDNA 全长序列及推导的氨基酸序列

二、*OSD1 -Like* 基因序列特征分析及系统进化树

OSD1 -Like 基因的同源比对如图 12－5 所示，不同物种的 *OSD1 -Like* 基因具有保守的 GxEN-box、D-box 和 MR tail 结构域，但在香石竹中，*OSD1 -Like* 基因具有 D-box 和 MR tail 结构域，无 GxEN-box 结构域。*OSDL1a*、*OSDL1b* 和 *OSDL1c* 基因的 D-box 结构域分别位于第 104～109、111～116 和 48～53 氨基酸处，MR tail 结构域分别位于第 222～223、236～237 和 176～177 氨基酸处。

香石竹 *OSD1 -Like* 基因与甜菜和西红柿 *GIGAS CELL1-like* 和 *POLYCHOME-like* 基因聚为一个分支，其中，*OSDL1b* 和 *OSDL1c* 与甜菜 *POLYCHOME-like* 及西红柿 *SOVF_038130* 基因亲缘关系近，*OSDL1a* 亲缘关系最远（图 12－6）。

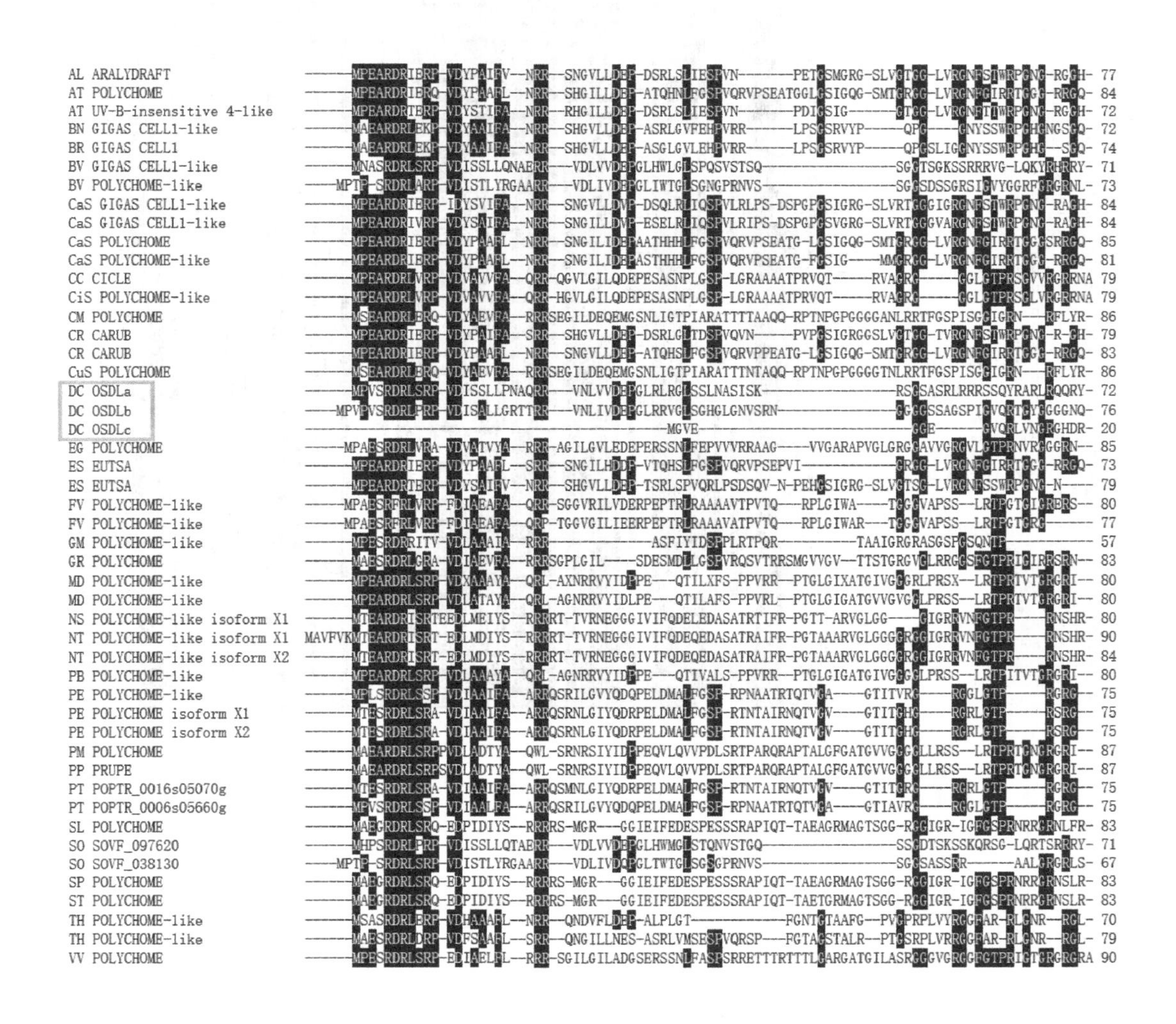

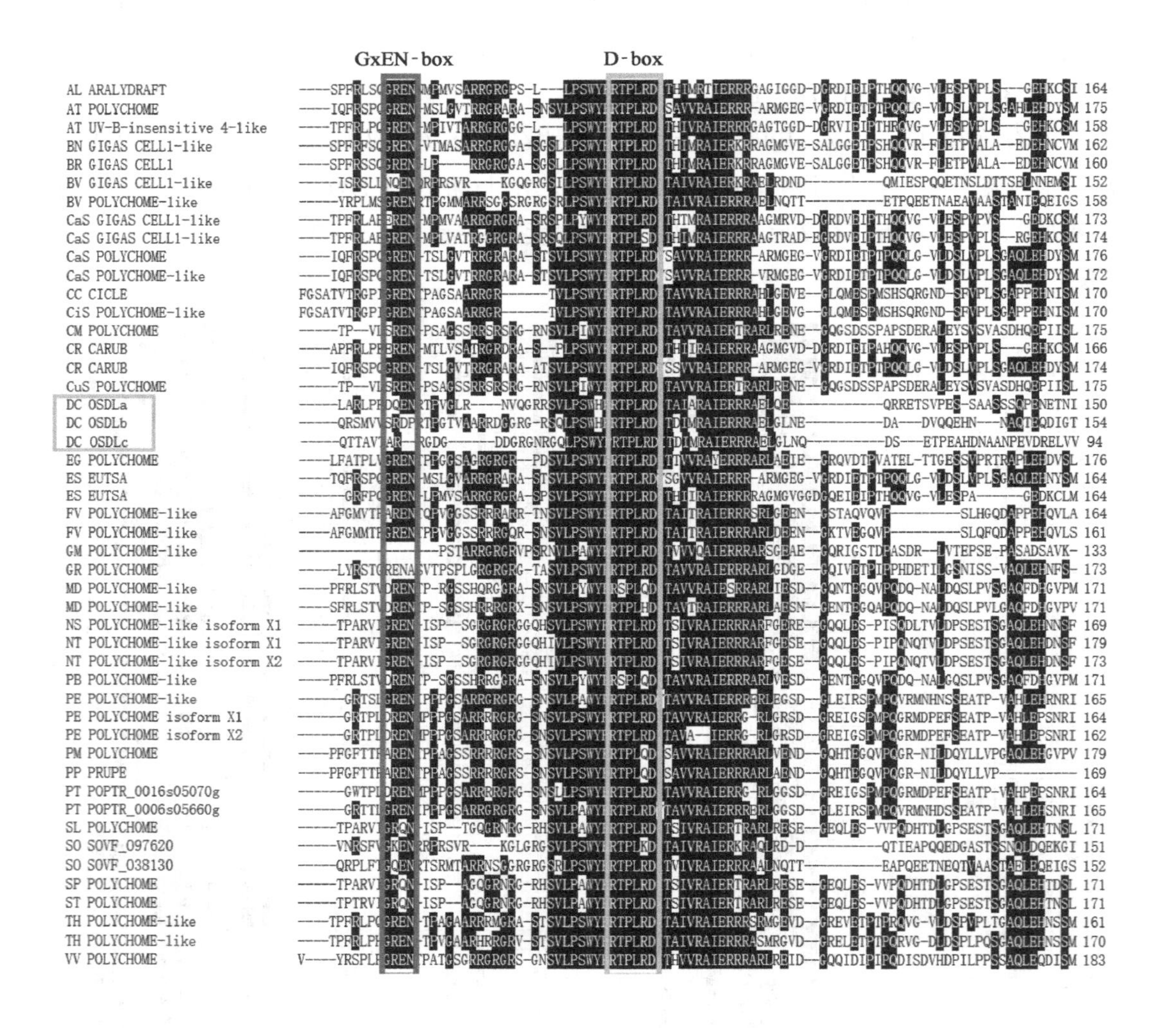
GxEN-box
D-box
AL ARALYDRAFT
AT POLYCHOME
AT UV-B-insensitive 4-like
BN GIGAS CELL1-like
BR GIGAS CELL1
BV GIGAS CELL1-like
BV POLYCHOME-like
CaS GIGAS CELL1-like
CaS GIGAS CELL1-like
CaS POLYCHOME
CaS POLYCHOME-like
CC CICLE
CiS POLYCHOME-like
CM POLYCHOME
CR CARUB
CR CARUB
CuS POLYCHOME
DC OSDLa
DC OSDLb
DC OSDLc
EG POLYCHOME
ES EUTSA
ES EUTSA
FV POLYCHOME-like
FV POLYCHOME-like
GM POLYCHOME-like
GR POLYCHOME
MD POLYCHOME-like
MD POLYCHOME-like
NS POLYCHOME-like isoform X1
NT POLYCHOME-like isoform X1
NT POLYCHOME-like isoform X2
PB POLYCHOME-like
PE POLYCHOME-like
PE POLYCHOME isoform X1
PE POLYCHOME isoform X2
PM POLYCHOME
PP PRUPE
PT POPTR_0016s05070g
PT POPTR_0006s05660g
SL POLYCHOME
SO SOVF_097620
SO SOVF_038130
SP POLYCHOME
ST POLYCHOME
TH POLYCHOME-like
TH POLYCHOME-like
VV POLYCHOME

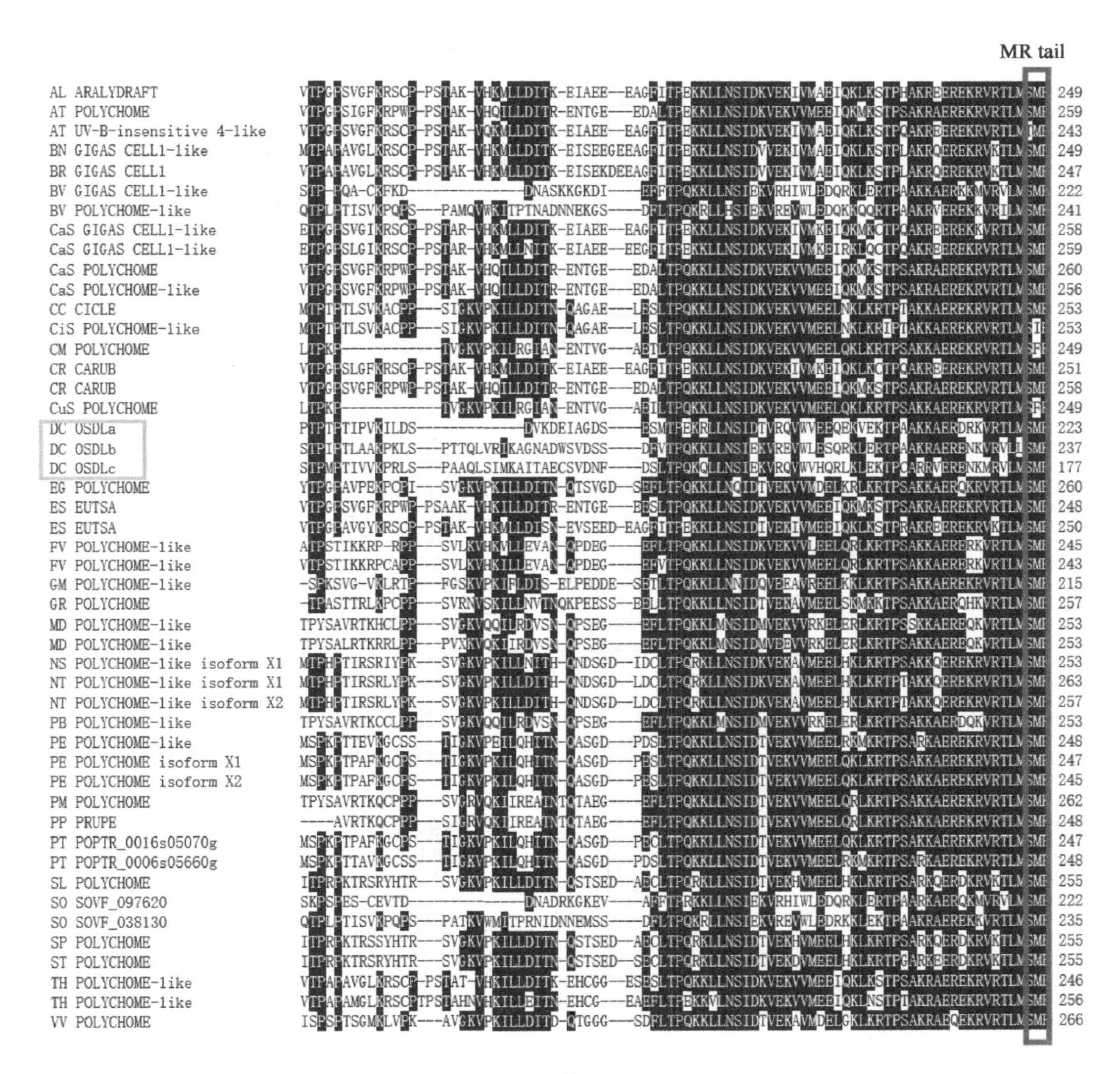

图 12 - 5　*OSD1* - *Like* 基因的同源比对及保守的 GxEN-box、D-box 和 MR tail 结构域

(AL=*Arabidopsis lyrata*；AT=*Arabidopsis thaliana*；BN=*Brassica napus*；BR=*Brassica rapa*；BV=*Beta vulgaris*；CC=*Citrus clementina*；CM=*Cucumis melo*；CR=*Capsella rubella*；CaS=*Camelina sativa*；CiS=*Citrus sinensis*；DC=*Dianthus caryophyllus*；EG=*Eucalyptus grandis*；ES=*Eutrema salsugineum*；FV=*Fragaria vesca*；GM=*Glycine max*；GR=*Gossypium raimondii*；MD=*Malus domestica*；NS=*Nicotiana sylvestris*；NT=*Nicotiana tomentosiformis*；PB=*Pyrus bretschneideri*；PE=*Populus euphratica*；PM=*Prunus mume*；PP=*Prunus persica*；PT=*Populus trichocarpa*；SL=*Solanum lycopersicum*；SO=*Spinacia oleracea*；SP=*Solanum pennellii*；ST=*Solanum tuberosum*；TH=*Tarenaya hassleriana*；VV=*Vitis vinifera*)

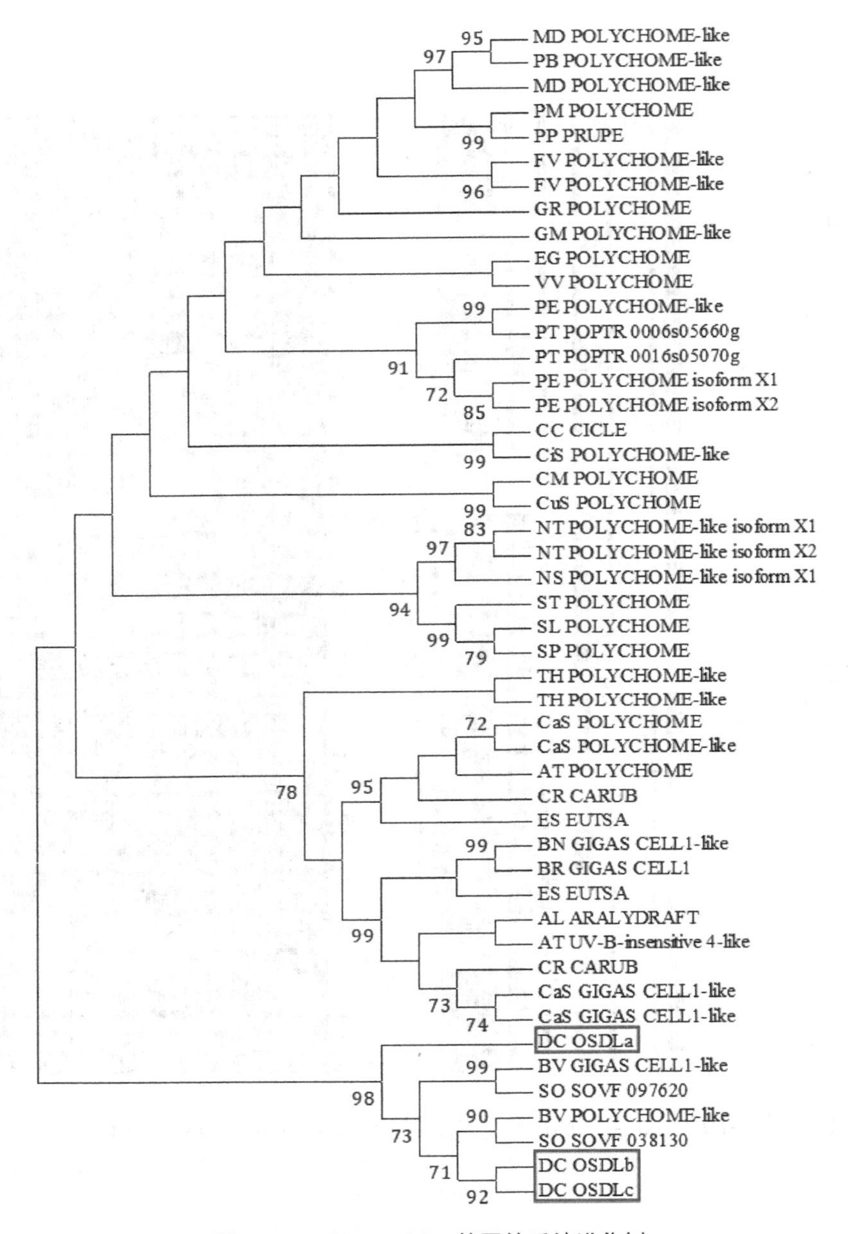

图 12-6 *OSD1*-*Like* 基因的系统进化树

(AL=*Arabidopsis lyrata*；AT=*Arabidopsis thaliana*；BN=*Brassica napus*；BR=*Brassica rapa*；BV=*Beta vulgaris*；CC=*Citrus clementina*；CM=*Cucumis melo*；CR=*Capsella rubella*；CaS=*Camelina sativa*；CiS=*Citrus sinensis*；DC=*Dianthus caryophyllus*；EG=*Eucalyptus grandis*；ES=*Eutrema salsugineum*；FV=*Fragaria vesca*；GM=*Glycine max*；GR=*Gossypium raimondii*；MD=*Malus domestica*；NS=*Nicotiana sylvestris*；NT=*Nicotiana tomentosiformis*；PB=*Pyrus bretschneideri*；PE=*Populus euphratica*；PM=*Prunus mume*；PP=*Prunus persica*；PT=*Populus trichocarpa*；SL=*Solanum lycopersicum*；SO=*Spinacia oleracea*；SP=*Solanum pennellii*；ST=*Solanum tuberosum*；TH=*Tarenaya hassleriana*；VV=*Vitis vinifera*)

三、*OSD1 -Like* 基因的表达分析

采用实时定量荧光 PCR 对'Promesa''Guernse Yellow'和'YunhongErhao'3 个香石竹品种花蕾不同发育时期和不同组织部位 *OSD1 -Like* 基因的表达进行分析，发现 *OSD1 -Like* 的 3 个同源基因在花蕾、根、茎、叶及子房中均有表达(图 12 - 7)。

香石竹栽培种'Promesa'*OSDL1a* 基因在 Stage 2 中表达最高，Stage 2 的 *OSDL1a* 基因表达量与其他时期的表达量均有显著差异(图 12 - 7A)，此时花蕾处于花粉母细胞时期；香石竹栽培种'Guernse Yellow'*OSDL1a* 基因在 Stage 1～3 中表达最高，这 3 个时期 *OSDL1a* 基因表达量与其他时期的表达量均有显著差异(图 12 - 7B)，这段时期花蕾处于花粉母细胞到减数分裂时期；香石竹栽培种'YunhongErhao'*OSDL1a* 基因也在 Stage 2 中表达最高，Stage 2 的 *OSDL1a* 基因表达量与其他时期的表达量均有显著差异(图 12 - 7C)，此时花蕾处于花粉母细胞时期。

香石竹栽培种'Promesa'*OSDL1b* 基因在 Stage 1 中表达最高，Stage 1 的 *OSDL1b* 基因表达量与 Stage 4 无显著差异，而与其他花蕾发育时期的表达量有显著差异(图 12 - 7D)，Stage 1 花蕾处于花粉母细胞时期；香石竹栽培种'Guernse Yellow'*OSDL1b* 基因在花蕾发育的 Stage 2 中表达最高，与 Stage 5 无显著差异，而与其他花蕾发育时期的表达量有显著差异(图 12 - 7E)，这段时期花蕾处于花粉母细胞；香石竹栽培种'YunhongErhao'*OSDL1b* 基因在 Stage 1 中表达最高(图 12 - 7F)，此时花蕾处于花粉母细胞时期。同时，*OSDL1b* 基因在 3 个香石竹栽培种的子房内表达量均较高。

香石竹栽培种'Promesa'*OSDL1c* 基因在花蕾发育的 Stage 2 中表达最高(图 12 - 7G)，香石竹栽培种'Guernse Yellow'*OSDL1c* 基因在花蕾发育的 Stage 2 中表达最高(图 12 - 7H)，香石竹栽培种'YunhongErhao'*OSDL1c* 基因在 Stage 1 中表达最高(图 12 - 7I)，Stage 1 和 2 花蕾处于花粉母细胞时期。同时，*OSDL1b* 基因在 3 个香石竹栽培种的子房内表达量均为最高。

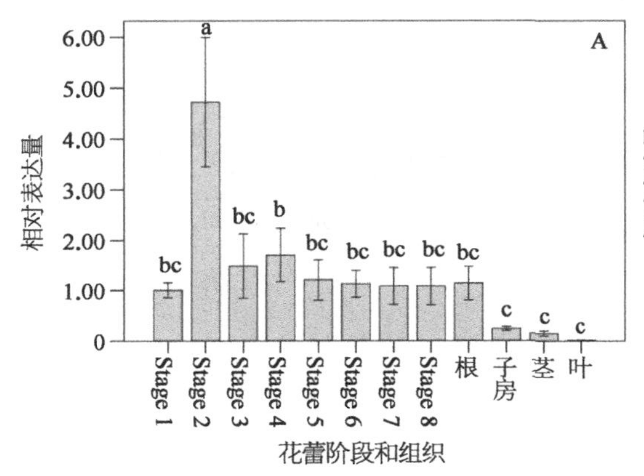

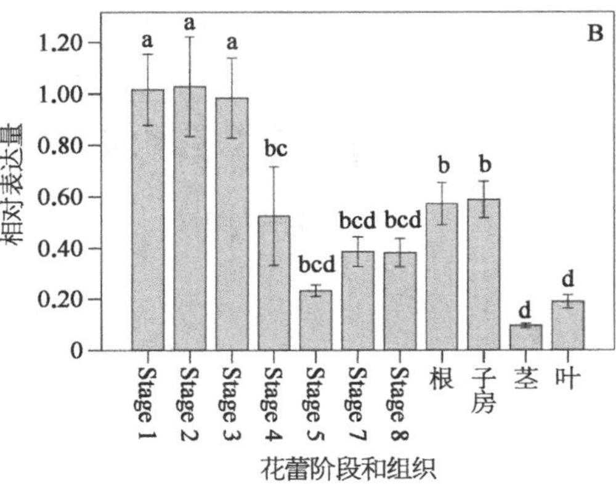

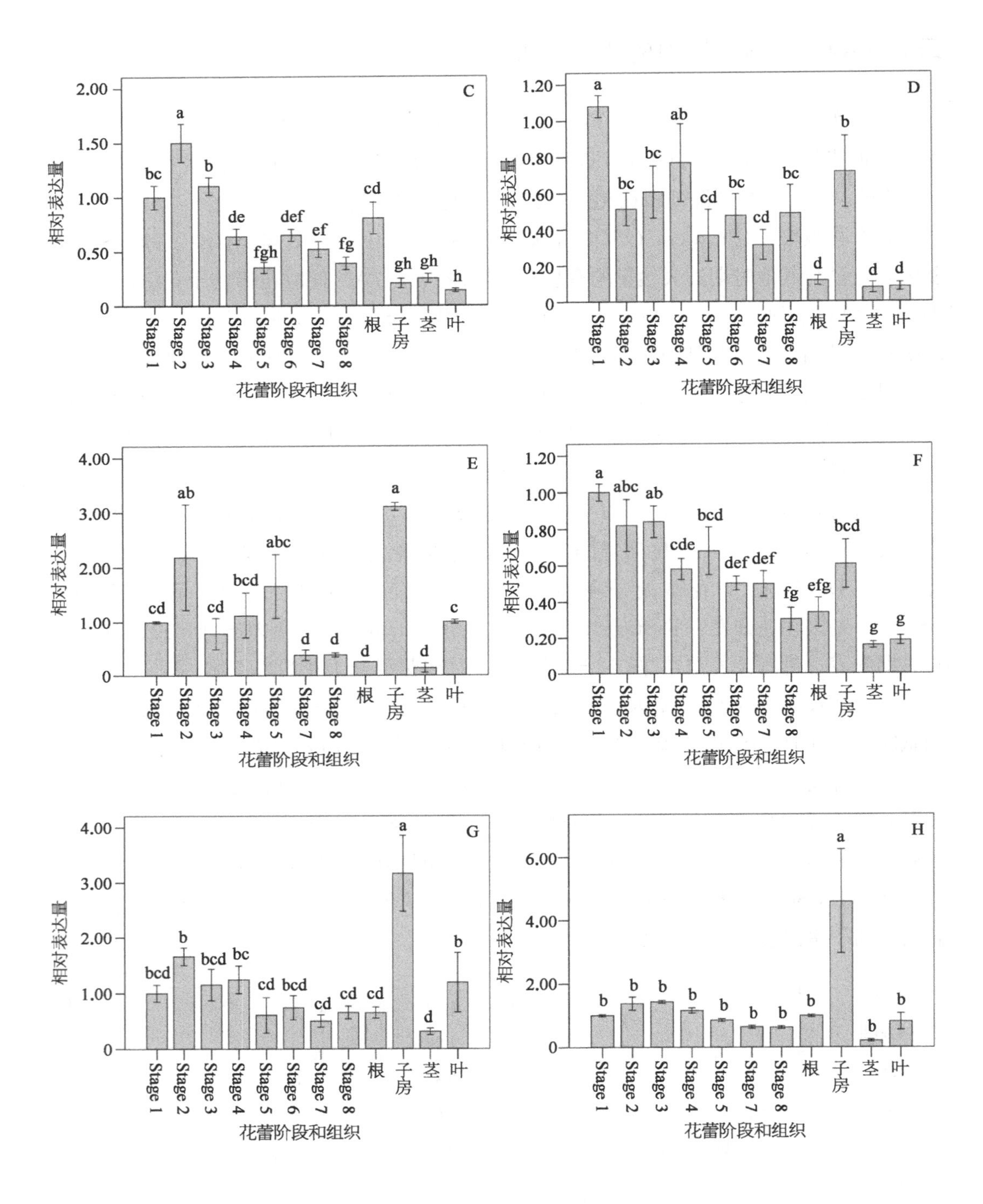
C
D
E
F
G
H
相对表达量
花蕾阶段和组织
Stage 1
Stage 2
Stage 3
Stage 4
Stage 5
Stage 6
Stage 7
Stage 8
根
子房
茎
叶

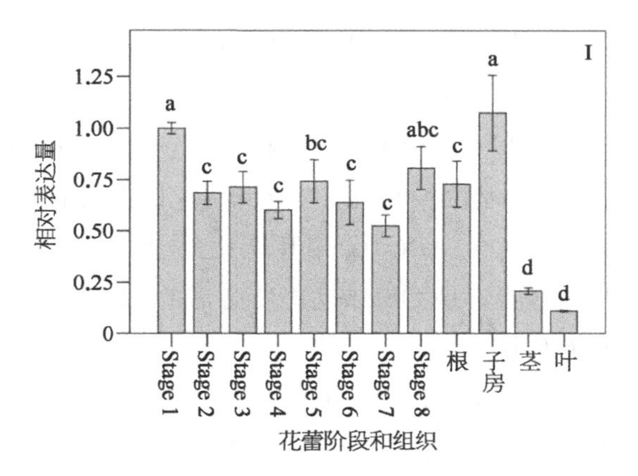

图 12 - 7　*OSD1 -Like* 基因在花蕾和其他组织的表达情况

(A. 'Promesa'中 *OSDL1a* 基因；B. 'Guernse Yellow'中 *OSDL1a* 基因；C. 'YunhongErhao' 中 *OSDL1a* 基因；D. 'Promesa'中 *OSDL1b* 基因；E. 'Guernse Yellow' 中 *OSDL1b* 基因；F. YunhongErhao' 中 *OSDL1b* 基因；G. 'Promesa'中 *OSDL1c* 基因；H. 'Guernse Yellow'中 *OSDL1c* 基因；I. 'YunhongErhao'中 *OSDL1c* 基因。花蕾发育的 stage 参见图 11 - 4。数值为 3 个重复的均值±标准误。不同字母表示差异显著，$p \leqslant 0.05$)

四、关于 *OSD1 -Like* 基因结构与表达的讨论

在植株界中，细胞 DNA 含量的增加能广泛地被观察到，包括农作物和模式植物如拟南芥(Edgar B A, et al., 2001)。细胞 DNA 含量的加倍是通过核内有丝分裂和核内复制来实现的(Lee H O, et al., 2009)。在这两个过程中，细胞复制染色体而不进行细胞分裂，因此被认为是修改了细胞循环。这两个过程的区别之处是核内有丝分裂导致了染色体的加倍产生了多倍体细胞，核内复制使每条染色体的 DNA 含量加倍，产生多线染色体(Comai L, 2005)。

OSD1 也被称为 *GIGAS CELL1* (*GIG1*) 或 *UVI4-Like* (*UVI4-L*)，它的同源基因是 *UVI4* (UV-B-insensitive 4)，*UVI4* 被称为 *POLYCHOME*。OSD1 是植株界中特有的蛋白，具有保守性，并没包含任何已知的功能结构域(De Storme N, et al., 2013)。GIG1 和 UVI4 可抑制 APC/C 的活性，对有丝分裂起重要的调节作用(Iwata E, et al., 2011)。在体细胞分裂中 *gig1* 突变诱导了异常的核内有丝分裂的发生，*uvi4* 突变在器官形成期间导致过早的核内复制的发生(Iwata E, et al., 2011)，在拟南芥中 UVI4 突变加强了体细胞的核内复制，暗示 UVI4 参与有丝分裂(Hase Y, et al., 2006)。GIG1 和 UVI4 可能通过不同的途径抑制 APC/C 的活性，来调控核内有丝分裂和核内复制(Iwata E, et al., 2011)。

OSD1 是进入减数分裂Ⅱ必需的蛋白，和 TAM 相似，失去 OSD1 的功能会引起第二次减数分裂完全丧失，产生二分体，导致产生可育的 2n 雄配子和雌配子(d'Erfurth I, et al., 2009)。OSD1 不仅能控制减数分裂过程，也能调控离开有丝分裂(Iwata E, et al.,

2011)，因此，OSD1 编码植物特有的 APC/C 抑制剂，在调控有丝分裂和减数分裂中扮演了一个重要的角色(De Storme N，et al.，2013)。

在拟南芥中，*GIG1* 和 *UVI4* 是 2 个同源基因，*GIG1*/*OSD1*/*UVI4-L* 基因编码 243 个氨基酸，*UVI4*/*POLYCHOME* 基因编码 259 个氨基酸，目前为止，未发现第 3 个同源基因。拟南芥 *OSD1* 基因包含 3 个 *APC*/*C* 相互作用的结构域，即 GxEN-box、D-box 和 MR tail，OSD1 GxEN-box 可能不是 OSD1 功能所必需的结构域，也可能与 MR tail 一起介导 APC/C 复合物的相互作用。

而在香石竹中，通过基因克隆，我们共克隆了 3 个 *OSD1 -Like* 基因，*OSDL1a* 基因编码 223 个氨基酸，*OSDL1b* 基因编码 237 个氨基酸，*OSDL1b* 基因编码 177 个氨基酸。3 个 *OSD1 -Like* 同源基因具有 D-box 和 MR tail 结构域，无 GxEN-box 结构域。GxEN-box 结构域不存在香石竹中，提示 GxEN-box 结构域可能对 *OSD1* 基因功能不起重要的作用。对 3 个同源基因在不同的花蕾发育时期及不同的组织的表达分析表明，*OSDL1a* 基因在花粉母细胞和减数分裂时期表达量高，*OSDL1b* 基因花粉母细胞时期和子房内表达量较高，*OSDL1c* 基因花粉母细胞时期和子房内表达量较高，提示 3 个基因可能都与雄配子减数分裂有关，*OSDL1b* 和 *OSDL1c* 基因可能与子房发育有关，具体为可能参与调节雌配子的减数分裂。

第十三章

香石竹 *DcRAD51D* 基因克隆和表达分析

减数分裂是真核生物整个生命过程中极其重要的环节，不仅保证了生物类群种族的延续，还形成新的变异类型和不同于亲本的遗传组合，为生物的进化提供了原始材料，增加了物种的丰富性和多样性。减数分裂还与农业生产比如培育高产、抗病和观赏性状等新品种相关，因此研究减数分裂的相关基因及其调控机制具有十分重要的生物学意义及经济意义。

染色体重组能够完成同源染色体之间的互换，使子代产生不同于亲本的新性状和遗传组合，不仅使遗传物质发生交换，而且促进了生物的进化和多样化进程，是减数分裂过程的重要环节之一。通过对减数分裂过程中同源染色体重组的研究，能够了解重组发生的过程和调控的分子机制，进而为人为干涉控制重组过程、提高筛选效率和增强人为控制重组的能力奠定基础。有目的地增加或者减少遗传物质在减数分裂过程中的重组频率，加速优良性状的聚合或者减缓优良性状在杂交后代中的分离，将有助于提高作物育种的效率。

RAD51 基因在减数分裂过程中起着十分重要的作用，能够编码一种重组酶，在 DNA 单链入侵完整双链过程中起作用，其同源基因在拟南芥（*Arabidopsis thaliana*）、玉米（*Zea mays*）和百合（*Lilium longiflorum*）中都有发现（Anderson L K, et al., 1997; Doutriaux M P, et al., 1998; Franklin A E, et al., 1999; Klimyuk V I, et al., 1997）。进化分析表明，在拟南芥中包含 6 个 *RAD51* 的同源物，7 个基因均参与减数分裂重组过程，但是所起的作用和重要程度各不相同（Couteau F, et al., 1999; Osakabe K, et al., 2002; Serra H, et al., 2013）。研究表明，*OsRAD51D* 在水稻生殖生长中起着重要作用，*osrad51d* 突变会导致花粉母细胞（pollen mother cells，PMCs）的同源染色体配对异常。在减数分裂过程中，突变的 PMCs 出现染色体片段，*osrad51d* 花粉细胞含有大量异常的微核，导致其花粉功能异常（Byun M Y, et al., 2014）。在拟南芥中，*RAD51B*、*RAD51D* 和 *XRCC2* 基因在有丝分裂 DNA 损伤修复中起作用，而 *RAD51B*、*RAD51D* 或 *XRCC2* 单个基因突变表现为正常的减数分裂，*AtRAD51D* 不是减数分裂或生殖发育的必要因素（Wang Y X, et al., 2014）。

香石竹是云南四大鲜切花之一，也是云南省最主要的出口花卉之一。目前市场上大多数香石竹为国外品种，鲜少有国内自育品种。因此。我们在香石竹中研究与减数分裂重组相关的基因 *RAD51D*，试图提高染色体重组率，为增加杂种后代的变异率及筛选优异的花卉新品种打下基础。

一、*DcRAD51D* 基因全长 cDNA 序列克隆

以香石竹花药 cDNA 为模板进行 RT-PCR 扩增。首先扩增检测到 300 bp 左右的产物，测序后得到了 394 bp 的香石竹 *RAD51D* 基因中间片段（图 13－1A）。通过 5′-RACE 与 3′-RACE 扩增测序，得到长度分别为 994 bp（图 13－11B）和 775 bp（图 13－1C）的香石竹 *RAD51D* 基因 5′端和 3′端序列。将以上克隆到的 3 段序列拼接后得到一个长度为 1 375 bp 的香石竹 *DcRAD51D* 全长 cDNA 序列。根据拼接后的 cDNA 全长序列设计引物，扩增到包括完整 ORF 在内的长为 1 284 bp 的序列（图 13－1D）。该序列与拼接后序列的碱基完全一致，ORF 编码 327 个氨基酸，命名为 *DcRAD51D*（GenBank 登录号 MK733915），蛋白质等电点为 8.13，分子量为 35.74 kDa。

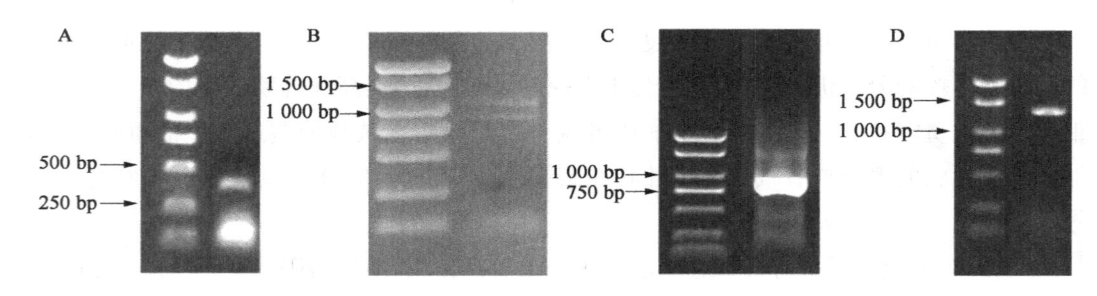

图 13－1　*DcRAD51D* 基因的克隆

（A. 中间片段 PCR 产物；B. 5′-RACE PCR 产物；C. 3′-RACE PCR 产物；D. 全长 PCR 产物）

二、DcRAD51D 氨基酸序列比对及进化分析

DcRAD51D 基因在 114～121 氨基酸残基有 1 个 ATP 结合序列 walker motif A（GPSSSGKT），在 215～220 氨基酸残基有 1 个 ATP 结合序列 walker motif B（LLIVDS）（图 13－2）。比对多个不同植物 *RAD51D* 基因编码的氨基酸序列发现，香石竹 *DcRAD51D* 基因编码蛋白与菠菜（*Spinacia oleracea*）、甜菜（*Beta vulgaris*）、藜麦（*Chenopodium quinoa*）聚在一起，并与藜麦的遗传关系较近（图 13－3）。

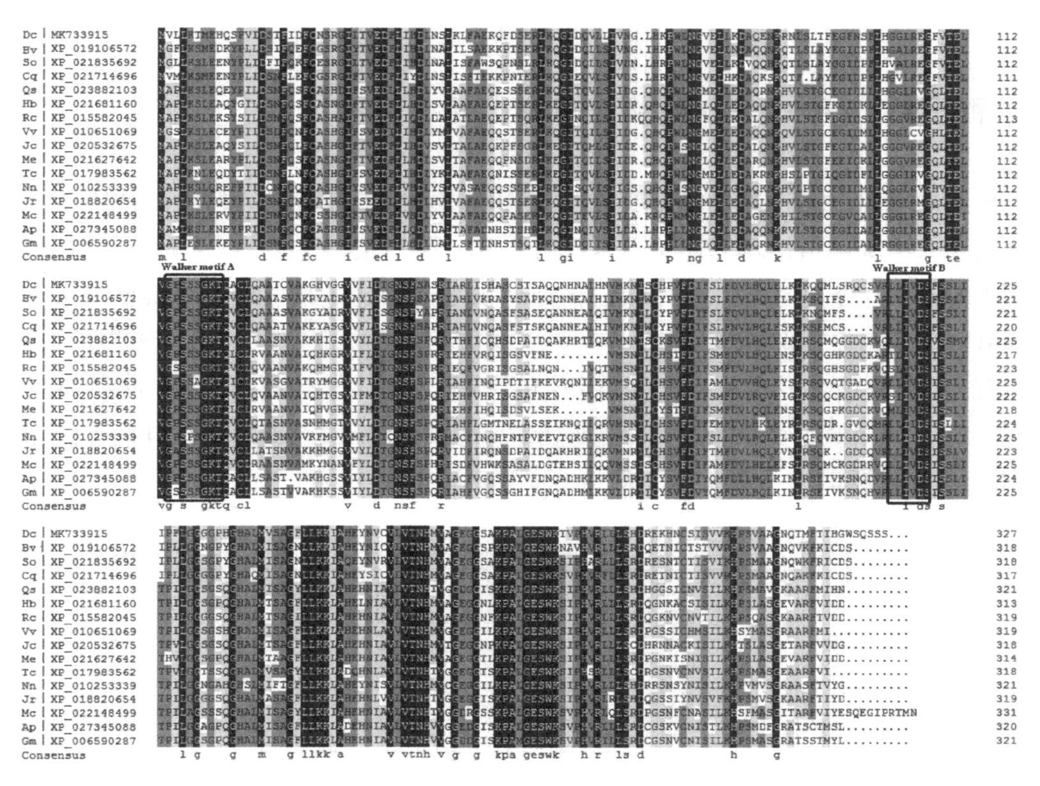

图 13－2　不同物种 RAD51D 氨基酸序列比对

[Dc.香石竹(*Dianthus caryophyllus*)；Bv.甜菜(*Beta vulgaris*)；So.菠菜(*Spinacia oleracea*)；Cq.藜麦(*Chenopodium quinoa*)；Qs.欧洲栓皮栎(*Quercus suber*)；Hb.橡胶树(*Hevea brasiliensis*)；Rc.蓖麻(*Ricinus communis*)；Vv.葡萄(*Vitis vinifera*)；Jc.麻风树(*Jatropha curcas*)；Me.木薯(*Manihot esculenta*)；Tc.可可(*Theobroma cacao*)；Nn.荷花(*Nelumbo nucifera*)；Jr.核桃(*Juglans regia*)；Mc.苦瓜(*Momordica charantia*)；Ap.非洲相思子(*Abrus precatorius*)；Gm.大豆(*Glycine max*)]

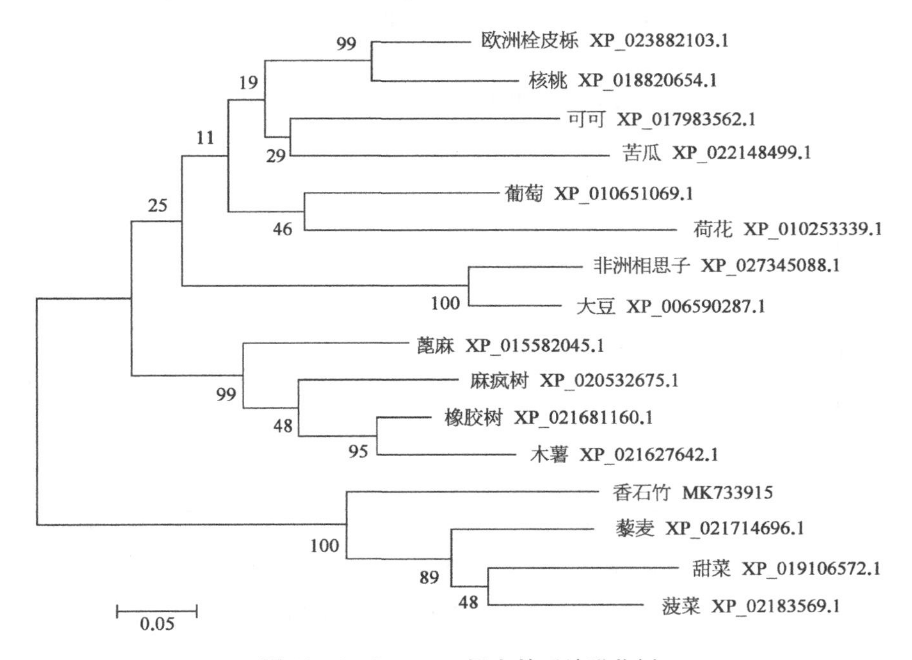

图 13－3　RAD51D 蛋白的系统进化树

三、香石竹 DcRAD51D 生物信息学分析

预测 DcRAD51D 蛋白的信号肽，最大 C 得分为 0.129，最大 Y 得分为 0.113，最大 S 得分为 0.118，无峰值出现（图 13－4），说明 DcRAD51D 蛋白不存在信号肽，因此也说明该蛋白不属于分泌蛋白。跨膜预测结果表明 DcRAD51D 没有跨膜螺旋，说明 DcRAD51D 是一个非跨膜蛋白（图 13－5）。磷酸化位点预测发现在该蛋白质序列中可能含有 48 个磷酸化位点（score＞0.5），包含 20 个丝氨酸位点和 4 个苏氨酸位点（图 13－6）。蛋白质亲水性预测结果表明该蛋白质最可能是亲水性蛋白（MIN：－3.111，MAX：2.322）（图 13－7）。

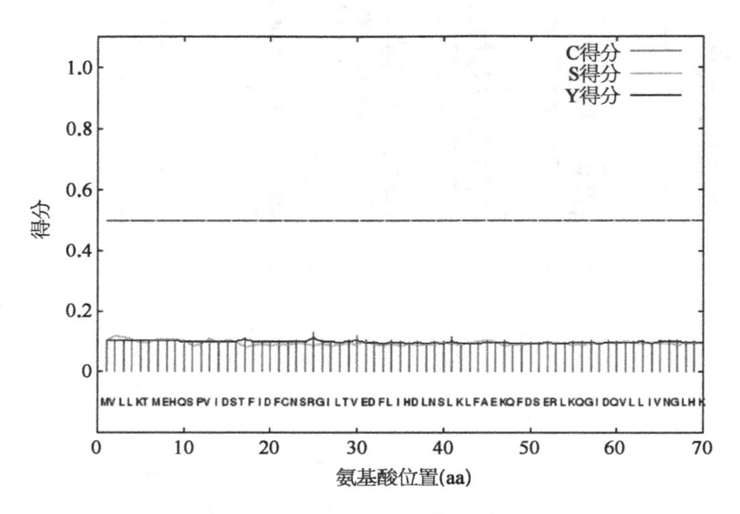

图 13－4　DcRAD51D 信号肽预测

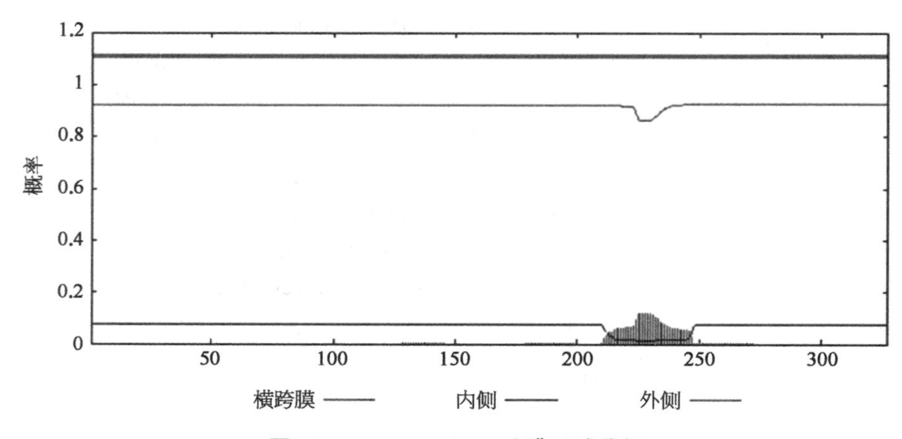

图 13－5　DcRAD51D 跨膜区域分析

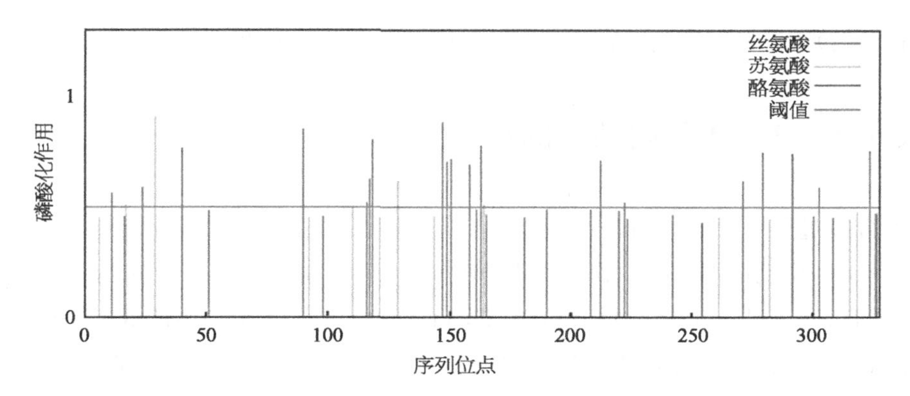

图 13－6　DcRAD51D 中磷酸化位点预测

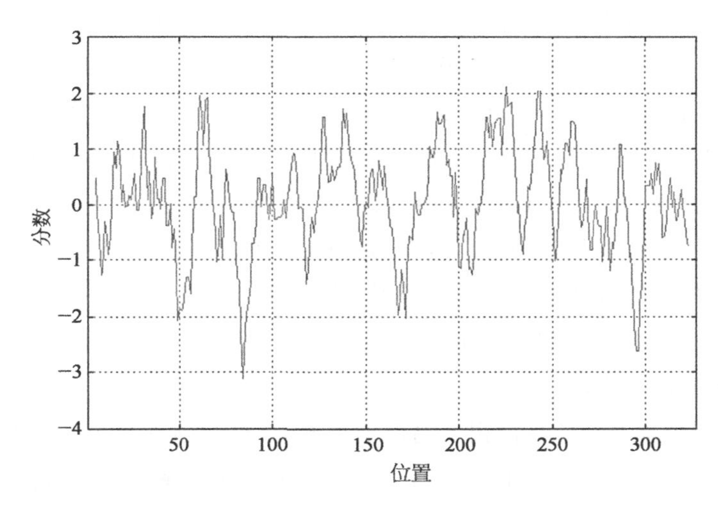

图 13－7　DcRAD51D 蛋白亲疏水性分析

四、*DcRAD51D* 基因的荧光定量表达

荧光定量 PCR 结果显示：*DcRAD51D* 基因在香石竹 3 个不同发育时期的花药中均有表达，但表达趋势差异较大，Stage 1 表达量最高，随着花药发育进程表达量逐渐下降，在 Stage 3 达到最低（图 13－8）。花药发育的 Stage 1 为花粉母细胞时期，Stage 2 为减数分裂时期，Stage 3 为四分体时期（Zhou X，et al.，2015）。根据 *DcRAD51D* 基因的时空表达结果推测，*DcRAD51D* 基因可能与香石竹减数分裂重组

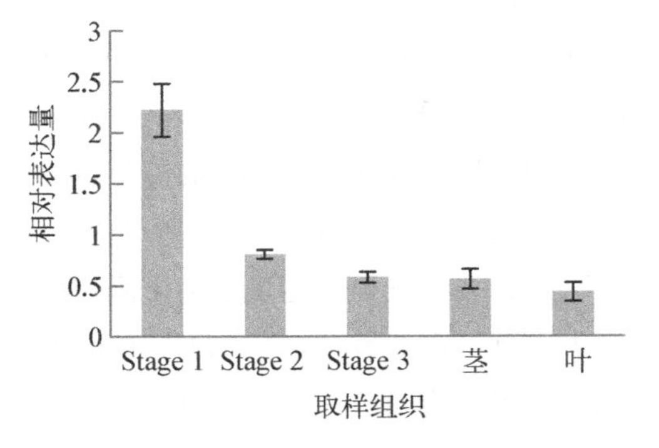

图 13－8　*DcRAD51D* 在不同花药发育时期和不同组织部位的表达分析

（Stage 1. 花粉母细胞时期，花蕾长 1.1～1.2 cm；Stage 2. 减数分裂时期，花蕾长 1.3～1.4 cm；Stage 3. 四分体时期，花蕾长 1.5～1.6 cm）

相关。此外，*DcRAD51D* 基因在香石竹茎和叶组织中也有表达。

五、关于 *RAD51D* 基因功能的讨论

减数分裂过程中，性母细胞会在 *SPO-11* 作用下发生 DNA 双链断裂(double-strand break, DSB)来启动同源重组。研究表明，植物 *RAD51* 基因家族参与减数分裂同源重组(Bleuyard J Y, et al., 2004; Durrant W E, et al. 2007)。拟南芥中的 *RAD51* 基因家族成员，如 *XRCC3*、*XRCC2*、*RAD51B* 和 *RAD51D*，在减数分裂过程中所起作用各不相同，其中 *XRCC3* 基因作用最重要，*XRCC3* 基因单突变体植株 *xrcc3* 表现为完全不育，而 *XRCC2*、*RAD51B* 或 *RAD51D* 单个基因的突变体与野生型相比没有变化，推测其可能与其他基因共同调控减数分裂的过程(张峰，2013)。与拟南芥不同的是，水稻 *rad51d* 突变体呈现不育表型(Byun M Y, et al., 2014)。这表明，在这两种模式植物中，*RAD51D* 基因在减数分裂同源重组中出现进化上的功能分化。*RAD51D* 基因含有 ATP 结合序列 walker motif A 和 walker motif B，在对人类的研究中发现，同源重组修复的关键是 walker motif B 而不是 walker motif A，walker motif B 突变将影响 *RAD51D* 和该基因家族其他成员如 *XRCC2* 和 *RAD51C* 的相互作用(Wiese C, et al., 2006)。在小鼠的研究中，walker motif A 突变将大大降低同源重组的能力，削弱 *RAD51D* 和 *RAD51C* 的相互作用(Gruver A M, et al., 2005)。

DNA 双链断裂是一种危害性很大的损伤形式，真核细胞具备了两种 DSB 修复机制，一种是同源重组(Homologous Recombination, HR)，另一种是非同源末端连接(non-homologous end joining, NHEJ)。NHEJ 途径在整个细胞周期都有发挥作用，但修复结果容易产生局部遗传信息的改变；HR 途径则主要是在 G_2/S 期发挥作用，修复模板为同源序列，能够保证修复的精确性。*RAD51* 旁系同源基因参与体细胞同源重组修复，*RAD51A1* 和 *RAD51A2* 不参与 *XRCC3* 和 *RAD51C* 的 DSB 位点募集，而 *RAD51C*、*RAD51D* 和 *XRCC3* 可在 SDSA(synthesis-dependent strand annealing)重组过程早期促进 *RAD51A1* 和 *RAD51A2* 的募集(徐展，2018)。

研究发现香石竹 *DcRAD51D* 基因在 Stage 1 也就是花粉母细胞时期表达量最高，随着减数分裂的进程表达量逐渐下降，在 Stage 3 即四分体时期达到最低，此外，在茎和叶组织中也有一定的表达，提示 *DcRAD51D* 基因既可能参与减数分裂的同源重组，同时又可能参与体细胞同源重组修复，*DcRAD51D* 基因的作用还需进行转基因实验进一步明确。

第十四章

香石竹 *Dccdc20* 基因克隆和表达分析

减数分裂一直是生物学研究的热点之一(张晶,2016),减数分裂能形成新的变异类型,增加了物种的多样性和丰富性,并与培育新品种息息相关。减数分裂的细胞周期是一种非常复杂和精细的调节过程,有大量调节蛋白参与其中(Niu B, et al., 2015)。香石竹(*Dianthus caryophyllus* L.)作为世界四大切花之一,具有很高的观赏价值。香石竹为重瓣花,是雄蕊变瓣而成,花粉不易采集,花粉少且大都败育(张宝琼,等,2009)。研究香石竹减数分裂相关的基因,以期通过基因改良提高花粉的可育性,对香石竹培育优良品种具有重大现实意义。

Cdc20 是细胞周期相关蛋白之一,在细胞分裂周期中,Cdc20 是纺锤体组装检查点(SAC)的靶向物和后期促进复合体/细胞周期体(APC/C)的正调控因子。在细胞分裂中期,纺锤体与动力错误结合会激活 SAC,抑制 Cdc20 与 APC 结合,使细胞停留在中期,直到细胞修正错误使染色体平均分配,细胞周期才得以继续(张金吨,等,2015)。APC/C 激活和底物选择都需要 Cdc20 蛋白质(Cooper K F, et al., 2011),Cdc20 识别底物(紧固蛋白)上的特定结构域(D-box),激活 APC^{Cdc20},从而降解底物,使染色体正常分离。细胞周期中各个时期的转换直接影响细胞周期的进程,而细胞周期蛋白的及时合成与分解对于各个时期的相互转换十分重要。Cdc20 的功能不仅对染色体分离至关重要,而且对于有丝分裂的最终退出也是必不可少的(Lim H H, et al., 1998)。缺乏 Cdc20 功能的细胞无法退出有丝分裂,在没有 Cdc20 的情况下细胞停滞在末期(Yeong F M, et al., 2000)。

在小鼠卵母细胞减数分裂中,Cdc20 可能是第一次减数分裂后期起始所必需的,而不是第二次减数分裂的后期起始所必需的(Swan A, et al., 2007)。在果蝇的研究中,APC^{Cort} 与 APC^{Cdc20} 有协同作用,无论是在减数分裂纺锤体上的局部作用,还是在卵子细胞质中的全局作用,以细胞周期蛋白为破坏目标,并驱动减数分裂Ⅰ和Ⅱ的进程(Yin S, et al., 2007)。在拟南芥中,*Cdc20.1* 基因是减数分裂和雄性可育必不可少的,*Cdc20.1* 突变导致减数分裂染色体分裂不平衡,中期纺锤体形态异常(Niu B, et al., 2015)。*Cdc20* 基因表达的异常往往导致染色体不能进行准确的分离,进而导致非整倍体的出现,引起花粉的败育。

在香石竹中，*Cdc20* 基因还未被克隆，有关 *Cdc20* 基因在香石竹减数分裂中的调节机制尚不清楚，本研究从香石竹'罗加特'花药中分离并克隆了与减数分裂相关的 *Cdc20* 基因全长 cDNA，分析了该基因在不同花药大小和茎叶中的表达模式，并对其进行生物信息学分析，初步探究 *Cdc20* 基因是否作用于香石竹减数分裂中。

一、*Dccdc20* 基因全长 cDNA 序列克隆

以香石竹花药 cDNA 为模板克隆香石竹 *Dccdc20* 基因中间片段，用 Cdc20－409F 和 Cdc20－1407R 进行 PCR 扩增，琼脂糖电泳得到 1 000 bp 左右的产物，测序得到 998 bp（图 14－1A）。通过 3′－RACE 和 5′－RACE 扩增均获得大小为 1 000 bp 左右的 PCR 产物，测序结果分别为 1 026 bp（图 14－1B）和 1 019 bp（图 14－1C），即香石竹 *Dccdc20* 基因的 3′端和 5′端序列。将克隆得到的 3 段序列拼接得到 1 847 bp 香石竹 *Dccdc20* 的 cDNA 全长序列，设计包含完整 ORF 在内的全长引物扩增得到长为 1 564 bp 的条带（图 14－1D）。该序列与拼接后序列完全一致，ORF 共编码 438 个氨基酸，命名为 *Dccdc20*（GenBanK 登录号：2217177）。

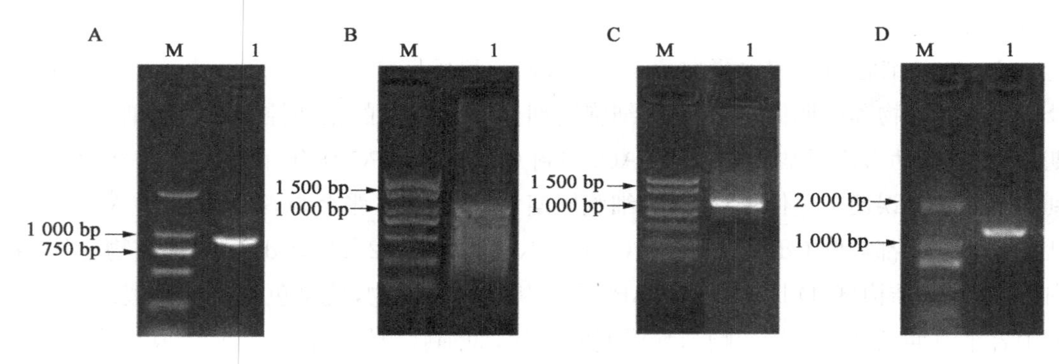

图 14－1　*Dccdc20* 基因 PCR 扩增

（M. DL2000 DNA Marker；A. 中间片段；B. 3′－RACE 产物；C. 5′－RACE 产物；D. 全长产物）

二、Dccdc20 氨基酸序列比对及进化分析

利用 DNAman7 软件对植物的 Cdc20 氨基酸序列进行相似性比对，发现 Dccdc20 有多处已知的高度保守序列（图 14－2）。序列分析表明，*Dccdc20* 编码的氨基酸序列中包含有已确定的特征性序列，包括 C-box、MAD2 结合基序、CBM 和 IR，但是无 KEN 和 D-box 特征性序列。从 NCBI 中下载其余 11 种植物的 Cdc20 氨基酸序列，利用最大似然法（maximum likelihood，ML）与香石竹 Dccdc20 蛋白序列进行比对并构建系统进化树，结果发现香石竹 Dccdc20 与甜菜 Cdc20 聚集于同一个分支上（图 14－3），说明两者同源性最高。

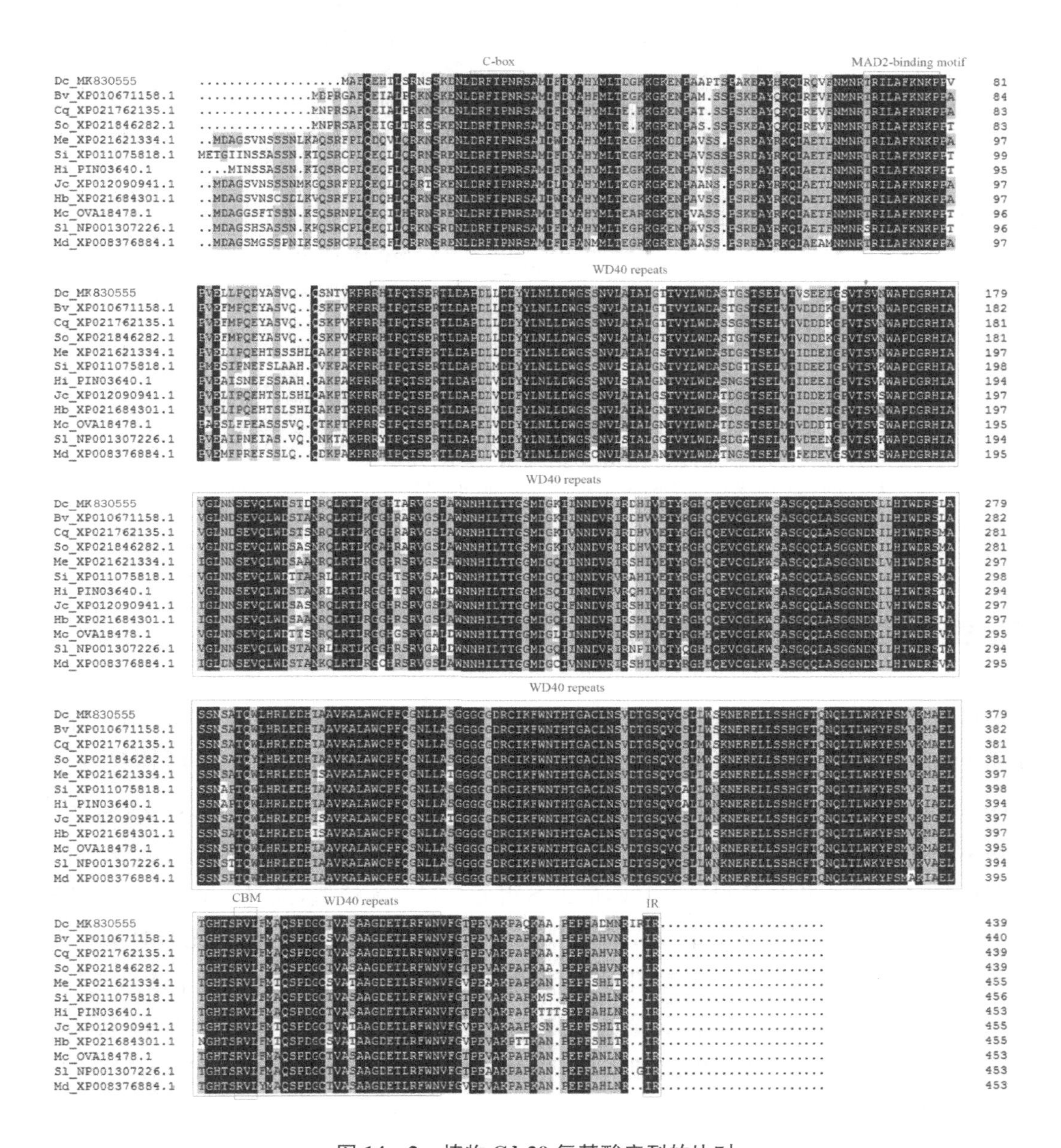

图 14－2　植物 Cdc20 氨基酸序列的比对

［DC.香石竹；Bv.甜菜；Cq.藜麦；So.菠菜；Me.木薯；Si.芝麻；Hi.紫花风铃木；Jc.麻风树；Hb.橡胶树；Mc.博落回；Sl.番茄；Md.苹果。特征性 Cdc20 基序(C-box、MAD2 结合基序、CBM、IR)用方块标记］

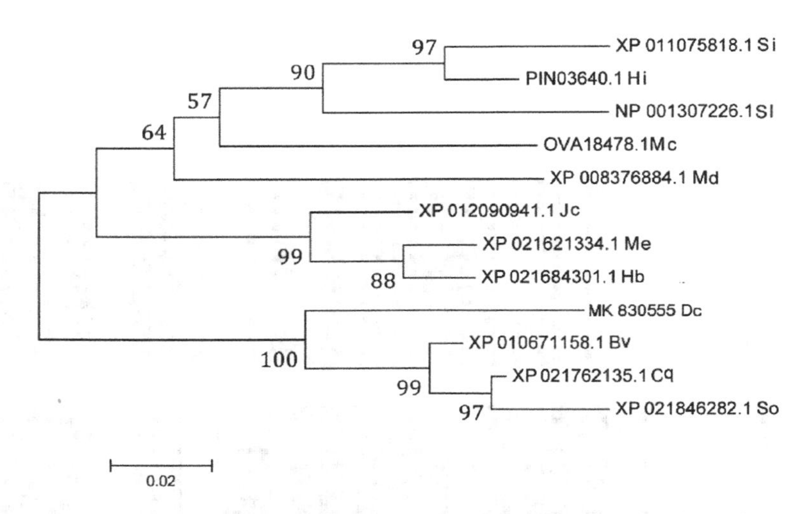

图 14-3 Dccdc20 与其他植物 Cdc20 蛋白氨基酸序列相似性比对

(MK830555 Dc.香石竹;XP_010671158.1 Bv.甜菜;XP_021762135.1 Cq.藜麦;XP_021846282.1 So.菠菜;XP _021621334.1 Me.木薯;XP_011075818.1 Si.芝麻;PIN03640.1 Hi.紫花风铃木;XP_012090941.1 Jc.麻风树;XP_021684301.1 Hb.橡胶树;OVA18478.1 Mc.博落回;NP_001307226.1 Sl.番茄;XP_008376884.1 Md.苹果)

三、香石竹 Dccdc20 生物信息学分析

利用 ExPASy 网站对 Dccdc20 进行氨基酸组成成分及理化性质分析，结果显示 Dccdc20 分子量为 48672.60Da，等电点为 7.26，碱性氨基酸比重略高于酸性氨基酸。Dccdc20 蛋白的亚细胞定位显示：细胞核中占 73.9%，细胞质中占 8.7%，线粒体中占 8.7%，分泌系统的囊泡及液泡中分别占 4.3%。Dccdc20 蛋白的信号肽预测(图 14-4)中最大 C 得分 0.110，最大 Y 得分 0.106，最大 S 得分 0.114，无峰值，说明 Dccdc20 蛋白不存在信号肽，该蛋白不属于分泌蛋白。预测 Dccdc20 跨膜结构，结果表明其无跨膜螺旋，是一个非跨膜蛋白(图 14-5)。磷酸化位点预测发现该蛋白质可能含有 48 个磷酸化位点(score＞0.5)，其中包含丝氨酸位点 25 个、苏氨酸位点 19 个和酪氨酸位点 4 个(图 14-6)。蛋白亲水预测结果表明该蛋白最有可能是亲水性蛋白(MIN：−2.733，MAX：2.011)(图 14-7)。

香石竹 Dccdc20 转录因子三级结构预测(图 14-8)结果显示 Dccdc20 是由 439 个氨基酸残基组成的蛋白，包含 7 个 WD40 重复序列，与 G 蛋白三聚体的 β 亚基存在相似性，七叶螺旋桨结构都包含 7 个 WD40 结构域，其结构可介导蛋白相互反应。

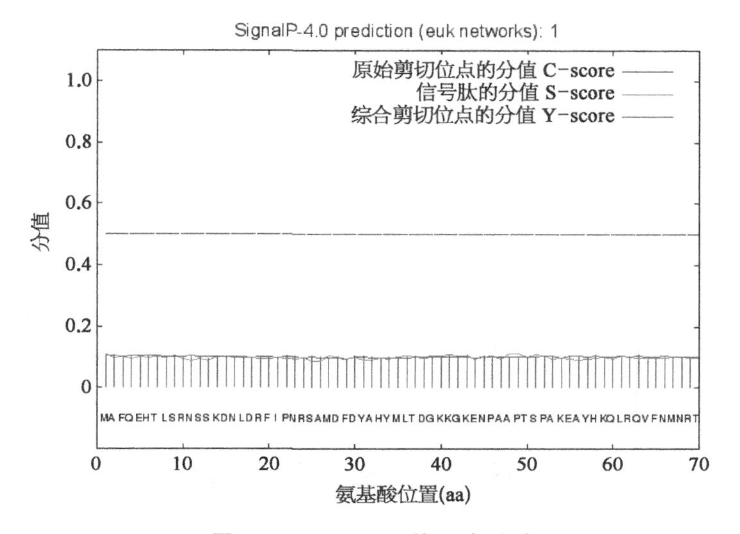

图 14-4　Dccdc20 信号肽预测

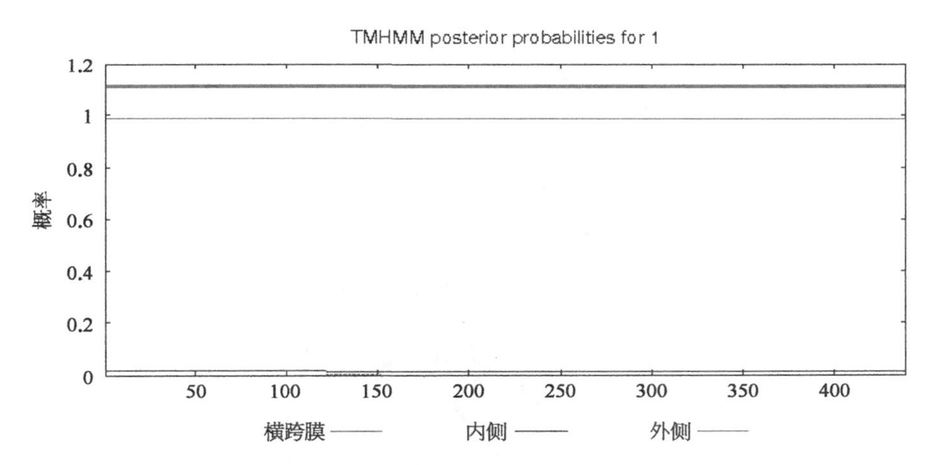

图 14-5　Dccdc20 跨膜区域预测

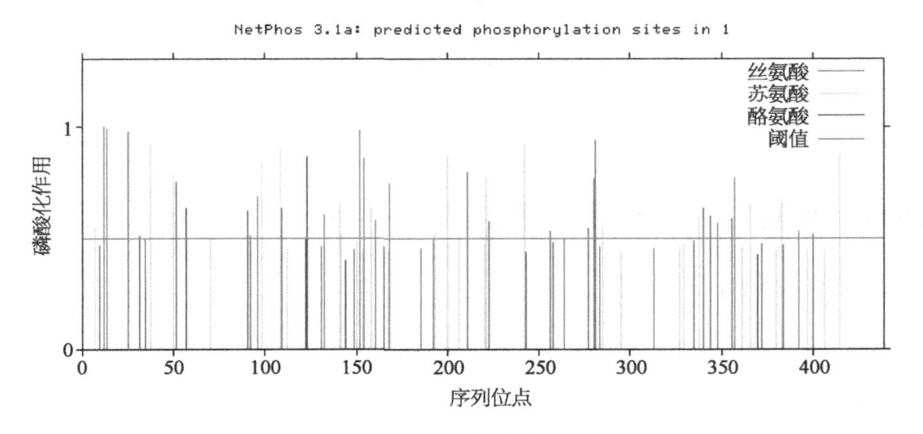

图 14-6　Dccdc20 中磷酸化位点预测

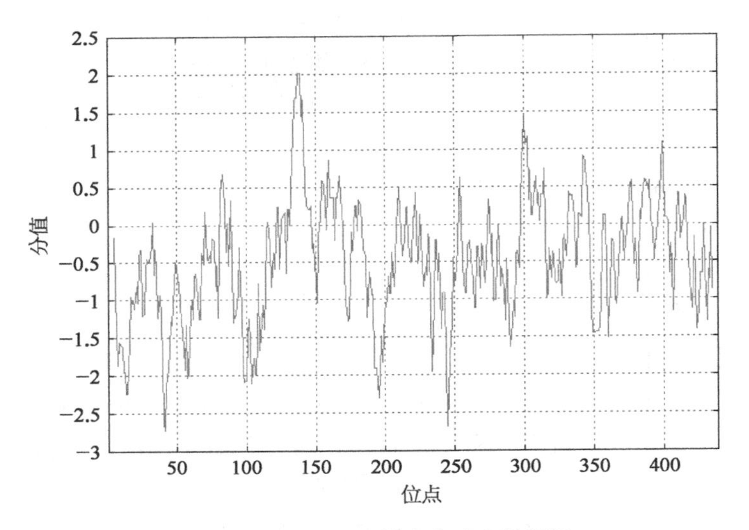

图 14-7　Dccdc20 蛋白亲疏水性预测

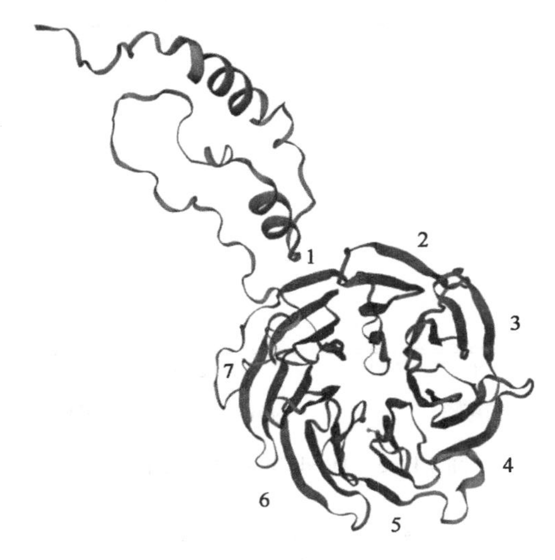

图 14-8　香石竹 Dccdc20 的三级结构预测
(1～7 为 7 个 WD40 重复序列)

四、*Dccdc20* 基因的荧光定量表达

(一) 观察小孢子的发育

减数分裂观察显示(图 14-9),花蕾长度为1.1～1.2 cm 时,花药大多处于花粉母细胞时期到终变期;花蕾长度为 1.3～1.4 cm 时,花药大多处于减数分裂时期;花蕾长度为 1.5～1.6 cm 时,花药大多处于四分体到花粉粒时期。

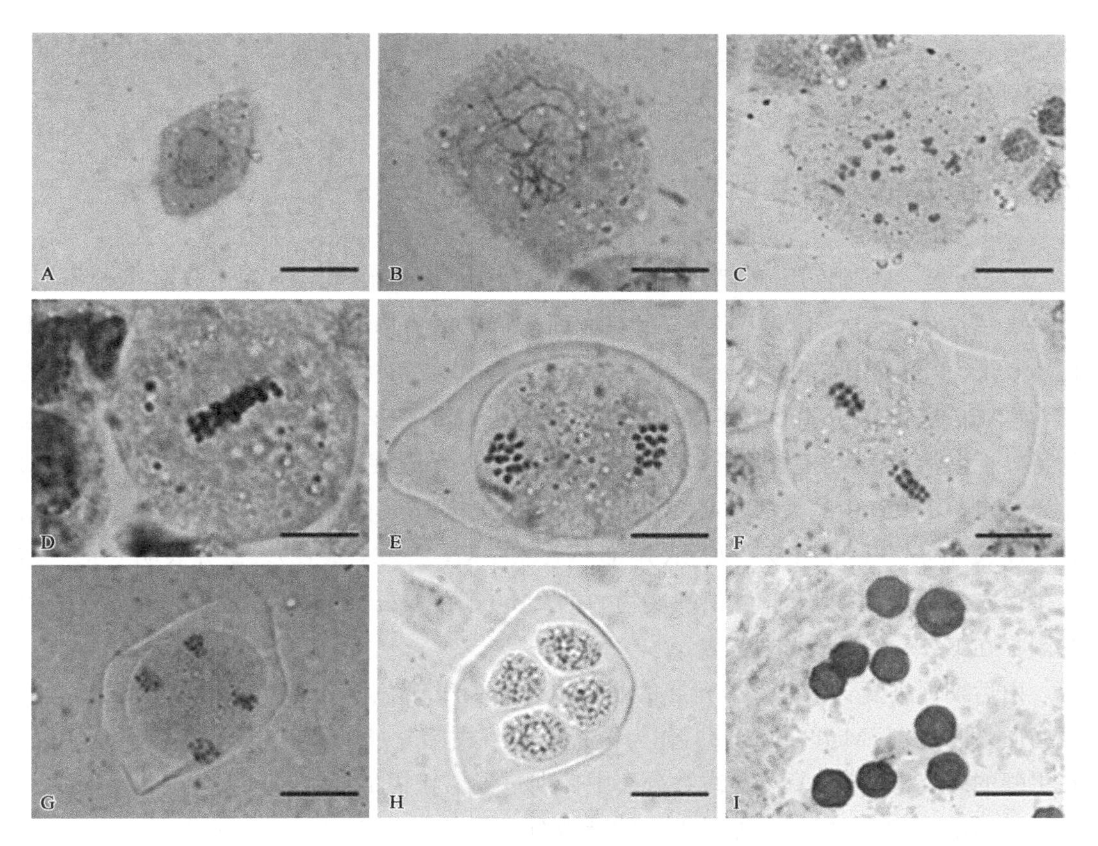

图 14-9　香石竹减数分裂观察

（A. 花粉母细胞时期；B. 粗线期；C. 终变期；D. 减Ⅰ中期；E. 减Ⅰ末期；F. 减Ⅱ中期；G. 减Ⅱ末期；H. 四分体时期；I. 花粉时期。标尺＝10 μm）

（二）qPCR 分析 *Dccdc20* 基因表达情况

RT-qPCR 结果显示（图 14-10），在香石竹花蕾 3 个不同发育时期，花药中 *Dccdc20* 基因的表达呈现逐渐下降趋势；花蕾长度为 1.1～1.2 cm（Stage 1）时期的花药中 *Dccdc20* 基因表达量最高，随着花药的发育，*Dccdc20* 基因表达量逐渐降低；*Dccdc20* 基因在花药发育的 Stage 1 时期的表达量与 Stage 2 和 Stage 3 时期有差异显著，Stage 2 和 Stage 3 时期 *Dccdc20* 基因在花药中表达量差异不显著。香石竹组织茎和叶中 *Dccdc20* 基因表达量较低。由此可见，*Dccdc20* 在花药各个时期都用

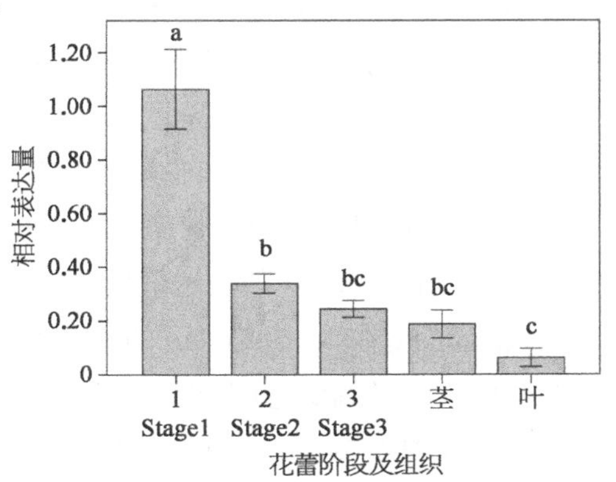

图 14-10　*Dccdc20* RT-qPCR 表达

（Stage 1. 花蕾长度为 1.1～1.2 cm 的花药；Stage 2. 花蕾长度为 1.3～1.4 cm 的花药；Stage 3. 花蕾长度为 1.5～1.6 cm 的花药。不同字母表示显著差异，$p<0.05$）

一定的表达量，且呈下降趋势，说明 *Dccdc20* 基因表达于香石竹减数分裂细胞，其具体作用机制有待进一步探究。

五、关于 *Dccdc20* 基因功能的讨论

Cdc20 是一种辅助因子，适用于 SAC 和 APC/C，并且在减数分裂中具有多种作用。Cdc20 一方面与 APC/C 相互作用，另一方面与特定的 APC/C 底物相互作用（Hwang L H, et al., 1998）。保守的 Cdc20 蛋白被鉴定为 APC 依赖性蛋白水解底物的特异性激活剂，是 APC 底物 Pds1 降解所必需的（Visintin R, et al., 1997）。Cdc20 作为 APC/C 的底物特异性激活蛋白，含有 7 个 WD40 重复序列，形成β-螺旋桨结构，是蛋白质相互作用的主要位点。Cdc20 中的大多数必需结构域在进化过程中都是非常保守的，包括 Mad2 结合基序、C-box、WD40 重复序列、IR 尾部（Vleugel M, et al., 2012）。研究表明 Cdc20 结构中没有 D-box 结构域，但可识别底物中的 D-box，在香石竹中，我们也未发现 *Dccdc20* 基因存在 KEN 和 D-box 结构域。

由后期促进复合物（APC）介导的蛋白水解可引发染色体分离并退出有丝分裂，3 种蛋白质，即 Mad1、Mad2 和 Mad3，作为检查点的组成部分，显示出与 Cdc20 有相互作用。在果蝇的研究中发现，APC 是减数分裂中后期进展所必需的（Vleugel M, et al., 2012）。APC 在小鼠、黑腹果蝇和牛卵母细胞的减数分裂染色体分离中具有多种作用（Sun S C, et al., 2012）。已发现有几种 *Cdc20* 基因可调节减数分裂特异性 APC/C 活性，或以其他方式参与生育。酵母 *Cdc20* 基因 Ama1 是中期Ⅰ纺锤体组装和内聚降解所必需的（Chu T, et al., 2001）。在拟南芥减数分裂中，AtCDC20.1 和 AtCDC20.2 对于正常的植物发育和繁殖是必不可少的（Kevei Z, et al., 2011）。Cdc20 在减数分裂Ⅰ的前期积累，主要存在粗线期晚期的精母细胞的细胞质中，并同时存在减数分裂的细胞中（Goto M, et al., 2004）。

Cdc20 在动物减数分裂中扮演着重要角色，然而，*Cdc20* 在植物减数分裂中的作用研究较少。在香石竹中，花蕾长度在 1.1～1.2 cm 的花药大部分处于花粉母细胞时期到终变期，这一时期 *Dccdc20* 的表达量最高；花蕾长度在 1.3～1.4 cm 的花药大致处于减数分裂时期，花蕾长度在 1.5～1.6 cm 的花药大致处于四分体时期，*Dccdc20* 都有相应的表达量；在茎叶中表达量偏低，且在花药的各个时期表达量呈下降趋势。因此，*Dccdc20* 可能在减数分裂中起着不可或缺的调控作用，这为后期研究 *Dccdc20* 的作用机制及转基因技术奠定基础。

第十五章

香石竹 *DcSKP1* 基因克隆和表达分析

许多细胞事件，如信号转导、细胞周期调节和转录的机制主要由泛素介导的蛋白降解所调控(Hershko A, et al., 1998)。泛素化是一个三酶级联的过程，首先泛素被泛素激活酶(E1)激活，然后转移到泛素结合酶(E2)上，在泛素连接酶(E3)的帮助下与底物蛋白的赖氨酸残基结合，赋予底物特异性(刘卫霞，等，2002)。多个泛素分子可以附着在蛋白底物上已有的泛素分子上，形成多泛素链，多泛素化的蛋白通常被 26S 蛋白酶体降解。SCF 复合物形成了已知最大的 E3 泛素蛋白连接酶(Schulman B A, et al., 2000)，SCFs 参与关键蛋白的泛素化，控制细胞周期进展和转录控制等基本生物学过程(孙新艳，等，2017)。拟南芥 SKP1-like-1(ASK1)编码连接 Cullin 和 F-box 蛋白的 SCF 亚基(Hu M Y, et al., 1999)。已有研究表明，ASK1 可以与 F-box 蛋白相互作用(Takahashi N, et al., 2004)，而这些 F-box 蛋白在不同的通路中发挥着重要的作用(郑鸿平，等，2011)。ASK1 作为 SCFs 中的关键成分，在拟南芥中广泛地表达，在许多发育和生理过程中可能具有重要的功能(Lu D, et al., 2016；叶佑丕，2014)。拟南芥 *ask1* 突变体在雄性减数分裂、花器官发育和营养生长方面存在缺陷。*ask1 -1* 突变体中最早被检测到的缺陷发生在细线期到偶线期的转化过程中，核仁未能迁移到核外周，同源染色体不发生联会(Wang Y X, et al., 2004)。*ASK1 -1* 突变也导致拟南芥雄性减数分裂中重组频率的增加(Wang Y X, et al., 2006)和雄性不育(Yang M, et al., 1999)。

香石竹是世界四大鲜切花之一，具有较高的产量和产值。香石竹目前的育种主要还是采用传统的杂交育种，包括种间杂交和种内杂交育种方式；自然芽变或是采用辐射来诱导芽变也是香石竹育种方法之一；此外，也会利用转基因技术的方法来培育蓝色香石竹、抗枯萎病和耐热等品系。但有关通过调控参与香石竹减数分裂的基因来创制优异香石竹品种的研究较少，这极大地阻碍了香石竹育种的进程。*SKP1* 基因可调控花器官发育和减数分裂，但香石竹 *SKP1* 基因还未被克隆。本研究通过克隆香石竹 *SKP1* 基因，研究其在花药和茎叶的表达模式，为深入了解香石竹花发育的分子机制及将其运用于香石竹育种奠定基础。

一、*DcSKP1* 基因全长 cDNA 序列克隆

以提取的香石竹花药 cDNA 为模板进行 PCR 扩增。首先扩增中间片断，通过 3′- RACE 与 5′- RACE 技术扩增 DcSKP1 基因 3′端和 5′端序列，根据拼接后的 cDNA 全长序列设计引物扩增包括完整 ORF 在内的 *DcSKP1* 基因全长 cDNA 序列，扩增的产物见图 15 - 1。

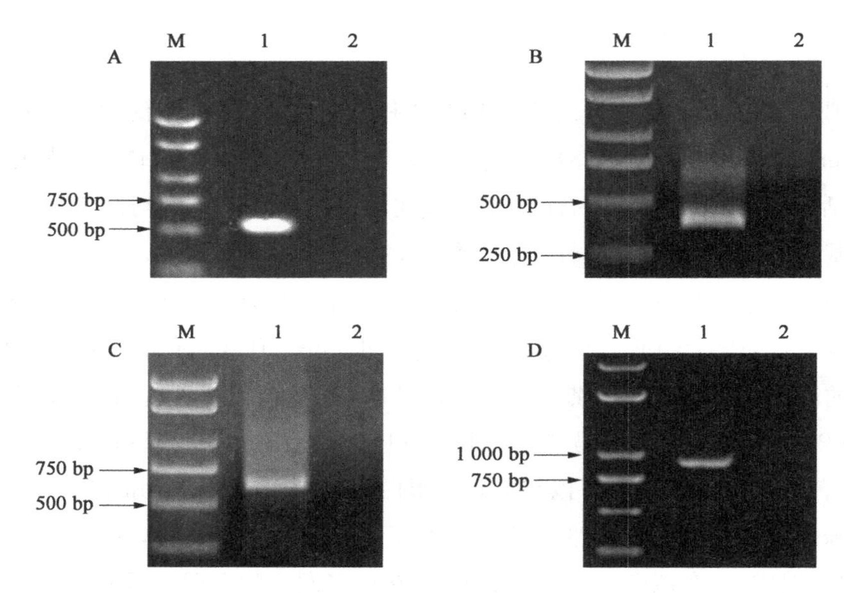

图 15 - 1　*DcSKP1* 基因中间序列、RACE 和全长 cDNA 序列扩增

（A. 中间片断 PCR 产物；B. 5′- RACE PCR 产物；C. 3′- RACE PCR 产物；D. 全长 PCR 产物；M. Marker。1、2.泳道）

DcSKP1 基因中间片段扩增测序得到了 500 bp 的序列（图 15 - 1A），*DcSKP1* 基因 5′端和 3′端序列测序后得到了长度分别为 376 bp（图 15 - 1B）和 567 bp（图 15 - 1C）序列，将以上克隆得到的 3 段序列拼接后得到一个长度为 962 bp 的 *DcSKP1* 全长 cDNA 序列。再设计引物扩增 cDNA 全长包括完整 ORF 在内的 921 bp 的序列（图 15 - 1D），该序列与拼接后序列的碱基完全一致。克隆结果表明，*DcSKP1* 基因 cDNA 全长序列为 962 bp，含有 1 个长度为 567 bp 的 ORF，该基因编码 188 个氨基酸，命名为 *DcSKP1*（GenBank 登录号：MK931293）。

二、DcSKP1 氨基酸序列比对及进化分析

利用 DNAman 软件比对分析多个不同物种 *Skp1* 基因编码的氨基酸序列，发现

DcSKP1 基因存在一个高度保守的 TPEE 基序(157～160 氨基酸)，该基序很可能与糖基化翻译后修饰有关。该香石竹蛋白质还具有 Skp1_POZ 结构域(18～77 氨基酸)和 Skp1 结构域(139～186 氨基酸)(图 15－2)。SKP1 蛋白可分为两种类型，由 3 种类型的基因编码(Kong H, et al., 2007)。I 型蛋白由 Ia 型和 Ib 型基因编码，具有两个保守区域(Skp1_POZ 和 Skp1)和两个可变区域。II 型蛋白由 II 型基因编码，与 I 型蛋白有很大不同。II 型蛋白含有一个额外的 c 端区域。Ia 型基因包含单个内含子，而 Ib 型基因不包含任何内含子。II 型基因在多个位置有多个内含子(Hong M J, et al., 2013)。本研究分离的 *DcSKP1* 基因包含一个内含子，归为 I 型蛋白和 Ia 型基因。

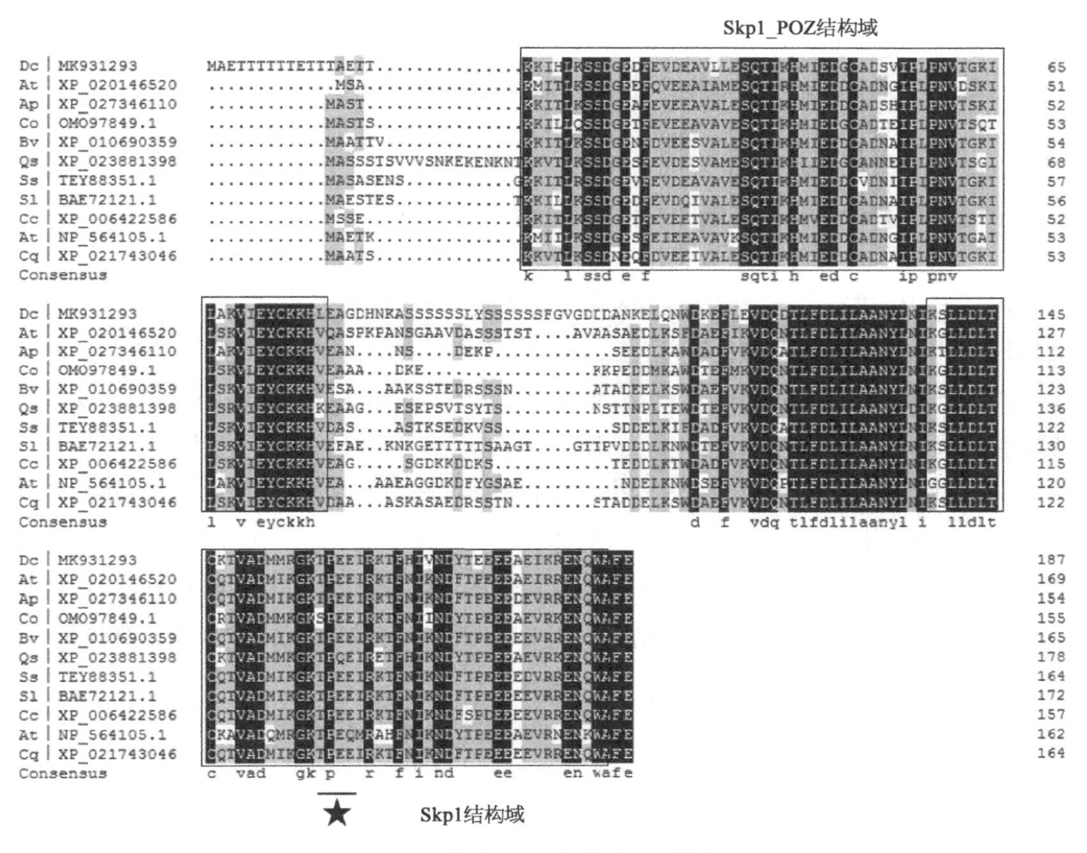

图 15－2　植物 Skp1 氨基酸序列的比对

(Dc.香石竹；At.山羊草；Ap.相思豆；Co.黄麻；Bv.甜菜；Qs.栓皮栎树；Ss.一串红；Sl.蝇子草；Cc.柑橘；At.拟南芥；Cq.藜麦。星号表示 TPEE 基序)

采用最大似然法(ML)将其他物种的 SKP1 与香石竹的 DcSKP1 氨基酸序列进行比对，建立系统进化树。结果显示，香石竹的 DcSKP1 氨基酸序列与拟南芥的 SKP1 聚集在一个分支上(图 15－3)，表明这两个基因的同源性最高。

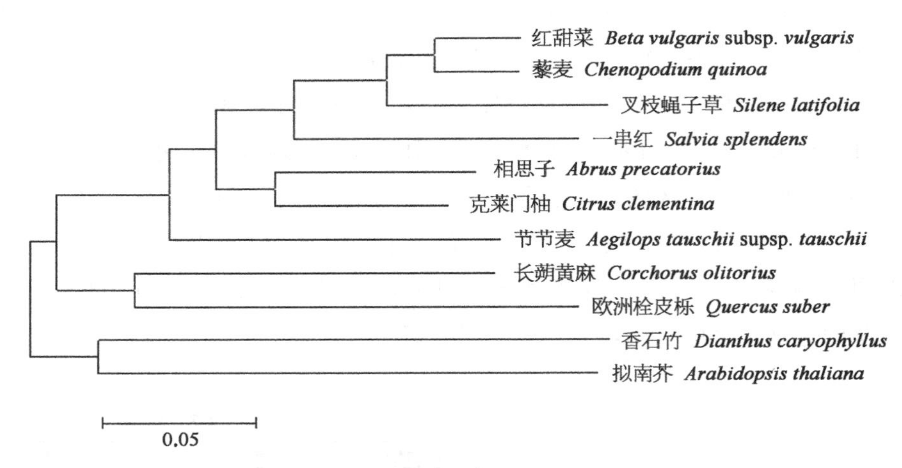

图 15-3　SKP1 蛋白的系统进化树

三、香石竹 DcSKP1 生物信息学分析

对 DcSKP1 进行氨基酸组成成分及理化性质分析，结果表明，DcSKP1 的分子式为 C913H1443N237O317S7，理论等电位 4.52，分子量为 21036.32Da。该蛋白正电荷残基为 19，负电荷残基为 38，预测不稳定指数为 47.83，为不稳定蛋白。香石竹 DcSKP1 氨基酸组成主要为 Glu 和 Leu，其中 Glu 所占比例约为 11.7%，Thr 所占比例约为 10.1%。预测 DcSKP1 蛋白的亚细胞定位，可能 52.2%在细胞核中，26.1%在细胞质中，4.3%在高尔基体，4.3%在细胞骨架，4.3%在过氧化物酶体，4.3%在质膜和 4.3%在线粒体中。Dcskp1 蛋白的信号肽无峰值出现(图 15-4)，说明 DcSKP1 蛋白不存在信号肽，也说明该蛋白不属于分泌蛋白。蛋白跨膜结构预测结果表明 DcSKP1 没有跨膜螺旋，是一个非跨膜蛋白。

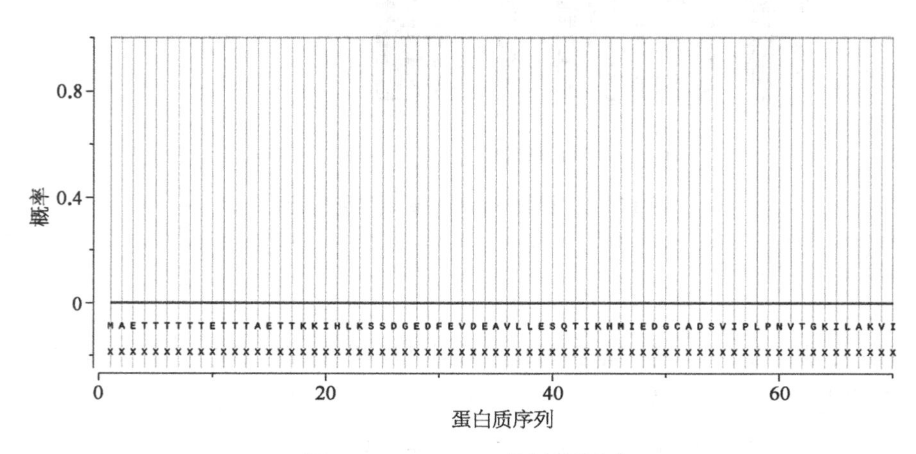

图 15-4　DcSKP1 信号肽预测

预测磷酸化位点发现在该蛋白质序列中可能含有 48 个磷酸化位点(score>0.5)，包含 16 个丝氨酸位点、12 个苏氨酸位点和 1 个酪氨酸位点(图 15-5)。蛋白质疏水性和亲水性预测结果表明，该蛋白是最可能是亲水性蛋白(MIN: −2.489，MAX: 2.011)(图 15-6)。

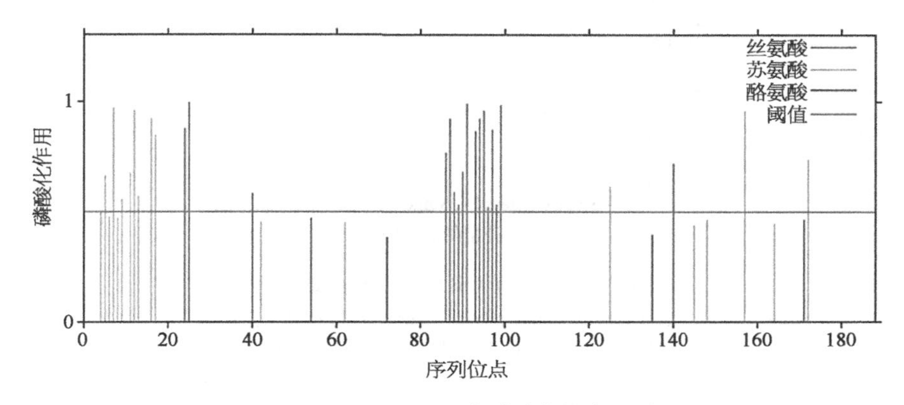

图 15-5　DcSKP1 中磷酸化位点预测

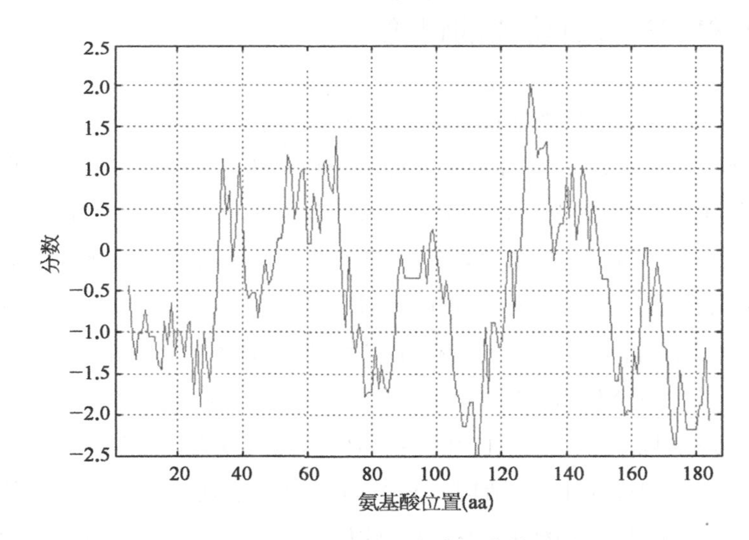

图 15-6　DcSKP1 蛋白亲疏水性预测

四、*DcSKP1* 基因的荧光定量表达分析

荧光定量 PCR 结果显示，*DcSKP1* 基因在香石竹花药 3 个不同发育时期均有表达，但表达趋势逐渐下降，花蕾长度为 1.1～1.2 cm(Stage 1)时的花药表达量最高，花蕾长度为 1.3～1.6 cm(Stage 2 和 Stage 3)时期的花药表达量低，且 Stage 1 与 Stage 2 和 Stage 3 有显著差异，而在茎和叶中表达量更低，与花药中的表达量有显著差异(图 15-7)。由此可见，*DcSKP1* 基因可能与香石竹花药发育相关，尤其与减数分裂有关。

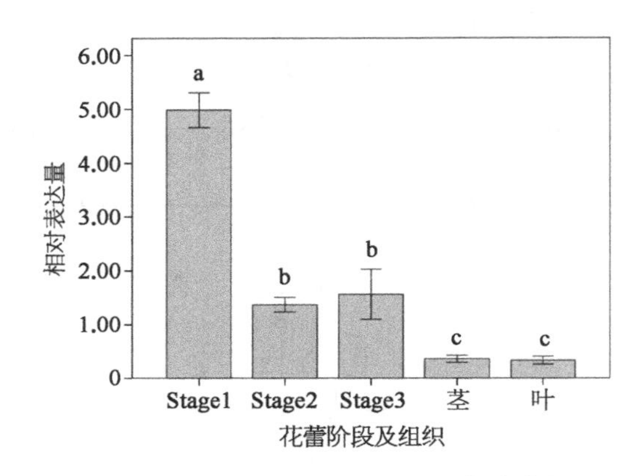

图 15－7 *DcSKP1* RT－qPCR 表达分析

(Stage 1.花蕾长度为 1.1～1.2 cm 的花药；Stage 2.花蕾长度为 1.3～1.4 cm 的花药；Stage 3.花蕾长度为 1.5～1.6 cm 的花药。不同字母表示显著差异，$p<0.05$)

五、关于 *DcSKP1* 基因功能的讨论

SCF 能参与一系列的生物学反应，包括信号转导、转录和细胞周期调控（宋瑜龙，2011；孙新艳，等，2017）。SCF 复合物在酵母系统中被发现，并且在细胞周期底物泛素化降解过程中发挥重要作用(Feldman R R，et al.，1997)。SCF 复合物由 3 个亚基组成，即 Cullin(CDC53)、SKP1 和 F-box 蛋白，SKP1 是 SCF E3 泛素连接酶蛋白复合物的核心成分，参与多种生物过程。在这个复合物中，SKP1 是一种连接蛋白，与 Cullin 和 F-box 蛋白结合。SKP1 可以与许多 F-box 蛋白相互作用，泛素化不同的底物特异性因子(Smalle J，et al.，2004)。烟草 *SKP1* 基因具有 Skp1 结构域（张付云，等，2007；夏江宏，等，2015)，亚细胞定位发现 NtSKP1 蛋白在胞浆和核部位均有表达(张付云，等，2009)。香石竹 *DcSKP1* 基因存在 Skp1_POZ 结构域和 Skp1 结构域，还具有一个高度保守的 TPEE 基序，很可能与糖基化翻译后修饰有关，通过软件预测，香石竹 *DcSKP1* 基因主要定位于细胞核。

拟南芥 *SKP1*(*atk1 -1*)突变体的雄性育性降低，有活力的花粉粒减少，雄配子减数分裂异常。*atk1 -1* 突变体中的雄性减数分裂产生反常数量的不同大小的小孢子，减数分裂纺锤体缺乏正常纺锤体的双极结构，这种异常的纺锤体可能是染色体异常分离和随后的孢子和花粉异常的原因，*atk1 -1* 染色体在中期 I 中不正确排列也可能与异常的纺锤体有关(Chen C，et al.，2002)。此外，ASK1 还抑制花粉减数分裂中的重组(Wang Y X，et al.，2006)。关于小麦的研究表明，*SKP1* 表达量急剧下降，可能会使细胞分裂不能正常进行，从而导致小麦花粉粒的生长发育受到影响，过早地趋于死亡。同时，SKP1 蛋白也会大幅度下降，大量的 SCF 复合体很难形成，泛素蛋白酶体途径受阻，导致一些细胞周期抑制蛋白降解不及时，进而影响花粉粒的活性，引起雄性不育的发生（宋瑜龙，2011）。本研究中香石竹 *DcSKP1* 基因在幼小的花药中表达量高，随着花药的不断发育，表达量有所下降，而幼小的花药正在进行减数分裂，提示 *DcSKP1* 基因可能参与香石竹减数分裂过程。

水稻的 *OmSKP1* 主要定位于细胞核，*OmSKP1* 在营养组织（叶）和生殖组织（花）中都有表达，且花中的表达水平明显高于叶片，说明 *OmSKP1* 主要在花中进行表达（范锡麟，2013）。小麦的 *TSK1* 基因在花药、幼根以及花顶端分生组织等分生较旺盛的组织中有较强的表达，暗示该基因可能参与植物细胞分裂相关的过程（李驰峻，2006）。在小麦可育和不育株中，随着花药生长时期（单核期、二核期、三核期）的推后，*SKP1* 基因的相对表达量都逐步降低；但在同一个发育期，可育花药中 *SKP1* 基因的相对表达量比不育株花药中 *SKP1* 基因的相对表达量高（宋瑜龙，2011）。在拟南芥中，*ASK1* 基因在生殖生长和营养生长整个过程中都有持续、广泛的表达，而在有丝分裂旺盛的部位及减数分裂部位有更高的表达量（Porat R, et al., 1998）。*ASK1* 基因的表达量在减数分裂细胞周期中有波动，从细线期到粗线期出现一个峰值水平。因此，细线期到粗线期对于 ASK1 的功能似乎是至关重要的（Wang Y X, et al., 2006）。草莓的 *FaSKP1-1* 基因在植物的各个组织部位如根、叶、茎、花瓣、花柱、花托、花粉及果实中均有表达（殷姗姗，等，2016）。本研究对香石竹 *DcSKP1* 基因表达模式进行研究，结果发现 *DcSKP1* 基因在各个组织部位都有表达，在花药中的表达量高于茎叶组织，且表达量具有显著差异，提示 *DcSKP1* 基因与花药的发育有关，可能参与香石竹减数分裂的过程。本研究为研究香石竹花粉败育的原因、减数分裂调控的信号通路和培育优异的植物新品种奠定基础。

第十六章

香石竹减数分裂相关基因功能研究

多倍体是指在一个物种中存在两组以上的完整染色体，是植物物种进化的一个重要特征。多倍体被广泛认为是进化和物种形成的有利力量（Alix K，et al，2017；Van de Peer Y，et al，2017）。多种途径可以产生多倍体，例如通过亲本杂交来培育多倍体及其后代，可快速有效地形成未减数配子。大多数研究人员认为，未减数配子的有性多倍化是多倍体的主要来源（Cuenca J，et al.，2015）。未减数配子（2n）受精是三倍体和四倍体生物体的常见来源，减数分裂失败或纺锤体方向异常是导致 2n 配子形成的原因（Cromer L，et al.，2012；d'Erfurth I，et al.，2008）。可育多倍体的形成不仅促进了遗传和多样性，而且也促进了多倍体育种的发展。因此，2n 配子可以在很大程度上将亲本的杂合性状传递给后代（Gao S M，et al.，2019）。2n 配子的形成机制，即第缺失二次分裂重组（SDR）和缺失第一次分裂重组（FDR），对种群结构和繁殖效率有很大影响（Cuenca J，et al.，2015）。

科研人员在植物育种中利用未减数配子建立了有性多倍体，并在香石竹（Zhou X，et al.，2017）、日本柿（Sun P，et al.，2021）、柠檬（Xie K，et al.，2019）、百合（Lim K B，et al.，2004）、杨树（Dong C B，et al.，2015）、马铃薯（Carputo D，et al.，2000）、玫瑰（Crespel L，et al.，2002）和橡胶树（Yao P，et al.，2016）等作物的改良中发挥了重要作用。在郁金香 2x×2x 杂交后代中鉴定出具有重要园艺性状的三倍体，其性状包括生长旺盛和大花等（Okazaki K，et al.，2005）。2n 配子的双边有性多倍化可导致紫花苜蓿的生物量增加、开花早、种子大、细胞大、叶片大（Rosellini D，et al.，2016）。重要的经济性状，包括对非生物和生物胁迫的抗性，是通过 2n 配子从野生种导入到栽培种的马铃薯中的（Zlesak D C，et al.，2002）。拟南芥平行纺锤体 1 基因（*AtPS1*）与植物中高频率的 2n 配子形成有关。雄性减数分裂Ⅱ的纺锤体方向异常可导致 2n 配子的形成（d'Erfurth I，et al.，2008）。第二次减数分裂缺失（*OSD1*）也参与了 2n 配子的形成。*OSD1* 功能的丧失最初被证明是在减数分裂细胞周期中导致第二次有丝分裂的缺陷，从而导致 *Arabidopsis thaliana* 产生二倍体的雄配子和雌配子（d'Erfurth I，et al.，2009）。*OSD1* 及其同系物 *UVI4*（紫外线不敏感 4）是后期促进复合体/环体（*APC/C*）的负调节因子（Heyman J，et al.，2011）。*OSD1* 突变体的子叶具有较大的表皮细胞，具有较高的倍性，

表明 *OSD1* 在子叶的内复制或有丝分裂中起作用。*UVI4* 功能的丧失导致体细胞组织对 UV－B 的抗性增加和倍性水平增加，这表明 *UVI4* 抑制细胞周期染色体的复制（Hase Y，et al.，2006）。*Uvi4－2* 和 *osd1－2* 突变体的染色体倍数均显著高于 *Ler－0* 突变体。因此，*OSD1* 和 *UVI4* 的表达水平是细胞进入正常有丝分裂或内复制的关键决定因素（Bao Z，et al.，2014）。

香石竹是世界上最受欢迎的商业切花之一。它因极佳的新鲜度、丰富的形态和颜色及经得起长途运输的能力而受到许多出口国的青睐。香石竹、玫瑰和菊花占世界切花贸易的近 50%（Jawaharlal M，et al.，2009）。香石竹中还含有 2n 花粉，其表达频率不到 93%。香石竹的二倍体花粉发生频率因季节和不同的基因类型而异（Zhou X，et al.，2015）。

在香石竹 2n 配子发生的各种细胞学机制中，最常见的机制是减数分裂Ⅱ纺锤体缺陷和减数分裂Ⅱ缺失。有趣的是，*DcPS1* 可能在雄性减数分裂和卵细胞发育中发挥作用。*DcPS1* 基因表达下降，引起 2n 花粉的产生，说明两者之间可能存在相关性。在香石竹中，*OSDLa* 在芽和其他组织中连续表达，表明了其在减数分裂和体细胞生长中的作用。然而，这些关于香石竹 *DcPS1* 和 *OSDLa* 功能的假说尚未得到证实。本篇重点研究了 *Dcps1* 和 *OSDLa* 的功能和调控网络。

一、香石竹转基因植株 DcPS1 RNAi 产生 2n 配子

为了探究香石竹 *DcPS1* 基因的功能，我们构建了 RNAi 干扰载体。利用农杆菌介导将 RNAi－DcPS1 导入香石竹愈伤组织。通过 PCR 验证获得 1 个 DcPS1 RNAi 转基因阳性植株（图 16－1）。与野生型（WT）相比较，DcPS1 RNAi 转基因型显示 *DcPS1* 表达显著降低（t 检验，$p<0.05$）（图 16－1B）。

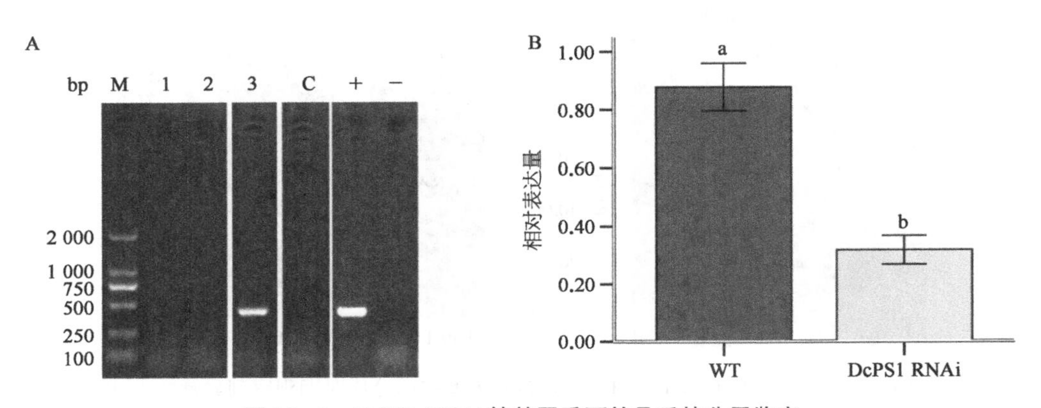

图 16－1　DcPS1 RNAi 转基因香石竹品系的分子鉴定

（A. 转基因品系的 PCR 鉴定。M.DNA 标记；1、2. 转基因阴性植株；3. 转基因阳性植株；+. 阳性对照；－. 无模板对照；C. 未转化对照。B. 所选转基因品系中 *DcPS1* 表达的 qRT－PCR 结果）

在野生型和DcPS1 RNAi转基因型中分别观察到3 302和2 489个花粉母细胞(图16－2)。其中，野生型中大多数为四分体(89.95%)(图16－2A)。此外，野生型中发现有0.18%的三分体(图16－2B)、9.18%的二分体(图16－2C)、0.67%的一分体(图16－2D)和0.03%的多分体(图16－2E)，以及一些反常的二分体(图16－2F)和一些反常的四分体(图16－2G、H)。二分体和三分体最终分别产生2个2n花粉粒和1个2n花粉粒(图16－2I)。然而，在DcPS1 RNAi转基因型中，发现有71.03%的四分体、0.24%的三分体、28.6%的二分体和0.12%的一分体。二分体的产生在DcPS1 RNAi转基因型中的频率高于野生型(图16－2J、K)。这些数据有力地支持了*DcPS1*参与2n配子形成的理论。

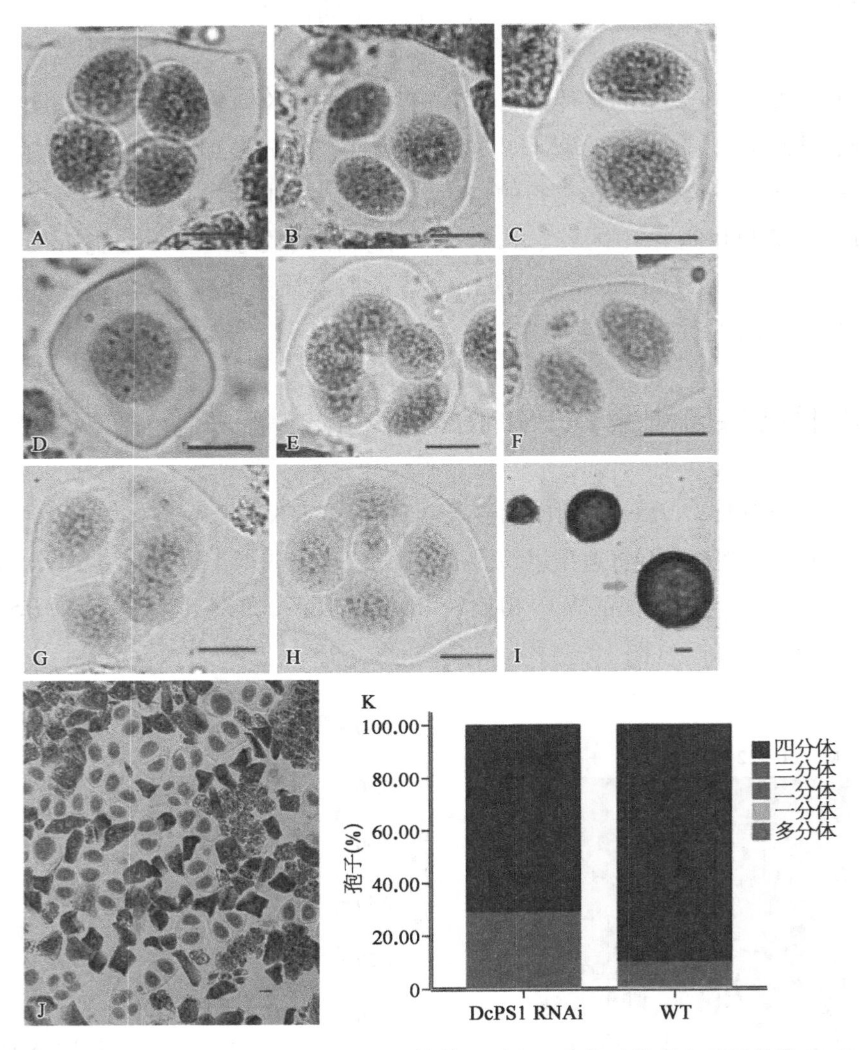

图16－2 野生型(WT)和DcPS1 RNAi转基因型在四分体时期观察到异常的PMC

[A. 四分体；B. 三分体；C. 二分体；D. 一分体；E. 五分体；F. 1个微核的二分体；G. 两个微细胞的四分体；H. 一个微细胞的四分体；I. 2n花粉(箭头)；J. 在转基因香石竹中形成大量二分体；K. WT(n=3 302)和DcPS1 RNAi(n=2 489)中花粉母细胞的类型。标尺=10 μm]

卡宝品红染色显示，在小孢子发生过程中，野生型和 DcPS1 RNAi 转基因型植株有正常和异常减数分裂。在正常的减数分裂中，中期Ⅰ纺锤体将二价体排列在赤道面(图 16-3A)，随后在后期Ⅰ将同源染色体分离到相反的两极(图 16-3B)。染色体在末期Ⅰ去浓缩(图 16-3C)。垂直纺锤体通常在中期Ⅱ出现(图 16-3D)，导致在后期Ⅱ和末期Ⅱ形成 4 个分离良好的极(图 16-3E、F)，并在减数分裂末期形成四分体。在异常减数分裂中，观察到减数分裂Ⅰ和Ⅱ的异常，包括第二次减数分裂的缺失(图 16-3G～I)、三极纺锤体(图 16-3J)、融合纺锤体(图 16-3L)，以及中期Ⅱ(图 16-3N、O)和末期Ⅱ(图 16-3P)染色体的滞后。这些缺陷可能是 DcPS1 RNAi 转基因型植株中二分体和三分体形成的主要原因，其发生频率高于野生型。

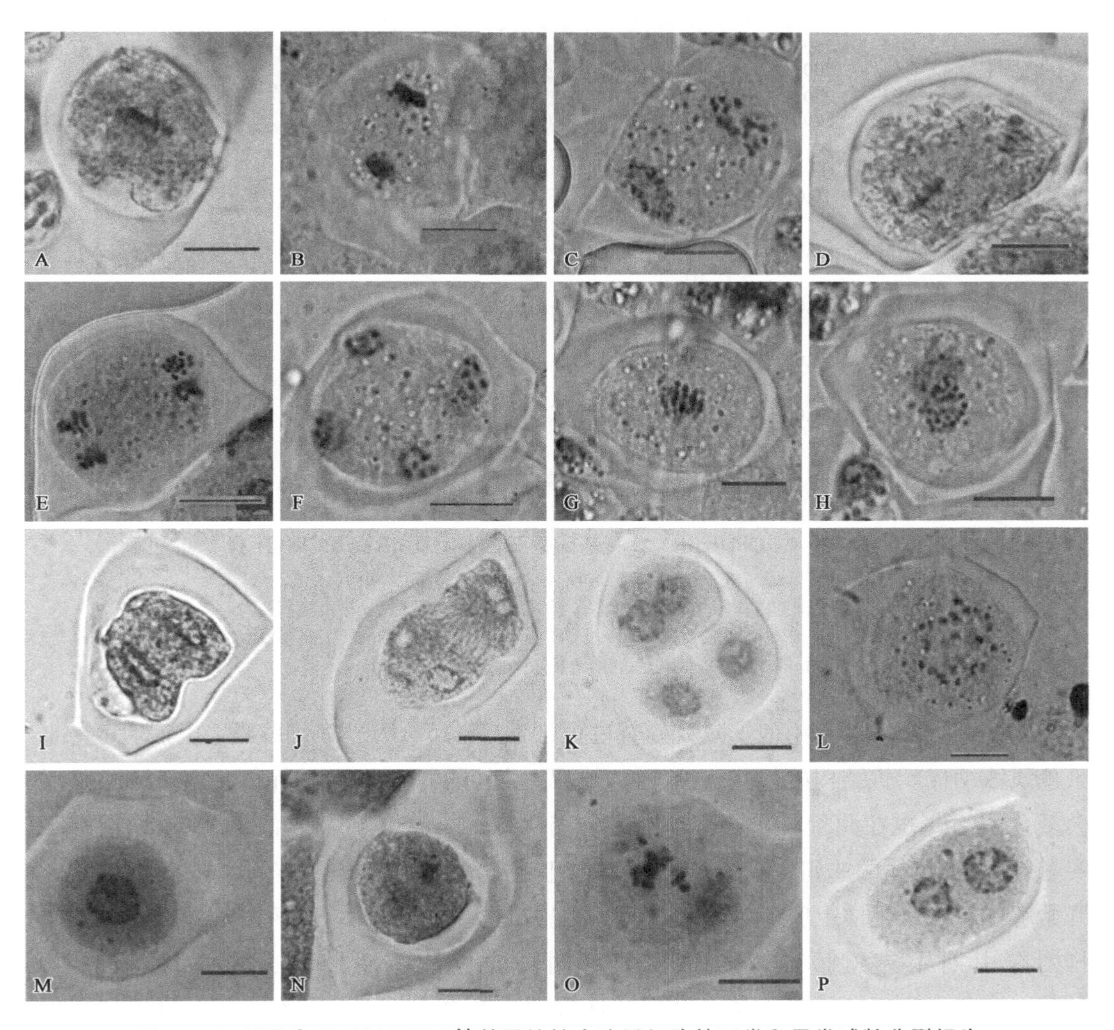

图 16-3　WT 和 DcPS1 RNAi 转基因植株小孢子细胞的正常和异常减数分裂行为

(A～F.正常减数分裂；G～P.异常减数分裂；A.中期Ⅰ；B. 后期Ⅰ；C. 末期Ⅰ；D. 中期Ⅱ；E. 后期Ⅱ；F. 末期Ⅱ；G. 中期Ⅰ；H. 后期Ⅰ；I. 异常胞质分裂；J. 三极纺锤体；K. 三分体；L. 融合纺锤体；M. 单倍体；N、O.中期Ⅱ落后染色体；P. 末期Ⅱ落后染色体。标尺＝10 μm)

二、香石竹转基因植株 OSDLa RNAi 产生 2n 配子

通过 PCR 扩增筛选阳性转基因株系(图 16－4A),我们获得了 4 株不同 RNAi 株系、*OSDLa* 表达受到不同程度抑制的转基因植株,检测结果显示 *OSDLa* 表达均显著降低(t 检验,$p<0.05$)(图 16－4B)。

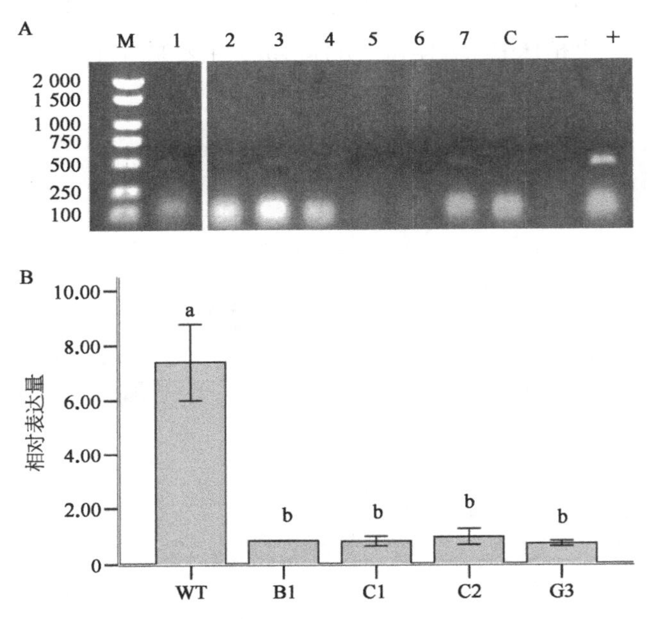

图 16－4 OSDLa RNAi 转基因香石竹鉴定及 qRT－PCR 检测

(A. 转基因植株 PCR 鉴定。泳道 4～6. 阴性转基因植物;泳道 1～3、7. 阳性转基因植株;M. DNA 标记;＋. 阳性对照;－. 无模板对照;C. 未转化对照。B. qRT－PCR 检测。C1、G3、B1 和 C2.转基因阳性植株。不同字母表示差异显著,$p<0.05$)

转基因香石竹部分小孢子减数分裂过程正常(图 16－5)。在细线期,由于螺旋卷曲,染色质浓缩成丝状结构(图 16－5A、B)。在偶线期,同源染色体逐渐靠近并开始配对,联会复合体(SC)也在此阶段开始形成(图 16－5C、D)。染色体进一步浓缩,在粗线期沿 SC 突触,同源染色体的非姐妹染色单体局部重组(图 16－5E)。同源染色体进一步浓缩,SC 开始解体并从染色体上脱落,但同源染色体仍然是交联的(图 16－5F、G)。染色体整齐地排列在中期Ⅰ赤道板上(图 16－5H),同源染色体在后期Ⅰ分离并移动到两极(图 16－5I)。两组 15 个同源染色体整齐地排列在两个中期Ⅱ板上(图 16－5J)。后期Ⅱ的第二次染色体分离(图 16－5K)形成 4 组染色体,这些染色体解聚形成子核,最后形成四分体(图 16－5L)。在 OSDLa RNAi 转基因型植株的减数分裂细胞中,减数分裂Ⅰ出现异常的染色体桥(图 16－6A)。同源染色体在末期Ⅰ(图 16－6B)分离并形成二分体

(图 16-6C、D)，表明二分体的产生是由于缺失第二次减数分裂。后期Ⅱ落后染色体(图 16-6E)可能导致不平衡的多组染色体(图 16-6F)。中期Ⅱ/后期Ⅱ定向纺锤体异常，形成三极纺锤体(图 16-6G、H)。纺锤体异常解释了三分体的出现(图 16-6I、J)。

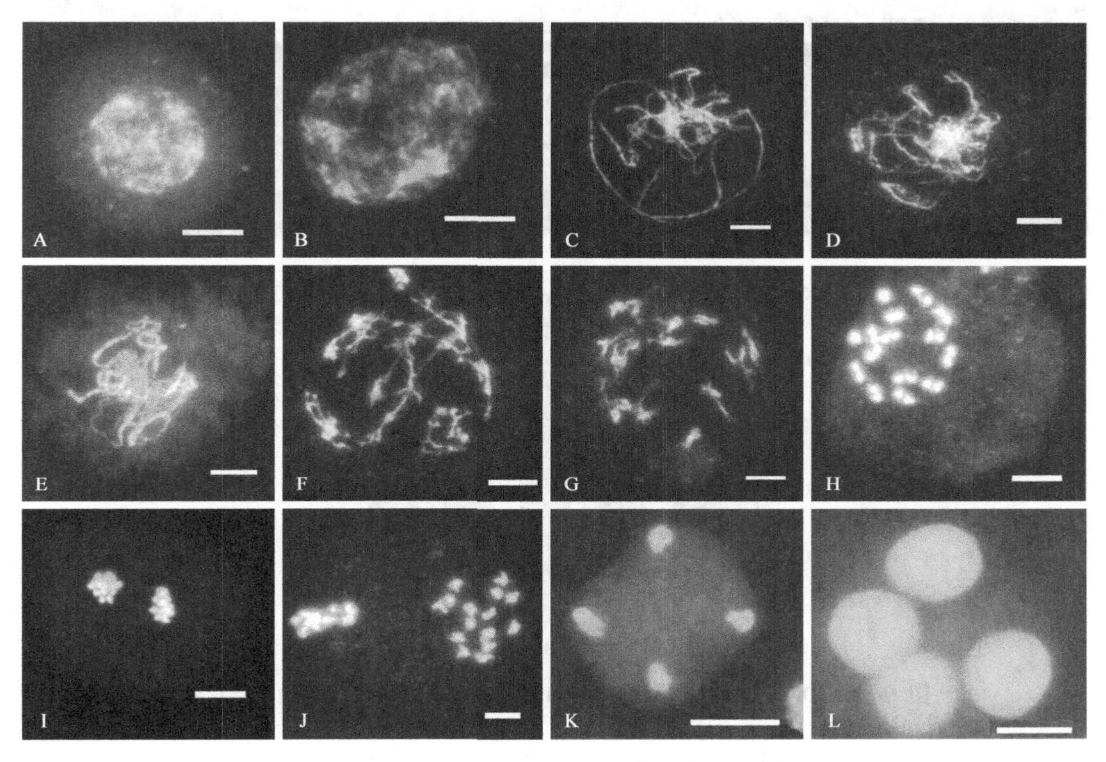

图 16-5　转基因阳性植株 DAPI 染色正常减数分裂细胞学观察

(A、B. 细线期；C、D. 细线期-偶线期；E. 粗线期；F、G. 双线期；H. 中期Ⅰ；I. 后期Ⅰ；J. 中期Ⅱ；K. 后期Ⅱ；L. 四分体。标尺＝10 μm)

在 WT、OSDLa RNAi 植株 C1、C2、G3 和 B1 的花粉母细胞四分体时期，分别观察到 7 360、1 326、4 254、363 和 509 个花粉母细胞。在野生型二倍体植株中，观察到 97.53%的四分体(图 16-6K)，此外，还发现了 0.56%的三分体、1.79%的二分体、0.11%的单分体和 0.01%的多分体(图 16-6K)。在 OSDLa RNAi 植物 C1 中，93.21%为四分体，1.28%为三分体，5.51%为二分体。在 OSDLa RNAi 植物 C2 中，有 95.79%的四分体、0.68%的三分体、3.31%的二分体、0.19%的单分体和 0.02%的多分体。在 OSDLa RNAi 植物 G3 中，四分体占 75.48%，三分体占 1.93%，二分体占 22.59%。在 OSDLa RNAi 植物 B1 中，观察到 89.98% 的四分体，1.96% 的三分体，7.86% 的二分体和 0.2% 的多分体(图 16-6K)。与 WT 相比，在 OSDLa RNAi 转基因植株中观察到了较高频率的二分体和三分体，证实了 OSDLa RNAi 转基因植株中的二倍体小孢子是由减数分裂过程中的缺陷产生的。

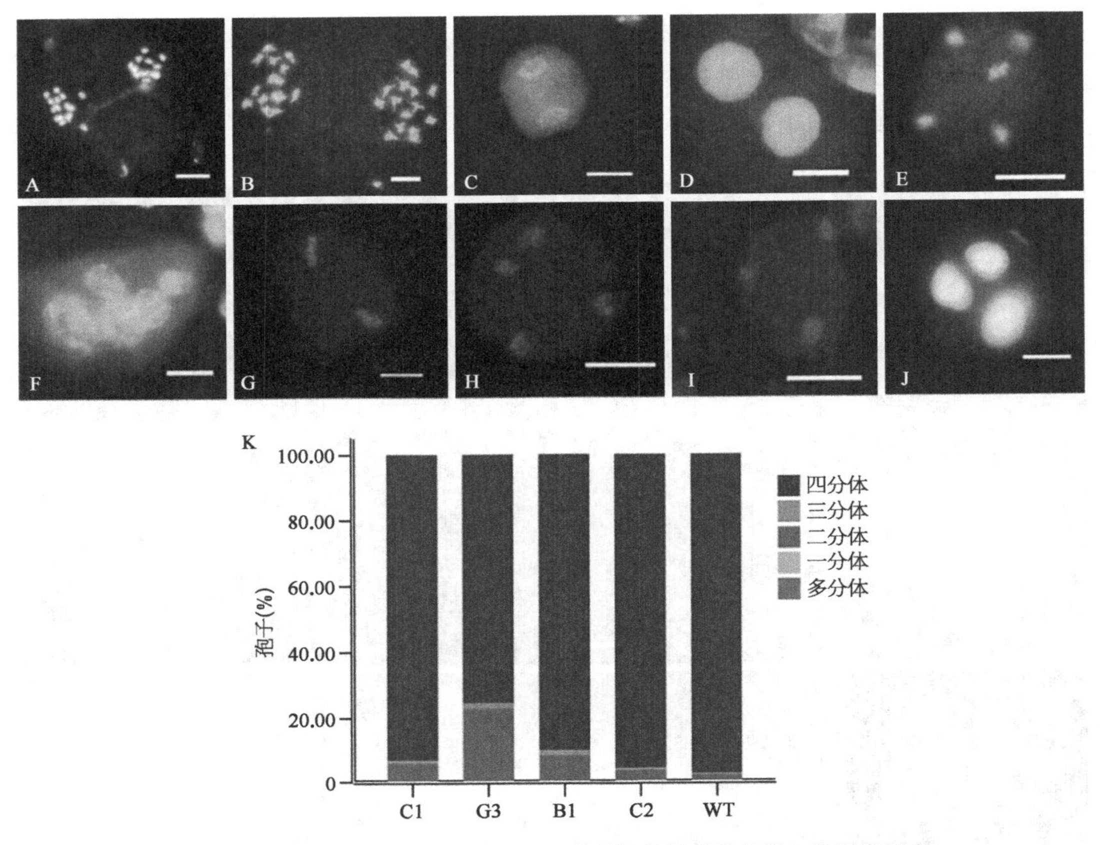

图 16－6 DAPI 染色的 OSDLa RNAi 转基因植株减数分裂细胞异常观察

（A. 后期Ⅰ染色体桥；B. 后期Ⅰ同源染色体分离；C. 末期Ⅰ；D. 二分体；E. 后期Ⅱ染色体分布不平衡；F. 不平衡多分体；G. 中期Ⅱ；H. 后期Ⅱ三极纺锤体；I. 末期Ⅱ；J. 三分体。标尺＝10 μm。K.野生型和 OSDLa RNAi 转基因型减数分裂。WT.n＝7 360；C1.n＝1 326；G3.n＝363；B1.n＝509；C2.n＝4 254）

三、香石竹 OSDLa、DcPS1 和 DcRAD51D 相互作用

我们选择全长 *DcPS1*、*DcRAD51D* 和 *OSDLa* 来进一步分析蛋白质之间的相互作用。将载体 pGBKT7－DcPS1、pGBKT7－DcRAD51D 和 pGBKT7－OSDLa 分别转化到 Y2H 酵母菌株中，并将转化菌接种于不含色氨酸但含有酵母半乳糖苷酶和金黄色葡萄糖苷 A 底物的 SD 培养基（SD/－Trp/X－α－Gal/ABA）中。β－半乳糖苷酶检测显示，pGBKT7－DcPS1 菌落变成蓝色（图 16－7A），而 pGBKT7－RAD51D 和 pGBKT7－OSDLa 菌落没有变色（图 16－7B、C）。这一结果表明，诱饵 pGBKT7－DcPS1 可以自主激活报告基因，而 pGBKT7－DcRAD51D 和 pGBKT7－OSDLa 在没有猎物蛋白的情况下不能自主激活报告基因，因此适合于 Y2H 方法的筛选。

将 Y2H 酵母细胞与 pGBKT7－DcRAD51D 和 pGADT7－OSDLa 共转化，并接种在

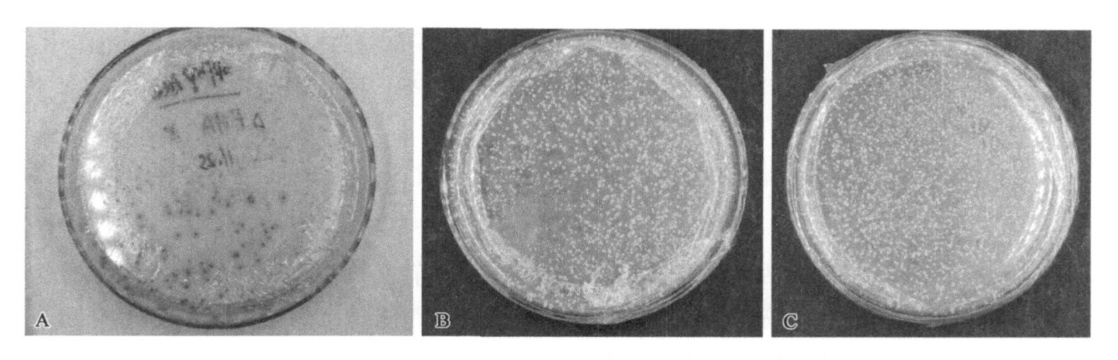

图 16－7　β－半乳糖苷酶检测诱饵转化 Y2H 酵母自激活实验

（A. pGBKT7－DcPS1 载体；B. pGBKT7－DcRAD51D 载体；C. pGBKT7－OSDLa 载体）

QDO/X/A 平板上，以 pGADT7－T 和 pGBKT7－LAM 共转化为阴性对照，以 pGADT7－T 和 pGBKT7－53 共转化为阳性对照，结果出现蓝色菌落，表明两者能正相互作用(图 16－8A)。DcRAD51D 与黄色荧光蛋白(YFP)的氨基末端融合(DcRAD51D－YFP^N)和 OSDLa 与 YFP 的羧基末端融合(OSDLa－YFP^C)的双分子荧光互补(BIFC)实验也证实了 DcRAD51D 与 OSDLa 在烟草原生质体中的相互作用。对于两种组合(DcRAD51D－YFP^N＋OSDLa－YFP^C 和 DcPS1－YFP^N＋OSDLa－YFP^C)，YFP 信号可在细胞核和细胞质中被观察到(图 16－8B、C)。当 DcPS1－YFP^N 与 DcRAD51D－YFP^C 共转化时，没

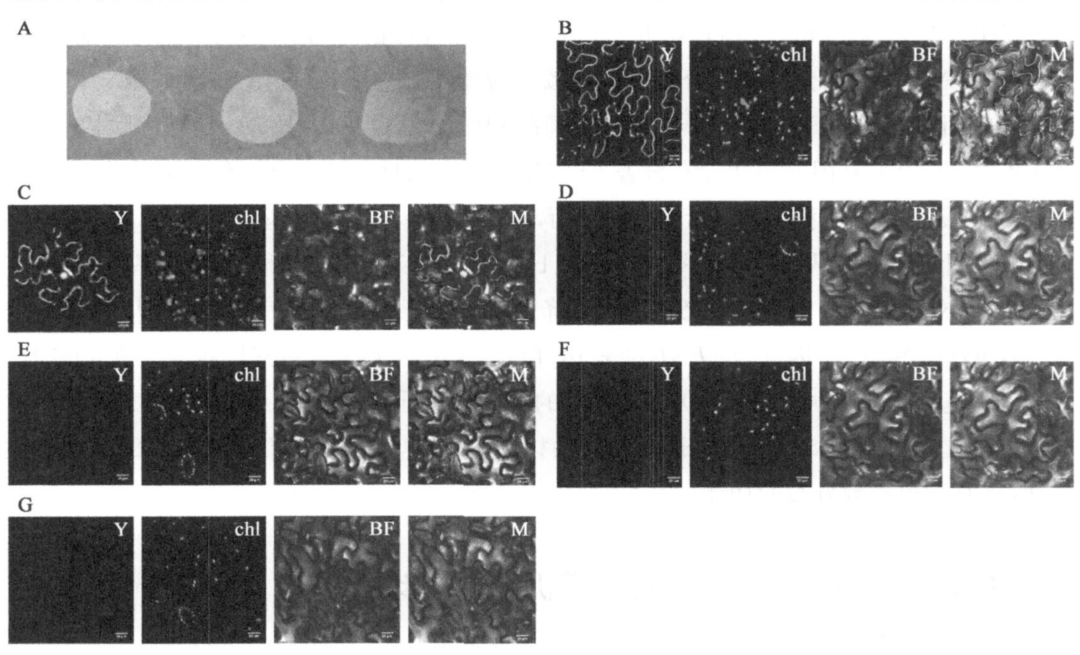

图 16－8　DcRAD51D 和 DcPS1 与 OSDLa 相互作用

（A. DcRAD51D 与 OSDLa 相互作用的 Y2H 分析。B. DcRAD51D 与 OSDLa 体内相互作用的 BIFC 分析。C. DcPS1 与 OSDLa 体内相互作用的 BIFC 分析。D. DcPS1 与 DcRAD51D 关联分析。E. DcRAD51D－YFP^N＋YFP^C；F. YFP^N＋OSDLa－YFP^C；G. DcPS1－YFP^N＋YFP^C。Y. YFP；Chl. 叶绿素；BF. Bright field；M. 合并）

有 YFP 信号(图 16－8D)。这些结果表明，香石竹 OSDLa 在体内与 DcPS1 相互作用，OSDLa 在体内和体外都与 DcRAD51D 相互作用，而 DcPS1 不能与 DcRAD51D 结合。

四、*DcPS1* 正向调节 *OSDLa* 和 *DcRAD51D* 的表达水平

与 DcPS1 RNAi 转基因型植株类似，OSDLa RNAi 转基因型植株也通过在减数分裂 II(MII)缺失第二次减数分裂和产生三极纺锤体的机制产生了大量未减数的配子(图 16－6)。此外，DcPS1 RNAi 和 OSDLa RNAi 转基因型植株的二分体/三分体形成频率高于野生型(图 16－1 和图 16－6)。BIFC 分析也证实了 OSDLa 与 DcPS1(图 16－8)相互作用，表明这两个基因参与了同一分子形成机制。

为了分析 DcPS1 蛋白对 *OSDLa* 和 *DcRAD51D* 基因表达的潜在调控作用，以及 OSDLa 蛋白对 *DcPS1* 和 *DcRAD51D* 基因表达的调控作用，我们采用基因特异性引物对 DcPS1 和 OSDLa RNAi 转基因植株的 RNA 进行了 qRT－PCR 分析。在 DcPS1 RNAi 转基因植株中，观察到 *OSDLa* 和 *DcRAD51D* 的表达下降(图 16－1A)，表明 *DcPS1* 要么正向调节 *OSDLa* 和 *DcRAD51D* 的表达，要么阻止相应转录物的降解。

对从幼叶中提取的 RNA 进行了 qRT－PCR 定量表达分析，用 3－磷酸甘油醛脱氢酶(GAPDH)对初始浓度进行归一化，用单因素方差分析检验(SPSS18.0)是否有显著差异。结果表明，与野生型相比，DcPS1 RNAi 转基因型植株的 *DcPS1* 基因表达显著降低(图 16－9A)，导致二分体和三分体形成的频率增加(图 16－6K)，与 OSDLa－RNAi 转基因型植株(图 16－9B～E，图 16－6K)中的情况相似。在 OSDLa RNAi 转基因型植株 C1 和 C2 中，*DcPS1* 基因的表达没有显著下降(图 16－9C、D)，但二分体和三分体形成的频率增加幅度小于野生型(图 16－6K)。然而，在 OSDLa RNAi 转基因植株 B1 和 G3 中，*DcPS1* 基因的表达显著下降(图 16－9B、E)，二分体和三分体形成的频率比野生型(图 16－6K)的更大。由于 *DcPS1* 表达的降低对应了所有植株的 2n 花粉表型(二分体和三分体形成)的出现，因此，*DcPS1* 的表达降低与 2n 形成的频率密切相关。在 OSDLa RNAi 转基因型植株中，*DcRAD51D* 基因的表达低于野生型(图 16－9)，Y2H 分析和 BIFC 分析也证实了 OSDLa 与 DcRAD51D 的相互作用，这表明 *OSDLa* 能调节 *DcRAD51D* 表达，具有调控减数分裂的功能。

五、关于香石竹 2n 配子形成分子机制的讨论

在这项研究中，我们使用 RNAi 干扰技术来鉴定和描述 *DcPS1* 和 *OSDLa* 基因的功能，它们可以增加二倍体花粉粒的水平，并导致减数分裂缺陷。我们利用细胞学分析对 *DcPS1* 和 *OSDLa* 中两种 2n 花粉粒的形成机制进行了研究，确定它们是由于减数分裂缺

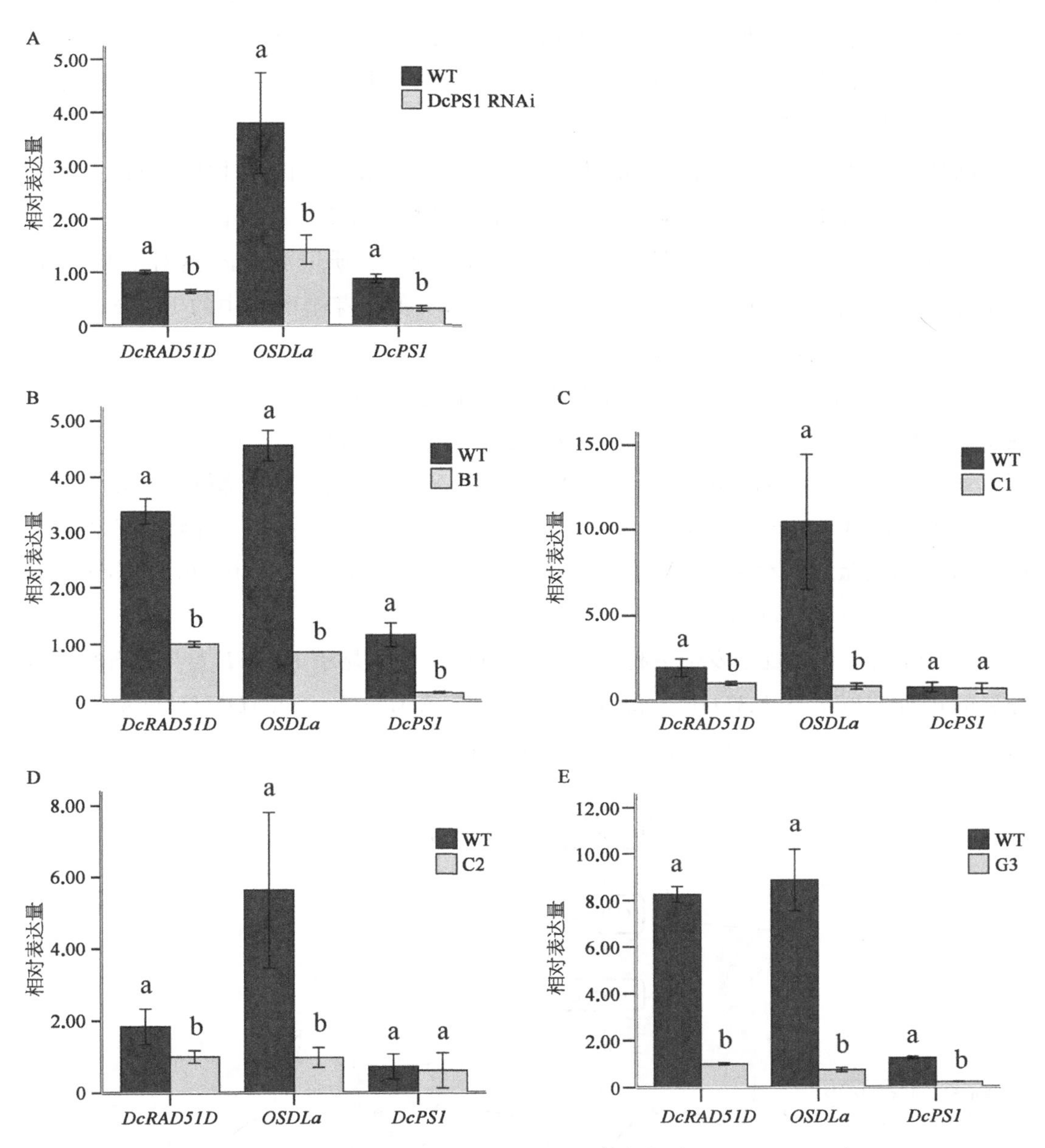

图 16-9　*DcRAD51D*、*OSDLa* 和 *DcPS1* 在野生型及 DcPS1 RNAi 和 OSDLa RNAi 转基因型植株中的差异表达

（A. *DcRAD51D*、*OSDL1a* 和 *DcPS1* 在野生型和相应的 DcPS1 RNAi 转基因植株中的转录水平的表达分析。B～E. *DcRAD51D*、*OSDL1a* 和 *DcPS1* 在野生型和相应的 OSDLa RNAi 转基因植物 B1、C1、C2、G3 中的转录水平的表达分析）

失第二次减数分裂和纺锤体方向异常造成的。有趣的是，*atps 1* 突变体中减数分裂Ⅱ纺锤体的异常，是形成2n配子的原因（d'Erfurth I, et al., 2008）。然而，拟南芥的 *osd1* 突变体通过缺失第二次减数分裂产生二倍体配子，但没有表现出纺锤体异常（d'Erfurth I, et al., 2009）。因此，*DcPS1* 和 *OSDLa* 基因是产生2n花粉的一个很好的候选基因，能在香石竹育种中广泛使用。

DcPS1蛋白含有两个高度保守的结构域，一个是forkhead相关结构域（FHA），另一个是C-末端PILT N-末端结构域（PINc）。FHA结构域在N-末端结构域中的大多数同源结构域中保守，其基序通常具有众所周知的磷酸化蛋白质识别功能，这对于DNA损伤相关的信号通路和细胞周期进程是必不可少的，类似于芽殖酵母中的Rad53-Rad9（Durocher D, et al., 1999; Li J, et al., 2000; Roche K C, et al., 2004; Sun Z, et al., 1998; Zhou M M, 2000）。PINc结构域被预测具有与RNA结合的特性，通常与RNA核酸酶活性有关（Lareau L F, et al., 2007）。在真核生物中，含有PINc的蛋白，如SMG6蛋白家族，与无义介导的mRNA衰变（NMD）有关，NMD识别并迅速降解mRNAs，从而提前终止翻译（Cigliano R A, et al., 2011; Glavan F, et al., 2006）。因此，几种含有PINc结构域的蛋白质参与RNAi、RNA成熟或RNA衰退的过程（Clissold P M, et al., 2000; Domeier M E, et al., 2000）。

DcPS1 在二倍体配子发生中起关键作用。图16-10显示 *DcPS1* 参与香石竹减数分裂的过程。拟南芥 *RAD51* 类似物，如 *XRCC2*、*RAD51B* 和 *RAD51D*，已被发现在 *RAD51* 不依赖于 *RAD51* 的单链退火途径的染色体重组中发挥作用（Serra H, et al.,

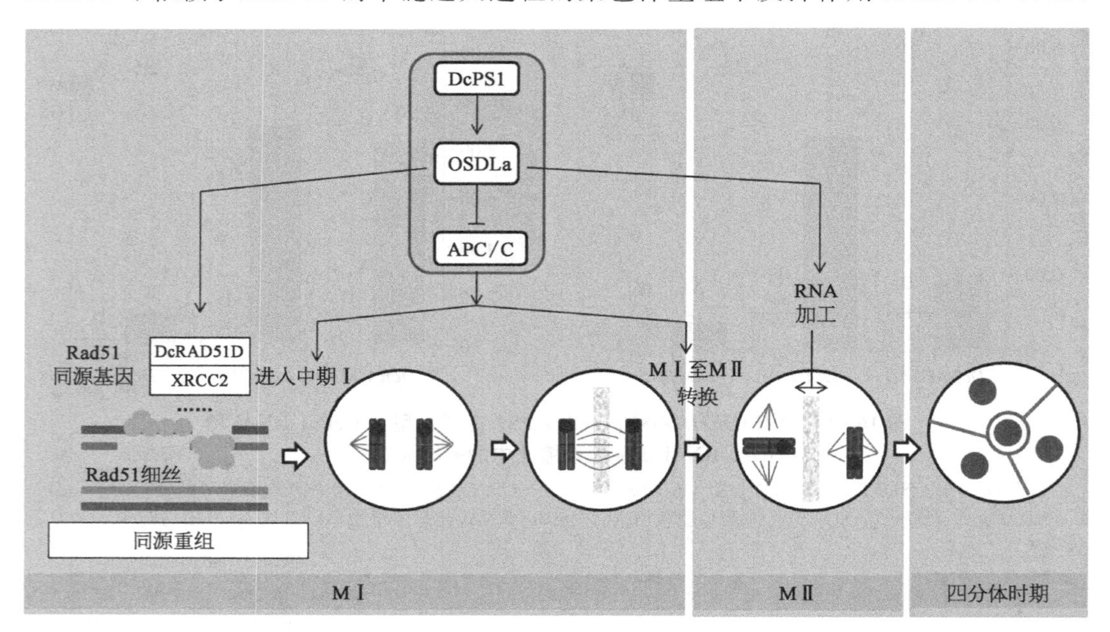

图16-10 DcPS1在香石竹二倍体配子形成过程中假想机制

2013)。*RAD51D* 包含一个功能 Walker A 和 B ATPase 基序，它与 *XRCC2* 和 *RAD51C* 相互作用，并进行有效的同源重组修复(Gruver A M, et al., 2005; Wiese C, et al., 2006)。含有 FHA 结构域的蛋白质与 DNA 复制和修复有关。FHA 结构域在调节通路中的功能与丝氨酸/苏氨酸磷酸化有关(Hofmann K, 1995)，该结构域似乎是一个模块化的蛋白结合域(Sun Z, et al., 1998; Zhou M M, 2000)。因此，含有 FHA 结构域的 *DcPS1* 可调控 *OSDLa* 和 *DcRAD51D*，并可能参与香石竹的同源重组修复。

DcPS1 RNAi 转基因植株在缺失第二次减数分裂的情况下产生二分体并形成 2n 配子。进入 M Ⅱ所必需的第二种蛋白质是 OSDLa。香石竹 OSDLa 功能的丧失导致M Ⅱ的缺失，从而产生 2n 配子。DcPS1 最可能与 OSDLa 相互作用，调节减数分裂细胞周期进程，促进进入 M Ⅱ(图 16-10)。*DcPS1* 和 *OSDLa* 表达水平的降低也导致在 M Ⅱ中形成三极纺锤体，从而产生 2n 配子并形成三分体(图 16-10)。PINc 结构域具有被预测的 RNA 结合特性，通常参与蛋白质中 RNA 加工和无义介导的 RNA 衰变。因此，推测 DcPS1 与 OSDLa 相互作用，并通过 NMD 或 RNA 加工发挥调节作用，可能控制 M Ⅱ纺锤体的方向。

此外，我们还发现 *DcRAD51D* 和 *OSDLa* 表达水平的降低是由 *DcPS1* 转录水平的降低引起的，这表明 *DcPS1* 正向调节 *DcRAD51D* 和 *OSDLa* 的表达，允许同源重组修复，使得 M Ⅱ及香石竹中期Ⅱ的纺锤体进入正确定位。

对 *DcPS1* 的进一步研究将有助于进一步揭示香石竹减数分裂的机制。2n 配子发生相关基因的分离对于解释减数分裂机制具有重要意义，也可能在进化研究和植物育种计划中具有潜在的应用。

参考文献

A

[1] Aleemullah M, Haigh A, Holford P. Anthesis, anther dehiscence, pistil receptivity and fruit development in the Longum group of *Capsicum annuum* [J]. Animal Production Science, 2000, 40(5): 755-762.

[2] Alix K, Gérard PR, Schwarzacher T, et al. Polyploidy and interspecific hybridization: partners for adaptation, speciation and evolution in plants[J]. Annals of botany, 2017, 120(2): 183-194.

[3] Alonso J. Cross-incompatibility of 'Ferragnès' and 'Ferralise' and pollination efficiency for self-compatibility transmission in almond[J]. Euphytica, 2004, 135(3): 333-338.

[4] Anderson LK, Offenberg HH, Verkuijlen W, et al. RecA-like proteins are components of early meiotic nodules in lily[J]. Proceedings of the National Academy of Sciences, 1997, 94(13): 6868-6873.

[5] Andersson-Kottö I, Gairdner AE. Interspecific crosses in the genus *Dianthus* [J]. Genetica, 1931, 13(1): 77-112.

[6] Andreuzza S, Siddiqi I. Spindle Positioning, Meiotic Nonreduction, and Polyploidy in Plants[J]. PLoS Genet, 2008, 4(11): e1000272.

B

[7] Baker BS, Carpenter AT, Esposito MS, et al. The genetic control of meiosis [J]. Annual review of genetics, 1976, 10(1): 53-134.

[8] Bao Z, Hua J. Interaction of CPR5 with cell cycle regulators UVI4 and OSD1 in *Arabidopsis*[J]. PLoS One, 2014, 9(6): e100347.

[9] Barata C, Hontoria F, Amat F, et al. Demographic parameters of sexual and parthenogenetic Artemia: temperature and strain effects [J]. Journal of experimental marine biology and ecology, 1996, 196(1): 329-340.

[10] Barba-Gonzalez R, Ramanna MS, Visser RGF, et al. Intergenomic recombination

in F1 lily hybrids (*Lilium*) and its significance for genetic variation in the BC1 progenies as revealed by GISH and FISH[J]. Genome, 2005, 48(5): 884 - 894.

[11] Barcaccia G, Rosellini D, Falcinelli M, et al. Reproductive behaviour of tetraploid alfalfa plants obtained by unilateral and bilateral sexual polyploidization [J]. Euphytica, 1998, 99(3): 199 - 203.

[12] Barcaccia G, Tavoletti S, Falcinelli M, et al. Environmental influences on the frequency and viability of meiotic and apomeiotic cells of a diploid mutant of alfalfa [J]. Crop science, 1997, 37(1): 70 - 76.

[13] Barcaccia G, Tosti N, Falistocco E, et al. Cytological, morphological and molecular analyses of controlled progenies from meiotic mutants of alfalfa producing unreduced gametes[J]. Theoretical and applied Genetics, 1995, 91(6 - 7): 1008 - 1015.

[14] Beaton MJ, Hebert PD. Geographical parthenogenesis and polyploidy in *Daphnia pulex*[J]. American Naturalist, 1988,132(6): 837 - 845.

[15] Berger F. Double-fertilization, from myths to reality [J]. Sexual Plant Reproduction, 2008, 21(1): 3 - 5.

[16] Bino RJ, Tuyl JMV, De Vries JN. Flow cytometric determination of relative nuclear DNA contents in bicellulate and tricellulate Pollen[J]. Annals of Botany, 1990, 65(1): 3 - 8.

[17] Bleuyard JY, White CI. The *Arabidopsis* homologue of Xrcc3 plays an essential role in meiosis[J]. The EMBO journal, 2004, 23(2): 439 - 449.

[18] Brazaitytė A, Duchovskis P, Urbonavičiūtė A, et al. The effect of light-emitting diodes lighting on the growth of tomato transplants[J]. Zemdirbyste-Agriculture, 2010, 97(2): 89 - 98.

[19] Bretagnolle Fa, Thompson J. Gametes with the somatic chromosome number: mechanisms of their formation and role in the evolution of autopolyploid plants [J]. New Phytologist, 1995, 129(1): 1 - 22.

[20] Brownfield L, Köhler C. Unreduced gamete formation in plants: mechanisms and prospects[J]. Journal of Experimental Botany, 2011(5): 1659 - 1668.

[21] Buitendijk J, Pinsonneaux N, Van Donk A, et al. Embryo rescue by half-ovule culture for the production of interspecific hybrids in *Alstroemeria* [J]. Scientia Horticulturae, 1995, 64(1 - 2): 65 - 75.

[22] Buso J, Boiteux L, Tai G, et al. Chromosome regions between centromeres and proximal crossovers are the physical sites of major effect loci for yield in potato:

Genetic analysis employing meiotic mutants[J]. Proceedings of the National Academy of Sciences, 1999, 96(4): 1773 - 1778.

[23] Byun MY, Kim WT. Suppression of OsRAD51D results in defects in reproductive development in rice (*Oryza sativa* L.)[J]. The Plant Journal, 2014, 79(2): 256 - 269.

C

[24] Carputo D, Barone A, Frusciante L. 2n gametes in the potato: essential ingredients for breeding and germplasm transfer[J]. Theoretical and Applied Genetics, 2000, 101(5): 805 - 813.

[25] Carputo D, Frusciante L, Peloquin SJ. The role of 2n gametes and endosperm balance number in the origin and evolution of polyploids in the tuber-bearing Solanums[J]. Genetics, 2003, 163(1): 287 - 294.

[26] Castro A, Vigneron S, Bernis C, et al. Xkid is degraded in a D-box, KEN-box, and A-box-independent pathway[J]. Molecular and cellular biology, 2003, 23(12): 4126 - 4138.

[27] Chen C, Marcus A, Li W, et al. The *Arabidopsis* ATK1 gene is required for spindle morphogenesis in male meiosis[J]. 2002,129(10): 2401 - 2409.

[28] Chu T, Henrion G, Haegeli V, et al. Cortex, a Drosophila gene required to complete oocyte meiosis, is a member of the Cdc20/fizzy protein family[J]. genesis, 2001, 29(3): 141 - 152.

[29] Cigliano RA, Sanseverino W, Cremona G, et al. Evolution of parallel spindles like genes in plants and highlight of unique domain architecture[J]. BMC evolutionary biology, 2011, 11(1): 1 - 13.

[30] Clissold PM, Ponting CP. PIN domains in nonsense-mediated mRNA decay and RNAi[J]. Current Biology, 2000, 10(24): R888-R890.

[31] Comai L. The advantages and disadvantages of being polyploid[J]. Nat Rev Genet, 2005, 6(11): 836 - 846.

[32] Company RSI, Alonso JM. Cross-incompatibility of 'Ferragnès' and 'Ferralise' and pollination efficiency for self-compatibility transmission in almond[J]. Euphytica, 2004, 135(3): 333 - 338.

[33] Cooper KF, Strich R. Meiotic control of the APC/C: similarities & differences from mitosis[J]. Cell division, 2011, 6(1): 1 - 7.

[34] Couteau F, Belzile F, Horlow C, et al. Random chromosome segregation without

meiotic arrest in both male and female meiocytes of a dmc1 mutant of *Arabidopsis* [J]. The Plant Cell, 1999, 11(9): 1623 - 1634.

[35] Crespel L, Gudin S, Meynet J, et al. AFLP-based estimation of 2n gametophytic heterozygosity in two parthenogenetically derived dihaploids of *Rosa hybrida* L. [J]. Theoretical and Applied Genetics, 2002, 104(2): 451 - 456.

[36] Crespel L, Meynet J. Manipulation of ploidy level[M]//Encyclopedia of rose science.Oxford: Elsevier Academic Press, 2003: 5 - 11.

[37] Crespel L, Ricci S, Gudin S. The production of 2n pollen in rose[J]. Euphytica, 2006, 151(2): 155 - 164.

[38] Cromer L, Heyman J, Touati S, et al. OSD1 promotes meiotic progression via APC/C inhibition and forms a regulatory network with TDM and CYCA1; 2/TAM [J]. PLoS Genet, 2012, 8(7): e1002865.

[39] Cuenca J, Aleza P, Juarez J, et al. Maximum-likelihood method identifies meiotic restitution mechanism from heterozygosity transmission of centromeric loci: application in citrus[J]. Scientific Reports, 2015, 5(1): 1 - 11.

[40] 程金水.园林植物遗传育种学[M].北京：中国林业出版社，2000：176 - 180.

[41] 储丽红,彭佳佳,王钊,等.氨磺灵,氟乐灵和秋水仙素诱导安祖花多倍体的研究[J].园艺学报,2014,41(11)：2275 - 2280.

D

[42] d'Erfurth I, Cromer L, Jolivet S, et al. The CYCLIN-A CYCA1; 2/TAM Is Required for the Meiosis Ⅰ to Meiosis Ⅱ Transition and Cooperates with OSD1 for the Prophase to First Meiotic Division Transition[J]. PLoS Genet, 2010, 6(6): e1000989.

[43] d'Erfurth I, Jolivet S, Froger N, et al. Turning Meiosis into Mitosis[J]. PLoS Biol, 2009, 7(6): e1000124.

[44] d'Erfurth I, Jolivet S, Froger N, et al. Mutations in AtPS1 (*Arabidopsis thaliana* parallel spindle 1) lead to the production of diploid pollen grains[J]. PLoS genetics, 2008, 4(11): e1000274.

[45] Darlington CD. Recent advances in cytology[M]. 2nd ed. Philadelphia: P. Blakiston's son and Co., 1937: XVI, 671.

[46] Datson PM, Murray BG, Hammett KR. Pollination systems, hybridization barriers and meiotic chromosome behaviour in *Nemesia* hybrids[J]. Euphytica, 2006, 151(2): 173 - 185.

[47] De Haan A, Maceira N, Lumaret R, et al. Production of 2n gametes in diploid subspecies of *Dactylis glomerata* L. 2. Occurrence and frequency of 2n eggs [J]. Annals of Botany, 1992, 69(4): 345 - 350.

[48] De Storme N, Copenhaver GP, Geelen D. Production of diploid male gametes in *Arabidopsis* by cold-induced destabilization of postmeiotic radial microtubule arrays[J]. Plant physiology, 2012, 160(4): 1808 - 1826.

[49] De Storme N, Geelen D. The *Arabidopsis* mutant jason produces unreduced first division restitution male gametes through a parallel/fused spindle mechanism in meiosis II[J]. Plant physiology, 2011, 155(3): 1403 - 1415.

[50] De Storme N, Geelen D. Sexual polyploidization in plants-cytological mechanisms and molecular regulation[J]. New Phytologist, 2013, 198(3): 670 - 684.

[51] De Storme N, Geelen D. The impact of environmental stress on male reproductive development in plants: biological processes and molecular mechanisms[J]. Plant, cell & environment, 2014, 37(1): 1 - 18.

[52] Den Nijs A, Stephenson A. Potential of unreduced pollen for breeding tetraploid perennial ryegrass[M]. Heidelberg: Springer, 1988: 131 - 136.

[53] Deng Y, Teng N, Chen S, et al. Reproductive barriers in the intergeneric hybridization between *Chrysanthemum grandiflorum* (Ramat.) Kitam. and *Ajania przewalskii* Poljak.(Asteraceae)[J]. Euphytica, 2010, 174(1): 41 - 50.

[54] Dewitte A, Eeckhaut T, Van Huylenbroeck J, et al. Meiotic aberrations during 2n pollen formation in *Begonia*[J]. Heredity, 2010, 104(2): 215 - 223.

[55] Domeier ME, Morse DP, Knight SW, et al. A link between RNA interference and nonsense-mediated decay in *Caenorhabditis elegans*[J]. Science, 2000, 289(5486): 1928 - 1930.

[56] Dong C-B, Suo Y-J, Wang J, et al. Analysis of transmission of heterozygosity by 2n gametes in *Populus* (Salicaceae)[J]. Tree genetics & genomes, 2015, 11(1): 1 - 7.

[57] Doutriaux M-P, Couteau F, Bergounioux C, et al. Isolation and characterisation of the RAD51 and DMC1 homologs from *Arabidopsis thaliana* [J]. Molecular and General Genetics MGG, 1998, 257(3): 283 - 291.

[58] Dufresne F, Hebert PD. Temperature-related differences in life-history characteristics between diploid and polyploid clones of the Daphnia pulex complex [J]. Ecoscience, 1998, 5(4): 433 - 437.

[59] Dumas C, Knox R. Callose and determination of pistil viability and incompatibility

[J]. Theoretical and Applied Genetics, 1983, 67(1): 1-10.

[60] Durocher D, Henckel J, Fersht AR, et al. The FHA domain is a modular phosphopeptide recognition motif[J]. Molecular cell, 1999, 4(3): 387-394.

[61] Durocher D, Jackson SP. The FHA domain[J]. FEBS letters, 2002, 513(1): 58-66.

[62] Durrant WE, Wang S, Dong X. Arabidopsis SNI1 and RAD51D regulate both gene transcription and DNA recombination during the defense response[J]. Proceedings of the National Academy of Sciences, 2007, 104(10): 4223-4227.

[63] 戴咏梅,孙强.三个香石竹新品种的杂交选育[J].上海农业学报,2012,28(1): 46-48.

[64] 董连新.新疆野生石竹种质资源收集、保存、评价及利用研究[D].南京: 南京林业大学,2009.

E

[65] Edgar BA, Orr-Weaver TL. Endoreplication cell cycles: more for less[J]. Cell, 2001, 105(3): 297-306.

[66] El Mokadem H, Crespel L, Meynet J, et al. The occurrence of 2n-pollen and the origin of sexual polyploids in dihaploid roses (*Rosa hybrida* L.)[J]. Euphytica, 2002, 125(2): 169-177.

[67] Erickson A, Markhart A. Flower developmental stage and organ sensitivity of bell pepper (*Capsicum annuum* L.) to elevated temperature[J]. Plant, Cell & Environment, 2002, 25(1): 123-130.

[68] Erilova A, Brownfield L, Exner V, et al. Imprinting of the Polycomb Group Gene *MEDEA* Serves as a Ploidy Sensor in *Arabidopsis*[J]. PLoS Genet, 2009, 5(9): e1000663.

F

[69] Feldman RR, Correll CC, Kaplan KB, et al. A complex of Cdc4p, Skp1p, and Cdc53p/cullin catalyzes ubiquitination of the phosphorylated CDK inhibitor Sic1p [J]. Cell, 1997, 91(2): 221-230.

[70] Fernández A, Neffa VGS. Genomic Relationships between *Turnera krapovickasii* (2x, 4x) and *T. ulmifolia* (6x) (Turneraceae, Turnera)[J]. Caryologia, 2004, 57(1): 45-51.

[71] Fernández A, Rey H, Neffa VGS. Evolutionary Relationships between the Diploid

Turners grandiflora and the Octoploid *T. fernandezii* (Turneraceae)[J]. Annales Botanici Fennici, 2010, 47(5): 321 - 329.

[72] Franklin AE, McElver J, Sunjevaric I, et al. Three-dimensional microscopy of the Rad51 recombination protein during meiotic prophase[J]. The Plant Cell, 1999, 11(5): 809 - 824.

[73] 范锡麟.小粒野生稻 OmSKP1 的点突变蛋白表达纯化与体外互作的初步分析[D].长沙：湖南农业大学,2013.

[74] 冯乃杰,阎秀峰,郑殿峰,等.两种植物生长调节剂浸种对大豆根系解剖结构的影响[J].植物生理学通讯,2010,46(7)：687 - 692.

[75] 傅小鹏,胡金义,胡惠蓉,等.石竹雄性不育系小孢子形成过程的细胞学观察[J].中国农业科学,2008,41(7)：2085 - 2091.

G

[76] Góme-Rodríguez VM, Rodríguez-Garay B, Barba-Gonzalez R. Meiotic restitution mechanisms involved in the formation of 2n pollen in *Agave tequilana* Weber and *Agave angustifolia* Haw[J]. SpringerPlus, 2012, 1(1): 17.

[77] Gallo PH, Micheletti PL, Boldrini KR, et al. 2n gamete formation in the genus *Brachiaria* (Poaceae: Paniceae)[J]. Euphytica, 2007, 154(1 - 2): 255 - 260.

[78] Gao S-m, Yang M-h, Zhang F, et al. The strong competitive role of 2n pollen in several polyploidy hybridizations in *Rosa hybrida*[J]. BMC plant biology, 2019, 19(1): 1 - 19.

[79] Gatt MK, Hammett KR, Markham KR, et al. Yellow pinks: interspecific hybridization between *Dianthus plumarius* and related species with yellow flowers [J]. Scientia Horticulturae, 1998, 77(3): 207 - 218.

[80] Glavan F, Behm-Ansmant I, Izaurralde E, et al. Structures of the PIN domains of SMG6 and SMG5 reveal a nuclease within the mRNA surveillance complex[J]. The EMBO journal, 2006, 25(21): 5117 - 5125.

[81] Gonzalez R, Lim K, Ramanna M, et al. Use of 2n gametes for inducing intergenomic recombination in lily hybrids [J]. Acta Horticulturae, 2004, 673(2004): 161 - 166.

[82] Goto M, Eddy EM. Speriolin is a novel spermatogenic cell-specific centrosomal protein associated with the seventh WD motif of Cdc20 [J]. The Journal of Biological Chemistry, 2004, 279(40): 42128 - 42138.

[83] Gruver AM, Miller KA, Rajesh C, et al. The ATPase motif in RAD51D is

required for resistance to DNA interstrand crosslinking agents and interaction with RAD51C[J]. Mutagenesis, 2005, 20(6): 433 - 440.

[84] 高璇.我国林木遗传育种技术现状与发展趋势[J].农业工程,2019,9(4): 111 - 114.

H

[85] Hülskamp M, Parekh NS, Grini P, et al. TheSTUD Gene Is required for male-specific cytokinesis after telophase Ⅱ of meiosis in *Arabidopsis thaliana* [J]. Developmental biology, 1997, 187(1): 114 - 124.

[86] Harlan JR. On Ö. Winge and a prayer: the origins of polyploidy[J]. The botanical review, 1975, 41(4): 361 - 390.

[87] Hase Y, Trung KH, Matsunaga T, et al. A mutation in the uvi4 gene promotes progression of endo-reduplication and confers increased tolerance towards ultraviolet B light[J]. The Plant Journal, 2006, 46(2): 317 - 326.

[88] Hayashi M, Kato J, Ohashi H, et al. Unreduced 3x gamete formation of allotriploid hybrid derived from the cross of *Primula denticulata* (4x)× *P. rosea* (2x) as a causal factor for producing pentaploid hybrids in the backcross with pollen of tetraploid *P. denticulata*[J]. Euphytica, 2009, 169(1): 123 - 131.

[89] Hayes MJ, Kimata Y, Wattam SL, et al. Early mitotic degradation of Nek2A depends on Cdc20-independent interaction with the APC/C[J]. Nature cell biology, 2006, 8(6): 607 - 614.

[90] Hershko A, Ciechanover A. The ubiquitin system [J]. Annual review of biochemistry, 1998, 67(1): 425 - 479.

[91] Heyman J, Van den Daele H, De Wit K, et al. *Arabidopsis* ULTRAVIOLET-B-INSENSITIVE4 maintains cell division activity by temporal inhibition of the anaphase-promoting complex/cyclosome[J]. The Plant Cell, 2011, 23(12): 4394 - 4410.

[92] Hodnett GL, Burson BL, Rooney WL, et al. Pollen-Pistil Interactions Result in Reproductive Isolation between and Divergent Species[J]. Crop Science, 2005, 45(4): 1403 - 1409.

[93] Hofmann K. The FHA domain: a putative nuclear signalling domain found in protein kinases and transcription factors[J]. Trends Biochem Sci, 1995, 20: 347 - 349.

[94] Hong MJ, Kim DY, Seo YW. SKP1-like-related genes interact with various F-box proteins and may form SCF complexes with Cullin-F-box proteins in wheat[J]. Molecular biology reports, 2013, 40(2): 969 - 981.

[95] Horst, Senger. The effect of blue light on plants and microorganisms [J]. Photochemistry & Photobiology, 1982, 35: 911 - 920.

[96] Hu SY. Reproductive biology of angiosperms [M]. Beijing: China Higher Education Press, 2005.

[97] Huang Z, Zhu J, Mu X, et al. Pollen dispersion, pollen viability and pistil receptivity in *Leymus chinensis*[J]. Annals of Botany, 2004, 93(3): 295 - 301.

[98] Hwang LH, Lau LF, Smith DL, et al. Budding yeast Cdc20: a target of the spindle checkpoint[J]. Science, 1998, 279(5353): 1041 - 1044.

[99] 郝建华,强胜.整体透明技术在植物生物学中的应用实例及其剖析[J].植物学通报,2007,24(4): 490 - 497.

[100] 胡利珍,关贤交,孟可爱,等.草本地被植物引种筛选和应用评价[J].南方农业学报,2013,44(12): 5.

[101] 胡兆平,李伟,陈建秋,等.复硝酚钠,DA - 6 和 α -萘乙酸钠对茄子产量和品质的影响[J].中国农学通报,2013,29(25): 168 - 172.

I

[102] Ishii T. Chromosome studies in Dianthus. I [J]. Cytologia, 1930, 1(3): 335 - 339.

[103] Iwata E, Ikeda S, Abe N, et al. Roles of GIG1 and UVI4 in genome duplication in *Arabidopsis thaliana* [J]. Plant signaling & behavior, 2012, 7(9): 1079 - 1081.

[104] Iwata E, Ikeda S, Matsunaga S, et al. GIGAS CELL1, a novel negative regulator of the anaphase-promoting complex/cyclosome, is required for proper mitotic progression and cell fate determination in Arabidopsis[J]. The Plant Cell Online, 2011, 23(12): 4382 - 4393.

J

[105] Jaap M van Tuyl, de Vries JN, Bino RJ, et al. Identification of 2n-Pollen Producing Interspecific Hybrids of Lilium Using Flow Cytometry[J]. Cytologia, 1989, 54(4): 737 - 745.

[106] Jansen RC, Den Nijs APM. A statistical mixture model for estimating the proportion of unreduced pollen grains in perennial ryegrass (*Lolium perenne* L.) via the size of pollen grains[J]. Euphytica, 1993, 70(3): 205 - 215.

[107] Jawaharlal M, Ganga M, Padmadevi K, et al. A technical guide on carnation

[M]. Coimbatore: Tamil Nadu Agricultural University, 2009: 1 - 56.

[108] Jones KD, Reed SM, Rinehart TA. Analysis of ploidy level and its effects on guard cell length, pollen diameter, and fertility in *Hydrangea macrophylla* [J]. HortScience, 2007, 42(3): 483 - 488.

[109] 贾豪语.肥料配施对花椰菜生长,品质及养分吸收利用的影响[D].兰州: 甘肃农业大学,2013.

K

[110] Kaul M, Murthy T. Mutant genes affecting higher plant meiosis[J]. Theoretical and Applied Genetics, 1985, 70(5): 449 - 466.

[111] Kevei Z, Baloban M, Da Ines O, et al. Conserved CDC20 cell cycle functions are carried out by two of the five isoforms in *Arabidopsis thaliana* [J]. PloS one, 2011, 6(6): e20618.

[112] Kho Y, Baer J. The effect of temperature on pollen production in carnations [J]. Euphytica, 1973, 22(3): 467 - 470.

[113] Kim S-J, Hahn E-J, Heo J-W, et al. Effects of LEDs on net photosynthetic rate, growth and leaf stomata of chrysanthemum plantlets in vitro [J]. Scientia Horticulturae, 2004, 101(1 - 2): 143 - 151.

[114] Klimyuk VI, Jones JD. AtDMC1, the Arabidopsis homologue of the yeast DMC1 gene: characterization, transposon-induced allelic variation and meiosis-associated expression[J]. The Plant Journal, 1997, 11(1): 1 - 14.

[115] Kong H, Landherr LL, Frohlich MW, et al. Patterns of gene duplication in the plant SKP1 gene family in angiosperms: evidence for multiple mechanisms of rapid gene birth[J]. The Plant Journal, 2007, 50(5): 873 - 885.

[116] Kosetsu K, Matsunaga S, Nakagami H, et al. The MAP kinase MPK4 is required for cytokinesis in *Arabidopsis thaliana*[J]. The Plant Cell, 2010, 22(11): 3778 - 3790.

[117] Koutecký P, Bad'urová T, Štech M, et al. Hybridization between diploid *Centaurea pseudophrygia* and tetraploid *C. jacea* (Asteraceae): the role of mixed pollination, unreduced gametes, and mentor effects[J]. Biological Journal of the Linnean Society, 2011, 104(1): 93 - 106.

[118] Kovalsky IE, Neffa VGS. Evidence of 2n microspore production in a natural diploid population of *Turnera sidoides* subsp. *carnea* and its relevance in the evolution of the *T. sidoides* (Turneraceae) autopolyploid complex[J]. Journal of

plant research, 2012, 125(6): 725 - 734.

[119] Krysan PJ, Jester PJ, Gottwald JR, et al. An Arabidopsis mitogen-activated protein kinase kinase kinase gene family encodes essential positive regulators of cytokinesis[J]. The Plant Cell, 2002, 14(5): 1109 - 1120.

[120] Kumar SV, Kumar R, Kumar P. Syncytes during male meiosis resulting in 2n pollen grain formation in *Lindelofia longiflora* var. *falconeri* [J]. Journal of Systematics and Evolution, 2011, 49(5): 406 - 410.

L

[121] Lénárt P, Peters J-M. Checkpoint activation: don't get mad too much[J]. Current biology, 2006, 16(11): R412 - R414.

[122] Lareau LF, Brooks AN, Soergel DA, et al. The coupling of alternative splicing and nonsense-mediated mRNA decay[J]. Alternative splicing in the Postgenomic Era, 2007, 623: 190 - 211.

[123] Lee CB, Page LE, McClure BA, et al. Post-pollination hybridization barriers in *Nicotiana* section *Alatae* [J]. Sexual Plant Reproduction, 2008, 21(3): 183 - 195.

[124] Lee HO, Davidson JM, Duronio RJ. Endoreplication: polyploidy with purpose [J]. Genes Dev, 2009, 23(21): 2461 - 2477.

[125] Li J, Lee GI, Van Doren SR, et al. The FHA domain mediates phosphoprotein interactions[J]. J Cell Sci, 2000, 113 Pt 23: 4143 - 4149.

[126] Li Q, Kubota C. Effects of supplemental light quality on growth and phytochemicals of baby leaf lettuce[J]. Environmental and Experimental Botany, 2009, 67(1): 59 - 64.

[127] Li W, Zhu T. Incompatible barriers to the distant hybridization between *Populus euphratica* Oliv. and *P. simonii* Carr[J]. Sci Silvae sin, 1986, 22(1): 1 - 9.

[128] Li Y, Shen Y, Cai C, et al. The type II *Arabidopsis* formin14 interacts with microtubules and microfilaments to regulate cell division [J]. The Plant Cell Online, 2010, 22(8): 2710 - 2726.

[129] Lian M-L, Murthy H, Paek K-Y. Effects of light emitting diodes (LEDs) on the in vitro induction and growth of bulblets of *Lilium* oriental hybrid 'Pesaro' [J]. Scientia Horticulturae, 2002, 94(3 - 4): 365 - 370.

[130] Lim H, Goh P-Y, Surana U. Cdc20 is essential for the cyclosome-mediated proteolysis of both Pds1 and Clb2 during M phase in budding yeast[J]. Current

Biology，1998，8(4)：231－237.
[131] Lim K-B，Ramanna M，de Jong JH，et al. Indeterminate meiotic restitution (IMR)：a novel type of meiotic nuclear restitution mechanism detected in interspecific lily hybrids by GISH[J]. Theoretical and Applied Genetics，2001，103(2－3)：219－230.
[132] Lim K-B，Shen T-M，Barba-Gonzalez R，et al. Occurrence of SDR 2N-gametes in *Lilium* hybrids[J]. Breeding Science，2004，54(1)：13－18.
[133] Lu D，Ni W，Stanley BA，et al. Proteomics and transcriptomics analyses of Arabidopsis floral buds uncover important functions of ARABIDOPSIS SKP1-LIKE1[J]. BMC plant biology，2016，16(1)：1－18.
[134] Lu M，Zhang P，Kang X. Induction of 2n female gametes in *Populus adenopoda* Maxim by high temperature exposure during female gametophyte development [J]. Breeding science，2013，63(1)：96.
[135] 李驰峻.小麦 SKP1 同源基因 TSK1 的克隆和功能分析[D].北京：中国科学院植物研究所，2006.
[136] 李辛雷，陈发棣，赵宏波.菊属植物远缘杂交亲和性研究[J].园艺学报，2008(2)：257－262.
[137] 李新华，巩前文.从“增量增产”到“减量增效”：农户施肥调控政策演变及走向农业现代化研究[J].2016，37(5)：877－884.
[138] 林超，莫锡君，宋安润，等.花卉 2n 配子的形成及细胞学机制研究进展[J].江苏农业科学，2011(5)：242－246.
[139] 刘丹.LED 光源对花生以及黄瓜幼苗生长的影响[D].南京：南京农业大学，2013.
[140] 刘欢，高素萍，姜福星，等.二甲戊灵与秋水仙素离体诱导虎眼万年青多倍体发生的比较研究[J].核农学报，2014，28(11)：1985－1992.
[141] 刘惠霞，李瑛，张小静，等.施磷对不同时期马铃薯生长的影响[J].农业科技通讯，2020(6)：207，290.
[142] 刘剑锋，刘建华，程云清，等.PEG 介导高山红景天原生质体融合获同源四倍体研究[J].中国中药杂志，2010(14)：1783－1788.
[143] 刘瑞江，张业旺，闻崇炜，等.正交试验设计和分析方法研究[J].实验技术与管理，2010，27(9)：52－55.
[144] 刘卫霞，彭小忠，袁建刚，等.SCF(Skp1－Cul1－F－box 蛋白)复合物及其在细胞周期中的作用[J].中国生物工程杂志，2002(3)：1－3.
[145] 刘昕，杨明珊，邵青，等.2020 年云南省花卉产业发展情况分析[J].云南农业，2021(10)：26－29.
[146] 鲁德全.中国石竹属的分类、演化和分布[J].植物研究，1995(4)：455－459.

[147] 罗思宝，黄萍，张时刚，等.泸定百合多倍体诱导试验[J].西部林业科学，2007，36(1)：74-78.

M

[148] Ménard C, Dorais M, Hovi T et al: Developmental and physiological responses of tomato and cucumber to additional blue light[J]. Acta Horticulturae, 2006(711): 291-296.

[149] Maceira NO, Haan AAD, Lumaret R, et al. Production of 2n gametes in diploid subspecies of *Dactylis glomerata* L. 1. Occurrence and Frequency of 2n Pollen [J]. Annals of Botany, 1992, 69(4): 335-343.

[150] Mallikarjuna N, Saxena K. Production of hybrids between Cajanus acutifolius and C. cajan[J]. Euphytica, 2002, 124(1): 107-110.

[151] Marchler-Bauer A, Bryant SH. CD-Search: protein domain annotations on the fly [J]. Nucleic acids research, 2004, 32(suppl 2): W327-W331.

[152] Mariani A, Campanoni P, Gianì S, et al. Meiotic mutants of Medicago sativa show altered levels of α- and β-tubulin[J]. Genome, 2000, 43(1): 166-171.

[153] Marta AE, Camadro EL, Díaz-Ricci JC, et al. Breeding barriers between the cultivated strawberry, *Fragaria* × *ananassa*, and related wild germplasm [J]. Euphytica, 2004, 136(2): 139-150.

[154] Martin F, Cabanillas E. Post-pollen-germination barriers to seed set in sweet-potato[J]. Euphytica, 1966, 15(3): 404-411.

[155] Mason AS, Nelson MN, Yan G, et al. Production of viable male unreduced gametes in *Brassica* interspecific hybrids is genotype specific and stimulated by cold temperatures[J]. BMC plant biology, 2011, 11(1): 103.

[156] Masterson J. Stomatal size in fossil plants: evidence for polyploidy in majority of angiosperms[J]. Science, 1994, 264(5157): 421-424.

[157] McClure BA, Franklin-Tong V. Gametophytic self-incompatibility: understanding the cellular mechanisms involved in "self" pollen tube inhibition[J]. Planta, 2006, 224(2): 233-245.

[158] McHale N. Environmental induction of high frequency 2n pollen formation in diploid *Solanum*[J]. Canadian Journal of Genetics and Cytology, 1983, 25(6): 609-615.

[159] Mol J, Cornish E, Mason J, et al. Novel coloured flowers[J]. Current Opinion in Biotechnology, 1999, 10(2): 198-201.

[160] Mont J, Iwanaga M, Orjeda G, et al. Abortion and determination of stages for embryo rescue in crosses between sweet-potato, *Ipomoea batatas* Lam.(2n=6x=90) and its wild relative, *I. trifida* (HBK) G. Don.(2n=2x=30)[J]. Sexual Plant Reproduction, 1993, 6(3): 176-182.

[161] 马凌云.长期施用含氯化肥对棕壤硝化作用及氨氧化微生物的影响[D].沈阳：沈阳农业大学,2019.

[162] 莫锡君,桂敏,瞿素萍,等.大花香石竹多倍体育种研究[J].中国农学通报,2006,21(11): 262-264.

N

[163] Negri V, Lemmi G. Effect of selection and temperature stress on the production of 2n gametes in *Lotus tenuis*[J]. Plant breeding, 1998, 117(4): 345-349.

[164] Nhut DT, Hong L, Watanabe H et al: Growth of banana plantlets cultured in vitro under red and blue light-emitting diode (LED) irradiation source[J]. Acta horticulturae, 2002(575): 117-124.

[165] Nimura M, Kato J, Mii M, et al. Cross-compatibility and the polyploidy of progenies in reciprocal backcrosses between diploid carnation (*Dianthus caryophyllus* L.) and its amphidiploid with *Dianthus japonicus* Thunb[J]. Scientia horticulturae, 2008, 115(2): 183-189.

[166] Niu B, Wang L, Zhang L, et al. Arabidopsis cell division cycle 20.1 is required for normal meiotic spindle assembly and chromosome segregation[J]. The Plant Cell, 2015, 27(12): 3367-3382.

[167] Noyes RD. Apomixis via recombination of genome regions for apomeiosis (diplospory) and parthenogenesis in *Erigeron* (daisy fleabane, Asteraceae) [J]. Sexual plant reproduction, 2006, 19(1): 7-18.

[168] 聂乐兴,姜兴印,吴淑华,等.四种植物生长调节剂对高产玉米生理效应及产量影响[J].山东农业大学学报：自然科学版,2010,41(2): 216-220.

O

[169] Ohe M, Kawamura Y, Ueno H, et al. Emi2 inhibition of the anaphase-promoting complex/cyclosome absolutely requires Emi2 binding via the C-terminal RL tail [J]. Molecular biology of the cell, 2010, 21(6): 905-913.

[170] Okazaki K, Kurimoto K, Miyajima I, et al. Induction of 2n pollen in tulips by arresting the meiotic process with nitrous oxide gas[J]. Euphytica, 2005,

143(1): 101 - 114.
[171] Onozaki T.Dianthus[M]. Cham: Springer International Publishing, 2018: 349 - 381.
[172] Ortiz R. Occurrence and Inheritance of 2 n Pollen in *Musa*[J]. Annals of Botany, 1997, 79(4): 449 - 453.
[173] Ortiz R, Ehlenfeldt MK. The importance of endosperm balance number in potato breeding and the evolution of tuber-bearing *Solanum* species[J]. Euphytica, 1992, 60(2): 105 - 113.
[174] Osakabe K, Yoshioka T, Ichikawa H, et al. Molecular cloning and characterization of RAD51-like genes from *Arabidopsis thaliana*[J]. Plant molecular biology, 2002, 50(1): 69 - 79.
[175] Otto SP, Whitton J. Polyploid incidence and evolution[J]. Annual review of genetics, 2000, 34(1): 401 - 437.
[176] 欧阳立明,张舜杰,陈剑峰,等.不同植物生长物质对水培黄瓜幼苗生长和根系发育的影响[J].中国农学通报,2010,26(3): 161 - 166.

P

[177] Pécrix Y, Rallo G, Folzer H, et al. Polyploidization mechanisms: temperature environment can induce diploid gamete formation in *Rosa* sp[J]. Journal of experimental botany, 2011, 62(10): 3587 - 3597.
[178] Page A, Hieter P. The anaphase-promoting complex: new subunits and regulators[J]. Annual review of biochemistry, 1999, 68(1): 583 - 609.
[179] Pagliarini M, Takayama S, de Freitas P, et al. Failure of cytokinesis and 2n gamete formation in Brazilian accessions of Paspalum[J]. Euphytica, 1999, 108(2): 129 - 135.
[180] Parrott W, Smith R. Production of 2n pollen in red clover[J]. Crop Science, 1984, 24(3): 469 - 472.
[181] Parrott W, Smith R, Smith M. Bilateral sexual tetraploidization in red clover [J]. Canadian journal of genetics and cytology, 1985, 27(1): 64 - 68.
[182] Peckert T, Chrtek J. Mating interactions between coexisting dipoloid, triploid and tetraploid cytotypes of *Hieracium Echioides* (*Asteraceae*)[J]. Folia Geobotanica, 2006, 41(3): 323 - 334.
[183] Pellegrino G, Bellusci F, Musacchio A. Evidence of post-pollination barriers among three colour morphs of the deceptive orchid *Dactylorhiza sambucina* (L.)

Soó[J]. Sexual plant reproduction, 2005, 18(4): 179 - 185.

[184] Peloquin SJ, Boiteux LS, Carputo D. Meiotic mutants in potato: valuable variants [J]. Genetics, 1999, 153(4): 1493 - 1499.

[185] Peloquin SJ, Boiteux LS, Simon PW, et al. A chromosome-specific estimate of transmission of heterozygosity by 2n gametes in potato[J]. J Hered, 2008, 99(2): 177 - 181.

[186] Pesin JA, Orr-Weaver TL. Regulation of APC/C activators in mitosis and meiosis [J]. Annual review of cell and developmental biology, 2008, 24: 475 - 499.

[187] Pfleger CM, Kirschner MW. The KEN box: an APC recognition signal distinct from the D box targeted by Cdh1[J]. Genes & development, 2000, 14(6): 655 - 665.

[188] Porat R, Lu P, O'Neill SD. *Arabidopsis* SKP1, a homologue of a cell cycle regulator gene, is predominantly expressed in meristematic cells[J]. Planta, 1998, 204(3): 345 - 351.

[189] 潘晓玲,皮锡铭.新疆石竹属(石竹科)植物分类研究[J].新疆大学学报(自然科学版),1993(3): 86 - 90.

[190] 彭静,魏岳荣,熊兴华.植物多倍体育种研究进展[J].中国农学通报,2010,26(11): 45 - 49.

Q

[191] 瞿素萍,熊丽,莫锡君,等.香石竹的多倍体诱导及其变异研究[J].西南农业大学学报,2004,26(5): 609 - 612.

R

[192] Rabe EW, Haufler CH. Incipient polyploid speciation in the maidenhair fern (Adiantum pedatum; Adiantaceae)? [J]. American Journal of Botany, 1992, 79(6): 701 - 707.

[193] Ram SG, Sundaravelpandian K, Kumar M, et al. Pollen-pistil interaction in the inter-specific crosses of *Sesamum* sp[J]. Euphytica, 2006, 152(3): 379 - 385.

[194] Ram SG, Thiruvengadam V, Ramakrishnan SH, et al. Investigation on pre-zygotic barriers in the interspecific crosses involving *Gossypium barbadense* and four diploid wild species[J]. Euphytica, 2008, 159(1 - 2): 241 - 248.

[195] Ramanna M, Jacobsen E. Relevance of sexual polyploidization for crop improvement-A review[J]. Euphytica, 2003, 133(1): 3 - 8.

[196] Ramanna M, Kuipers A, Jacobsen E. Occurrence of numerically unreduced (2n) gametes in *Alstroemeria* interspecific hybrids and their significance for sexual polyploidisation[J]. Euphytica, 2003, 133(1): 95 - 106.

[197] Rambaud C, Dubois J, Vasseur J. The induction of tetraploidy in chicory (*Cichorium intybus* L. var. Magdebourg) by protoplast fusion[J]. Euphytica, 1992, 62(1): 63 - 67.

[198] Ramsey J. Unreduced gametes and neopolyploids in natural populations of *Achillea borealis* (Asteraceae)[J]. Heredity (Edinb), 2007, 98(3): 143 - 150.

[199] Ramsey J, Schemske DW. Pathways, mechanisms, and rates of polyploid formation in flowering plants[J]. Annual Review of Ecology and Systematics, 1998, 29: 467 - 501.

[200] Ravi M, Marimuthu MPA, Siddiqi I. Gamete formation without meiosis in *Arabidopsis*[J]. Nature, 2008, 451(7182): 1121 - 1124.

[201] Roche KC, Wiechens N, Owen-Hughes T, et al. The FHA domain protein SNIP1 is a regulator of the cell cycle and cyclin D1 expression[J]. Oncogene, 2004, 23(50): 8185 - 8195.

[202] Rosellini D, Ferradini N, Allegrucci S, et al. Sexual polyploidization in *Medicago sativa* L.: impact on the phenotype, gene transcription, and genome methylation [J]. G3: Genes, Genomes, Genetics, 2016, 6(4): 925 - 938.

S

[203] Sasabe M, Kosetsu K, Hidaka M, et al. Arabidopsis thaliana MAP65 - 1 and MAP65 - 2 function redundantly with MAP65 - 3/PLEIADE in cytokinesis downstream of MPK4[J]. Plant signaling & behavior, 2011, 6(5): 743 - 747.

[204] Schulman BA, Carrano AC, Jeffrey PD, et al. Insights into SCF ubiquitin ligases from the structure of the Skp1-Skp2 complex[J]. Nature, 2000, 408(6810): 381 - 386.

[205] Scott RJ, Spielman M, Bailey J, et al. Parent-of-origin effects on seed development in *Arabidopsis thaliana*[J]. Development, 1998, 125(17): 3329 - 3341.

[206] Serra H, Da Ines O, Degroote F, et al. Roles of XRCC2, RAD51B and RAD51D in RAD51-independent SSA recombination[J]. PLoS genetics, 2013, 9(11): e1003971.

[207] Sheidai M, Azanei N, Attar F. New chromosome number and unreduced pollen formation in Achillea species (Asteraceae)[J]. Acta Biologica Szegediensis, 2009,

53(1): 39 - 43.

[208] Simioni C, Schifino-Wittmann M, Dall'Agnol M, et al. Selection for increasing 2n gametes production in red clover[J]. Crop Breeding and Applied Biotechnology, 2004, 4: 477 - 483.

[209] Smalle J, Vierstra RD. The ubiquitin 26S proteasome proteolytic pathway[J]. Annual review of plant biology, 2004, 55(1): 555 - 590.

[210] Soltis DE, Albert VA, Leebens-Mack J, et al. Polyploidy and angiosperm diversification[J]. American journal of botany, 2009, 96(1): 336 - 348.

[211] Soyano T, Nishihama R, Morikiyo K, et al. NQK1/NtMEK1 is a MAPKK that acts in the NPK1 MAPKKK-mediated MAPK cascade and is required for plant cytokinesis[J]. Genes & Development, 2003, 17(8): 1055 - 1067.

[212] Spielman M, Preuss D, Li F-L, et al. TETRASPORE is required for male meiotic cytokinesis in *Arabidopsis thaliana*[J]. Development, 1997, 124(13): 2645 - 2657.

[213] Spielman M, Scott RJ. Polyspermy barriers in plants: from preventing to promoting fertilization[J]. Sexual Plant Reproduction, 2008, 21(1): 53 - 65.

[214] Storey W: Diploid and polyploid gamete formation in orchids [J]. Proc. Amer. Soc. Hort. Sci, 1956, 68: 491 - 502.

[215] Storme ND, Geelen D. Sexual polyploidization in plants-cytological mechanisms and molecular regulation[J]. New Phytologist, 2013, 198(3): 670 - 684.

[216] Stutte GW, Edney S, Skerritt T. Photoregulation of bioprotectant content of red leaf lettuce with light-emitting diodes[J]. HortScience, 2009, 44(1): 79 - 82.

[217] Sun CQ, Chen FD, Teng NJ, et al. Factors affecting seed set in the crosses between *Dendranthema grandiflorum* (Ramat.) Kitamura and its wild species [J]. Euphytica, 2010, 171(2): 181 - 192.

[218] Sun P, Nishiyama S, Asakuma H, et al. Genomics-based discrimination of 2n gamete formation mechanisms in polyploids: a case study in nonaploid *Diospyros kaki* 'Akiou'[J]. G3, 2021, 11(8): jkab188.

[219] Sun Q, Yoda K, Suzuki H. Internal axial light conduction in the stems and roots of herbaceous plants[J]. Journal of Experimental Botany, 2005, 56(409): 191 - 203.

[220] Sun SC, Kim NH. Spindle assembly checkpoint and its regulators in meiosis [J]. Human reproduction update, 2012, 18(1): 60 - 72.

[221] Sun Z, Hsiao J, Fay DS, et al. Rad53 FHA domain associated with

phosphorylated Rad9 in the DNA damage checkpoint [J]. Science, 1998, 281(5374): 272 - 274.

[222] Swan A, Schüpbach T. The Cdc20 (Fzy)/Cdh1-related protein, Cort, cooperates with Fzy in cyclin destruction and anaphase progression in meiosis Ⅰ and Ⅱ in *Drosophila*[J]. Developmental cell, 2007, 134: 5.

[223] 单守明,刘国杰,李绍华.DA - 6 对温室桃树光合作用和叶绿体活性的影响[J].植物营养与肥料学报,2008,14(6): 1237 - 1241.

[224] 施晓明,李淑芹,许景钢,等.干旱胁迫下 DA - 6 浸种对大豆苗期叶片保护酶活性的影响[J].东北农业大学学报,2009,40(9): 48 - 51.

[225] 宋莉萍,刘金辉,郑殿峰,等.不同时期叶喷植物生长调节剂对大豆花荚脱落率及多聚半乳糖醛酸酶活性的影响[J].植物生理学报,2011,47(4): 356 - 362.

[226] 宋瑜龙.小麦雄性不育相关基因 SKP1 的克隆与表达分析[D].咸阳: 西北农林科技大学,2011.

[227] 孙新艳,魏莹,韩晓玉,等.黄瓜 S 期激酶相关蛋白 Skp1 的原核表达及其多克隆抗体的制备[J].华北农学报,2017,32(6): 73 - 77.

T

[228] Takahashi N, Kuroda H, Kuromori T, et al. Expression and interaction analysis of *Arabidopsis* Skp1-related genes[J]. Plant and cell physiology, 2004, 45(1): 83 - 91.

[229] Takahashi Y, Soyano T, Kosetsu K, et al. HINKEL kinesin, ANP MAPKKKs and MKK6/ANQ MAPKK, which phosphorylates and activates MPK4 MAPK, constitute a pathway that is required for cytokinesis in *Arabidopsis thaliana* [J]. Plant and cell physiology, 2010, 51(10): 1766 - 1776.

[230] Takamura T, Miyajima I. Colchicine induced tetraploids in yellow-flowered cyclamens and their characteristics[J]. Scientia Horticulturae, 1996, 65(4): 305 - 312.

[231] Talluri R. Gametes with somatic chromosome number and their significance in interspecific hybridization in *Fuchsia*[J]. Biologia Plantarum, 2011, 55(3): 596 - 600.

[232] Tanaka H, Ishikawa M, Kitamura S, et al. The AtNACK1/HINKEL and STUD/TETRASPORE/AtNACK2 genes, which encode functionally redundant kinesins, are essential for cytokinesis in *Arabidopsis*[J]. Genes to Cells, 2004, 9(12): 1199 - 1211.

[233] Tanaka Y, Tsuda S, Kusumi T. Metabolic engineering to modify flower color

[J]. Plant and cell physiology, 1998, 39(11): 1119 - 1126.

[234] Tanase K, Nishitani C, Hirakawa H, et al. Transcriptome analysis of carnation (Dianthus caryophyllus L.) based on next-generation sequencing technology [J]. BMC genomics, 2012, 13(1): 292.

[235] Tang Z, Li B, Bharadwaj R, et al. APC2 Cullin protein and APC11 RING protein comprise the minimal ubiquitin ligase module of the anaphase-promoting complex [J]. Molecular biology of the cell, 2001, 12(12): 3839 - 3851.

[236] Tavoletti S. Cytological mechanisms of 2n egg formation in a diploid genotype of *Medicago sativa* subsp. *falcata*[J]. Euphytica, 1994, 75(1 - 2): 1 - 8.

[237] Tavoletti S, Mariani A, Veronesi F. Phenotypic recurrent selection for 2n pollen and 2n egg production in diploid alfalfa[J]. Euphytica, 1991, 57(2): 97 - 102.

[238] Teoh S. Polyploid spore formation in diploid orchid species[J]. Genetica, 1984, 63(1): 53 - 59.

V

[239] Van de Peer Y, Mizrachi E, Marchal K. The evolutionary significance of polyploidy[J]. Nature Reviews Genetics, 2017, 18(7): 411 - 424.

[240] van Dijk PJ, Bakx-Schotman JT. Formation of unreduced megaspores (diplospory) in apomictic dandelions (*Taraxacum officinale*, s.l.) is controlled by a sex-specific dominant locus[J]. Genetics, 2004, 166(1): 483 - 492.

[241] Van Laere K, França SC, Vansteenkiste H, et al. Influence of ploidy level on morphology, growth and drought susceptibility in *Spathiphyllum wallisii* [J]. Acta Physiologiae Plantarum, 2011, 33(4): 1149 - 1156.

[242] Veilleux R, Lauer F. Variation for 2n pollen production in clones of *Solanum phureja* Juz. and Buk[J]. Theoretical and Applied Genetics, 1981, 59(2): 95 - 100.

[243] Vervaeke I, Parton E, Maene L, et al. Prefertilization barriers between different Bromeliaceae[J]. Euphytica, 2001, 118(1): 91 - 97.

[244] Visintin R, Prinz S, Amon A. CDC20 and CDH1: A family of substrate-specific activators of APC-dependent proteolysis[J]. Science, 1997, 278(5337): 460 - 463.

[245] Vleugel M, Hoogendoorn E, Snel B, et al. Evolution and function of the mitotic checkpoint[J]. Developmental cell, 2012, 23(2): 239 - 250.

W

[246] Wang J, Li DL, Kang XY. Induction of unreduced megaspores with high temperature during megasporogenesis in *Populus*[J]. Annals of Forest Science, 2012, 69(1): 59 - 67.

[247] Wang Y, Jha AK, Chen R, et al. Polyploidy-associated genomic instability in *Arabidopsis thaliana*[J]. Genesis, 2010, 48(4): 254 - 263.

[248] Wang Y, Magnard JL, McCormick S, et al. Progression through meiosis I and meiosis II in Arabidopsis anthers is regulated by an A-type cyclin predominately expressed in prophase Ⅰ[J]. Plant Physiol, 2004, 136(4): 4127 - 4135.

[249] Wang Y, Wu H, Liang G, et al. Defects in nucleolar migration and synapsis in male prophase Ⅰ in the ask1 - 1 mutant of *Arabidopsis* [J]. Sexual Plant Reproduction, 2004, 16(6): 273 - 282.

[250] Wang Y, Xiao R, Wang H, et al. The *Arabidopsis* RAD 51 paralogs RAD 51B, RAD 51 D and XRCC 2 play partially redundant roles in somatic DNA repair and gene regulation[J]. New Phytologist, 2014, 201(1): 292 - 304.

[251] Wang Y, Yang M. The ARABIDOPSIS SKP1-LIKE1 (ASK1) protein acts predominately from leptotene to pachytene and represses homologous recombination in male meiosis[J]. Planta, 2006, 223(3): 613 - 617.

[252] Watanabe K. Successful ovary culture and production of F1 hybrids and androgenic haploids in Japanese *Chrysanthemum* species[J]. Journal of Heredity, 1977, 68(5): 317 - 320.

[253] Werner J, Peloquin S. Significance of allelic diversity and 2n gametes for approaching maximum heterozygosity in 4x ppotatoes [J]. Euphytica, 1991, 58(1): 21 - 29.

[254] Wiese C, Hinz JM, Tebbs RS, et al. Disparate requirements for the Walker A and B ATPase motifs of human RAD51D in homologous recombination [J]. Nucleic Acids Research, 2006, 34(9): 2833 - 2843.

[255] Wilcock C, Neiland R. Pollination failure in plants: why it happens and when it matters[J]. Trends in plant science, 2002, 7(6): 270 - 277.

[256] WILLIAMS EG, KNOX BR, ROUSE JL. Pollination sub-systems distinguished by pollen tube arrest after incompatible interspecific crosses in *Rhododendron* (Ericaceae)[J]. Journal of cell science, 1982, 53(1): 255 - 277.

[257] Winkier H. Über die experimentelle Erzeugung von Pflanzen mit abweichenden

Chromosomenzahlan[J]. Z Bot, 1916, 17: 417 - 531.

[258] 王开芳,张咏梅,张金文,等.甘蓝型油菜细胞质雄性不育系 105A 花药败育的细胞学观察[J].中国农学通报,2015,31(13): 76 - 80.

[259] 王兰兰,王晓林,魏兵强,等.辣椒雄性不育系及保持系小孢子发育的细胞学比较[J].西北农业学报,2015,24(1): 115 - 118.

[260] 王书奇.叶面肥料及其特点[J].腐植酸,2001(2): 39 - 40.

X

[261] Xie K, Xia Q, Peng J, et al. Mechanism underlying 2n male and female gamete formation in lemon via cytological and molecular marker analysis[J]. Plant Biotechnology Reports, 2019, 13(2): 141 - 149.

[262] Xu L, Zhang Q, Luo Z. Occurrence and cytological mechanism of 2n pollen formation in Chinese *Diospyros* spp.(Ebenaceae) staminate germplasm[J]. The journal of horticultural science & biotechnology, 2008, 83(5): 668.

[263] Xu S, Dong Y. Fertility and meiotic mechanisms of hybrids between chromosome autoduplication tetraploid wheats and *Aegilops* species[J]. Genome, 1992, 35(3): 379 - 384.

[264] 肖德乾.不同施肥处理对圆齿野鸦椿幼苗生长的影响[J].林业勘察设计,2018,38(3): 38 - 43,46.

[265] 徐展.水稻 RAD51 旁系同源基因参与体细胞同源重组修复的功能研究[D].扬州:扬州大学,2018.

Y

[266] Yamaguchi M. Basic studies on the flower color breeding of carnations (*Dianthus caryophyllus* L.)[J]. Bulletin of the Faculty of Horticulture-Minamikyushu University, 1989, 19: 1 - 7.

[267] Yamaguchi S. Identification of ploid level by pollen characters in Primula sieboldii E. Morren [primula][J]. Japanese Journal of Breeding (Japan), 1980, 30(4): 293 - 300.

[268] Yang C, Spielman M, Coles J, et al. TETRASPORE encodes a kinesin required for male meiotic cytokinesis in *Arabidopsis*[J]. The Plant Journal, 2003, 34(2): 229 - 240.

[269] Yang M, Hu Y, Lodhi M, et al. The *Arabidopsis* SKP1-LIKE1 gene is essential for male meiosis and may control homologue separation[J]. Proceedings of the

National Academy of Sciences, 1999, 96(20): 11416 - 11421.

[270] Yao P, Li G, Long Q, et al. Male parent identification of triploid rubber trees (*Hevea brasiliensis*) and the mechanism of 2n gametes formation[J]. Forests, 2016, 7(12): 301.

[271] Yeong FM, Hong HL, Padmashree CG, et al. Exit from Mitosis in Budding Yeast: bipasic inactivation of the Cdc28-Clb2 mitotic kinase and the role of Cdc20 [J]. Molecular Cell, 2000, 5(3): 501 - 511.

[272] Yin S, Liu J, Ai J, et al. Cdc20 is required for the anaphase onset of the first meiosis but not the second meiosis in mouse oocytes[J]. Cell cycle, 2007, 6(23): 2990 - 2992.

[273] 燕丛,徐坤,李云,等.复硝酚钠和 DA - 6 对生姜生长及产量品质的影响[J].中国蔬菜,2011(20): 69 - 73.

[274] 杨辉,缑辉,周涤,等.彩色马蹄莲不同品种多倍体诱导研究初探[J].云南农业大学学报(自然科学版),2014(29): 229 - 234.

[275] 杨其长.LED 在农业与生物产业的应用与前景展望[J].中国农业科技导报,2008,10(6): 42 - 47.

[276] 杨忠妍.化肥施用过量对农作物的危害[J].现代农业科技,2020(21): 203 - 204,212.

[277] 叶佑丕.拟南芥 ASK 基因研究进展[J].植物生理学报,2014,50(6): 683 - 690.

[278] 殷姗姗,李茂福,王华,等.草莓 FaSKP1 - 1 基因的克隆与表达分析[J].中国农业大学学报,2016,21(12): 28 - 34.

[279] 于彩莲,刘波,燕红,等.复硝酚钠及其组分对大豆种子萌发的影响[J].大豆科学,2010,29(3): 440 - 443.

[280] 于凤霞.强化林木育种推进林业工程建设的路径探索[J].现代农业研究,2021,27(4): 89 - 90,108.

[281] 余义勋.根癌农杆菌介导的 ACC 氧化酶基因转化香石竹的研究[D].武汉: 华中农业大学,2004.

[282] 余义勋,刘娟旭,包满珠,等.香石竹植株再生及基因工程研究进展[J].植物学报,2006,23(1): 23 - 28.

[283] 元明浩.不同植物生长调节剂对大豆产量及生长形态的影响[J].安徽农业科学,2009,37(35): 17447 - 17449.

Z

[284] Zeilinga A, Schouten H. Polyploidy in garden tulips. II. The production of

tetraploids[J]. Euphytica, 1968, 17(2): 303 - 310.

[285] Zeng Q, Chen J, Ellis BE. AtMPK4 is required for male-specific meiotic cytokinesis in *Arabidopsis*[J]. The Plant Journal, 2011, 67(5): 895 - 906.

[286] Zhang X, Liu G, Yan L, et al. Creating triploid germplasm via induced 2n pollen in *Capsicum annuum* L[J]. Journal of horticultural science & biotechnology, 2003, 78(1): 84 - 88.

[287] Zhang X, Wu Q, Lin S, et al. Regeneration and Agrobacterium-mediated genetic transformation in *Dianthus chinensis*[J]. Scientia Horticulturae, 2021, 287(3): 110279.

[288] Zhang Z, Kang X. Cytological characteristics of numerically unreduced pollen production in *Populus tomentosa* Carr.[J]. Euphytica, 2010, 173(2): 151 - 159.

[289] Zhou M-M. Phosphothreonine recognition comes into focus[J]. nature structural biology, 2000, 7(12): 1085 - 1087.

[290] Zhou X, Gui M, Zhao D, et al. Study on reproductive barriers in 4x-2x crosses in *Dianthus caryophyllus* L.[J]. Euphytica, 2013, 189(3): 471 - 483.

[291] Zhou X, Mo X, Gui M, et al. Cytological, molecular mechanisms and temperature stress regulating production of diploid male gametes in *Dianthus caryophyllus* L.[J]. Plant Physiology and Biochemistry, 2015, 97: 255 - 263.

[292] Zhou X, Su Y, Yang X, et al. The biological characters and polyploidy of progenies in hybridization in 4x - 2x crosses in *Dianthus caryophyllus* [J]. Euphytica, 2017, 213(6): 1 - 10.

[293] Zlesak DC, Thill CA. Variation for 2n pollen production and male fertility in wildSolanum germplasm resistant to *Phytophthora infestans* (Mont.) de Bary (US - 8)[J]. American journal of potato research, 2002, 79(3): 219 - 229.

[294] 张宝琼,范眸天,屈云慧,等.利用GUS瞬时表达探讨香石竹品种“云红二号”基因枪转化参数[J].江西农业学报,2009,21(3): 14 - 16.

[295] 张超,张建林,张淑琴.林木育种方法在园林植物培育中的应用[J].分子植物育种,2022,20(2): 499 - 502.

[296] 张峰.拟南芥减数分裂重组相关基因 RAD51、PTD 功能分析[D].上海:上海师范大学,2013.

[297] 张国华.生物技术在农业育种中的应用[J].河南农业,2022(14): 63 - 64.

[298] 张金吨,王标,李云霞,等.过表达 cdc20 基因对绒山羊卵母细胞体外成熟的影响[J].华北农学报,2015,30(6): 5.

[299] 张晶闫,田苗,袁冬霞,等.嗜热四膜虫 SPO11 基因缺陷型细胞株的基因表达变化分

析[J].基因组学与应用生物学,2016,35(2):350－357.
[300] 张文超,曹媛,常童洁,等.毛白杨花粉败育过程中肼胝质的异常分布变化[J].东北林业大学学报,2013,41(1):68－71.
[301] 张喜娟,来永才,孟英,等.红蓝光源 LED 在水稻立体化育秧模式中的应用研究[J].作物杂志,2014(5):122－128.
[302] 张翔,徐永平,李永荣,等.DA－6、PBO、6－BA 叶面喷施对薄壳山核桃树体发育的影响[J].中国农学通报,2015,31(7):13－17.
[303] 张晓曼.小报春多倍体育种的研究[D].保定:河北农业大学,2004.
[304] 张志芳,贾海丽,张小会.DA－6 对番茄生长的影响[J].现代农业科技,2012(6):193－194.
[305] 张志胜,黎扬辉,姜蕾,等.红掌四倍体的离体诱导及其鉴定[J].园艺学报,2007,34(3):729－734.
[306] 赵姣姣,杨其长,刘文科.LED 光质对白术苗期生长及光合色素含量的影响[J].农业科技通讯,2013(5):111－113.
[307] 赵姣姣,杨其长,刘文科.LED 光质对水培瞿麦生长及氮磷吸收的影响[J].照明工程学报,2013(S1):146－149.
[308] 郑鸿平,李逸平.调控细胞活动不可或缺的重要分子——F-box 蛋白[J].生命的化学,2011,31(5):619－624.
[309] 周建金,曾瑞珍,刘芳,等.不同倍性蝴蝶兰杂交后代的染色体倍性研究[J].园艺学报,2009,36(10):1491－1497.
[310] 周旭红,桂敏,陈敏,等.不同倍性香石竹杂交受精过程及胚胎发育研究[J].西北植物学报,2013,33(1):1－6.
[311] 周旭红,桂敏,王继华,等.不同倍性香石竹杂交花粉管生长荧光显微观察及结实研究[J].西北植物学报,2012,32(1):67－74.
[312] 周旭红,梁华,李纯佳,等.植物生长调节剂对香石竹生长发育的影响研究[J].中国农学通报,2018,34(2):23－27.
[313] 朱建朝,张海燕,辛国,等.核桃专用肥对核桃园土壤养分及坚果经济性状的影响[J].经济林研究,2021,39(3):134－141.

专业术语缩写词

英文缩写	英 文 全 称	中 文 全 称
2n	2n	未减数配子
APC/C	anaphase-promoting complex/cyclosome	细胞周期泛素连接酶
AS	acetosyringone	乙酰丁香酮
AtPS1	*arabidopsis thaliana* parallel spindles 1	拟南芥平行纺锤体1基因
BA	benzylaminopurine	6-苄氨基嘌呤
BIFc	bimolecular fluorescent complimentary	双分子荧光互补
CDK	cyclindependent kinase	周期蛋白依赖性激酶
E1	ubiquitin-activating enzyme	泛素激活酶
E2	ubiquitin-carrier enzymes	泛素结合酶
E3	ubiquitin-protein ligase	泛素连接酶
EBN	endosperm balance number	胚乳平衡数
FDR	first division restitution	第一次细胞分裂核重组
FDR-CO	first-division restitution with crossover	交叉第一次分裂核重组
FISH	fluorescence in situ hybridization	荧光原位杂交技术
GIG1	gigas cell 1	gigas 细胞1基因
GISH	genome in situ hybridization	基因组原位杂交
IMR	indeterminate meiotic restitution	不定向减数分裂重组
MⅡ	meiosis Ⅱ	第二次减数分裂
MAPK	mitogenactivated protein kinase	促分裂原活化的蛋白激酶
ML	maximum likelihood	最大似然法
NAA	naphthaleneacetic acid	萘乙酸
NHEJ	non-homologous end joining	非同源性末端接合
NMD	nonsensemediated mRNA decay	无义介导的mRNA衰变
OSD1	omission of second division 1	省略第二次减数分裂1基因

续 表

英文缩写	英 文 全 称	中 文 全 称
PMCs	pollen mother cells	花粉母细胞
RMA	radial microtubule arrays	放射状微管排列
SAC	spindle assembly checkpoint	纺锤体组装检查点
SC	synaptonemal complex	联会复合体
SDR	second division restitution	第二次细胞分裂核重组
UVI4	uv-insensitive 4	紫外不敏感 4 基因
YFP	yellow fluorescent protein	黄色荧光蛋白